Travaux de l'Institut d'Égyptologie Cheikh Anta Diop
Cahier n° 1

LA GÉOMÉTRIE ÉGYPTIENNE

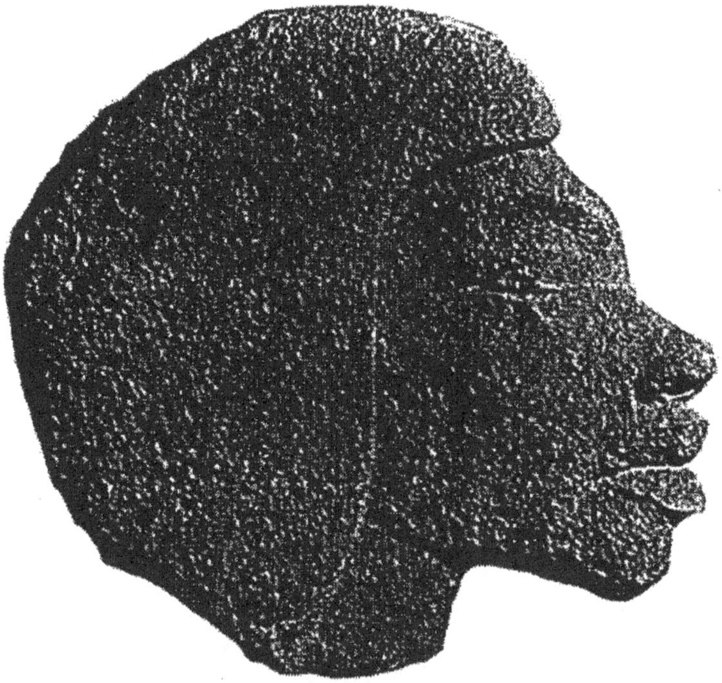

Couverture : Tête d'un Égyptien de l'époque du roi Akhnaton (1372-1354 av. notre ère), en calcaire blanc, trouvée à Tell el Amarna en 1891-1892 par H. Carter et W.M.F. Petrie. Collection : University College London, n° 009.

Théophile OBENGA

La géométrie égyptienne

Contribution de l'Afrique antique à la Mathématique mondiale

Avec 199 figures et illustrations

Éditions L'HARMATTAN
5-7, rue de l'École-Polytechnique
75005 PARIS

KHEPERA
B.P. 11 - 91192 GIF-SUR-YVETTE
France

Police de caractères hiéroglyphiques AmonFont/Khepera

ISBN : 2-7384-2977-7

ISBN : 2-909885-03-8

DÉDICACE SPÉCIALE

Je dédie ce premier travail de l'Institut Africain d'Égyptologie Cheikh Anta Diop :

– à *Imhotep*, homme d'État, architecte, grand prêtre, philosophe et scribe, astronome, médecin, créateur de la première construction monumentale en pierre de taille dans l'histoire de l'humanité ;

– à *Ahmes* (A'h-mosè, Ahmose) qui recopia, il y a quatre mille ans, l'un des plus célèbres papyrus mathématiques de l'Égypte antique, nous transmettant ainsi l'idéal scientifique du monde pharaonique qui vante la puissance du nombre ;

– à *Thomas Fuller* (1710-1790), un Africain Américain, arrivé aux U.S.A. en 1724 dans les dures conditions de l'époque, génie en arithmétique au XVIIIe siècle ;

– aux mathématiciens africains contemporains, à l'œuvre dans les feuillages du savoir moderne.

L'Idée ainsi franchit la matière qu'elle use sous son pas. Étoile d'une terre, le feu s'étendra.

Que la lampe brûle toujours, dans le sanctuaire de la pensée.

Brazzaville, juillet 1994

« Si haut que nous permettent de remonter les documents d'origine babylonienne ou égyptienne, qui ont été découverts de nos jours, ils nous placent dans un milieu de pleine culture, dans une ère de véritable science. »

Léon Brunschvicg,
Les étapes de la philosophie mathématique,
Paris, P.U.F., 3e édit., 1947, p. 26

*
* *

« Aujourd'hui encore, de tous les peuples de la terre, le Nègre d'Afrique noire, seul, peut démontrer de façon exhaustive, l'identité d'essence de sa culture avec celle de l'Égypte pharaonique, à telle enseigne que les deux cultures peuvent servir de systèmes de référence réciproques. »

Cheikh Anta Diop,
Antériorité des civilisations nègres : mythe ou vérité historique ?
Paris, Présence Africaine, 1967, p. 12

Sommaire

Introduction

Cet ouvrage, cahier n° 1 de l'« Institut Africain d'Égyptologie Cheikh Anta Diop », est conçu comme un outil pédagogique, d'où sa présentation fort didactique de la géométrie égyptienne, du simple point au calcul du volume d'une pyramide tronquée, en passant par les notions d'angle, d'homothétie et de similitude, le calcul des aires de maints quadrilatères, la quadrature du cercle, la trigonométrie, l'aire d'une surface limitée par une courbe quelconque, le plan, l'aire de l'ellipse, le calcul du volume de maints solides, etc.

La valeur de *Pi* fort rapprochée de la valeur courante actuelle, la quadrature du cercle, la colonne, l'obélisque, la pyramide, le nombre d'or, la balance, etc., sont des inventions propres de la géométrie pharaonique.

Thalès, Pythagore et Démocrite furent tour à tour initiés aux mathématiques dans la Vallée du Nil, par des prêtres égyptiens, aux nombreux dires et témoignages concordants des anciens Grecs eux-mêmes.

En distinguant l'opinion du savoir, Platon insiste, à juste titre sur la nécessité de la formation de l'esprit scientifique, en mettant un accent particulier sur la géométrie plane, l'astronomie, la géométrie des solides, l'harmonique (la musique), toutes sciences qui préparent à la méthode dialectique. Dans la *République* (VII, 527 b), la géométrie est définie comme « connaissance de ce qui toujours existe. »

Le même Platon disserte longuement sur la formation de l'esprit mathématique, dans les *Lois* (VII, 819 a-d), en prenant consciemment pour paradigme pédagogique l'enseignement des mathématiques dans l'Égypte.

Aristote affirme clairement dans la *Métaphysique* (A, 1, 981 b 23) que l'Égypte seule est le berceau des sciences mathématiques.

Les plus grands philosophes grecs rejoignent ainsi le constat historique d'Hérodote qui expliquait que la géométrie, née en Égypte, a été ensuite transférée en Grèce grâce aux étudiants Grecs qui ont été en Égypte.

Telle est l'historiographie ancienne, dans les rapports de la science égyptienne avec le monde grec.

Aujourd'hui, l'amnésie culturelle générale fait que les Africains vivent encore dans le doute historique et ignorent tout, ou presque, de leur véritable passé, hormis les banalités pittoresques des cartons ethnographiques et les superficialités triomphantes de l'ethno-histoire africaniste.

En conséquence, une authentique anabase africaine s'impose, sans crainte, sans tremblement, surtout sans compromis. Les faits seuls soumis à la critique doivent prévaloir. Les mailles des préjugés qui persistent doivent être définitivement détruites pour libérer les esprits.

Les philosophes africains trouveront dans cet ouvrage des exemples et modèles de rationalité des millénaires avant la naissance de la raison hellène (Jean-François Mattéi, édit., *La naissance de la raison en Grèce*, Actes du Congrès de Nice - mai 1987, Paris, P.U.F., 1990).

Les mathématiciens africains auront aussi à leur disposition un matériel consistant, relatif aux *objets mathématiques* et à l'*esprit scientifique* des Africains de l'Antiquité.

Aucun peuple du monde qui vit aujourd'hui n'ignore ou feint d'ignorer son passé, son histoire. Tout peuple du monde qui vit aujourd'hui vit avec sa mémoire culturelle. Il est nécessaire et utile de connaître son histoire, l'évolution culturelle de son peuple, dans le temps et dans l'espace, pour mieux saisir et comprendre le progrès incessant de l'humanité, y contribuer aussi, en toute lucidité et responsabilité. Les chauvinismes sont plutôt des manifestations au grand jour de l'ignorance qui se développe par rhizomes.

Autrement dit, hier comme aujourd'hui, dans l'Antiquité comme de nos jours, la science ne doit être qu'au service de l'épanouissement de l'humanité entière.

Un grand savant moderne le confirme : « Le niveau actuel des techniques, le développement des sciences, l'abondance des matières premières, les possibilités d'utilisation de nouvelles sources d'énergie, ont atteint un tel degré que l'élévation du niveau de vie pourrait être assurée dans toutes les nations. » (Frédéric Joliot-Curie, *Textes choisis*, préface de J.-D. Bernal, Paris, Éditions Sociales, 1959, p. 284).

L'humanité doit développer aujourd'hui ses vertus de courage, de solidarité et de partage, s'il est utile de parler de paix et de bonheur dans le monde, la science et l'éducation aidant, elles qui n'ont jamais été le monopole d'une tribu humaine.

En tout état de cause, l'idéal mathématique et scientifique de l'Égypte antique a toujours été un idéal de Perfection morale et sociale, de Beauté matérielle et spirituelle, de Créativité humaine, au nom de la divine Énergie cosmique qu'est la *Maât*.

I

Ligne droite

1. La ligne droite. Soit un point A et un autre point B. On ne peut faire passer qu'une seule ligne droite par ces deux points : la ligne droite AB. Une ligne droite est illimitée dans les deux sens. C'est l'image d'un fil tendu.

Pour Hérodote, l'invention de la géométrie, c'est-à-dire l'art de mesurer la terre, naquit en Égypte où le sol cultivable (les « champs de Pharaon ») était partagé entre tous les Égyptiens, en lots égaux (Hérodote, II, 109).

De fait, les Égyptiens arpentaient les champs à irriguer et traçaient des sillons droits à l'aide d'un *cordeau tendu* de 100 coudées 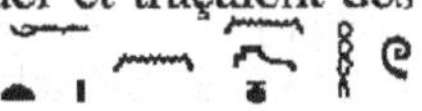 *ḫt n nwḥ*. La coudée royale valait environ 52 cm.

Un autre tracé d'une droite sur le terrain est le procédé par jalonnement. L'opérateur, dont l'œil est placé en un point A, fait planter un jalon C de manière que C soit sur le rayon visuel AB : il jalonne ainsi la ligne droite AB.

Précisément, Pharaon pratiquait le rite de la « Tension du cordeau » relatif à la fondation d'un temple pour établir géométriquement les quatre angles de la base de l'édifice après avoir déterminé astronomiquement l'orientation de l'axe du bâtiment à ériger. La tension du cordeau se faisait à l'aide de deux jalons liés par un cordeau.

Le mot  *nb3, neba,* désigne le « jalon », que Pharaon plante (*dw*, « planter, placer ») dans le sol choisi pour la construction d'un ensemble architectural sacré. Le jalon est en effet le piquet qui sert à établir des alignements droits, à marquer des distances. Jalonner, c'est placer *(dw)* des jalons *(nb3w)* de distance en distance pour déterminer ainsi une direction, une ligne droite (Théophile Obenga, « Orientation astronomique et géométrique des édifices », pp. 267-274 de l'ouvrage *La Philosophie pharaonique,* Paris, L'Harmattan, 1990, avec reproduction de textes égyptiens).

La demi-droite, le segment de droite, la ligne brisée ou polygonale, la ligne courbe, toutes ces réalités géométriques se rencontrent en Égypte ancienne.

Une *figure* est un ensemble de points et de lignes. La géométrie égyptienne comporte des figures tracées par le scribe : triangles, rectangles, polygones, cylindres, cercles, ellipses, pyramides, losanges, trapèzes, etc.

2. *La mesure des segments de droite.* Mesurer un segment de droite, c'est-à-dire la partie d'une droite comprise entre deux de ses points, c'est compter le nombre d'unités, ou de parties égales d'unité, qu'il contient. Le nombre ainsi obtenu est la mesure du segment.

Figure 1 : rites de fondation d'un temple : piquetage, piochage du sol, aspersion de sable, moulage d'une brique (d'après ROCHEMONTEIX-CHASSINAT, *Le temple d'Edfou*, pl. XL).

Figure 2 : Papyrus de Nehemsoumout. Vignette du chapitre 161 du *Livre des Morts.* Nehemsoumout fut prêtre d'Erment (Haute-Égypte), Troisième Période Intermédiaire (1085-715 av. notre ère). Photo J.-L. Bovot.
L'encadrement de l'écriture obéit ici à une géométrie stricte : droites, parallèles. L'espace offert par le papyrus est géométriquement ordonnancé, équilibré, réparti, avant de recevoir le texte lui-même. Un travail préalable pour le tracé géométrique.

Le tableau I (en haut, à gauche) est la figuration du premier acte rituel de fondation d'un édifice sacré : il s'agit de « jalonnement » ou de « piquetage », c'est-à-dire de l'établissement des alignements droits au moyen de « jalons » ou « piquets », aux fins de délimiter le terrain choisi ainsi que les quatre angles de l'édifice. Pharaon, coiffé de la couronne *atef* de Geb (le sommet de cette couronne soutient un petit soleil ; elle est ornée d'une double corne horizontale de bélier), assisté du dieu Horus qui règne sur le ciel et ses astres (le dieu est coiffé de la double couronne de Haute et Basse-Égypte), est en train de planter *(dw)* un jalon *(neba)* avec le concours direct de la déesse Seshat, déesse du calcul, de la construction et de l'écriture (figure 1).

La *ligne droite,* sur le terrain, est tracée par ce procédé de « jalonnement » ou « piquetage ».

Figure 3 : mur d'enceinte sinusoïdal. Ce genre de mur en *ligne courbe* ne se rencontre en Égypte qu'au Moyen Empire (2052-1778 av. notre ère). Le mur en briques crues forme un plan entièrement composé de *courbes alternées,* pour donner à cette protection une résistance suffisante contre la poussée des sables. (Gustave Jéquier, *Douze ans de fouilles dans la nécropole memphite*, Neuchâtel, Université de Neuchâtel, 1940, p. 154, fig. 45).

Les anciens Égyptiens avaient des unités et sous-unités légales et nationales de longueur : la coudée royale d'environ 52 cm et la petite coudée de 45 cm. Cette dernière (qui porte le nom de *mahi* comme d'ailleurs la coudée royale) valait 6 palmes *(shesep)* et 24 doigts *(djebâou)*. Il existait deux multiples de la coudée : la mesure *khet* qui valait 100 coudées, et la mesure *itèrou* qui, elle, valait 20 000 coudées royales, soit 10,5 km.

La coudée akkadienne, *ammatum*, valait environ 50 cm, donc comme la coudée royale égyptienne. La coudée grecque, *pechus*, valait 1 pied 1/2, soit environ 45 cm, donc comme la petite coudée égyptienne. Chez les Duala du Cameroun, la mesure de longueur *dibongo*, « coudée », valait environ 50 cm comme la coudée akkadienne (environ 50 cm) et la coudée égyptienne de 52 cm.

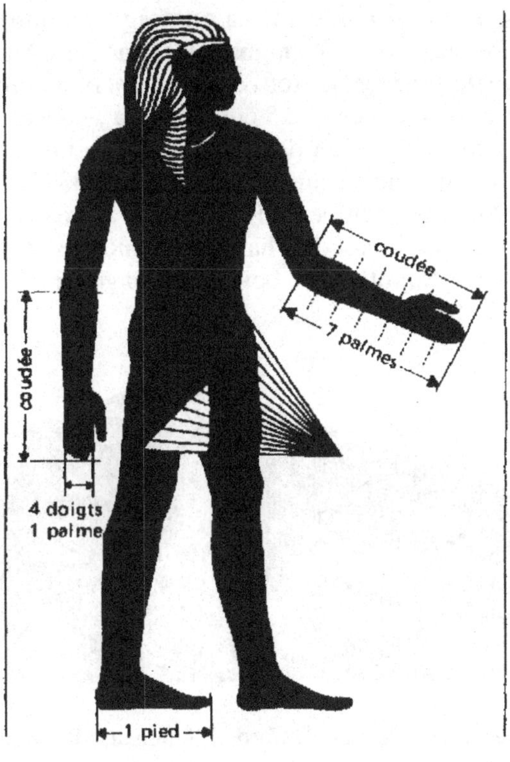

Figure 4 : mesures de longueur égyptiennes :

mḥ, meh, copte *mahi* : 1 coudée royale = 7 palmes = 28 doigts.

šsp, shesep, « palme »

ḏbꜥ, djebâ, « doigt »

La coudée royale équivaut à 525 cm. La petite coudée équivaut à 45 cm.

En arpentage, des fonctionnaires de haut rang et instruits, les *arpédonaptes* qui ont enseigné la géométrie à Démocrite (*Fragment*, 299), se servaient de la *chaîne d'arpenteur*, c'est-à-dire d'une corde à nœuds de 1 000 coudées (52,5 m) dont chaque nœud indiquait une coudée, pour mesurer par exemple les distances entre les différentes bornes limitant un champ.

Depuis le début du 3ᵉ millénaire avant notre ère, la coudée égyptienne de 52 cm constituait l'unité de longueur, avec ses divisions en palmes (mains), doigts et en plus petites unités encore, correspondant aux centimètres, millimètres et même aux demi-millimètres. La coudée en bois d'un certain Amenemope du Nouvel Empire (1567-1085), longue de 0,525 m, est une *règle graduée* qui va du doigt (18 mm) à la coudée (52,5 cm), les différentes unités étant marquées par des incisions colorées en blanc. Cette règle graduée se trouve actuellement au musée de Turin (Inv. Cat. 6347 : bois, longueur 52,5 cm, Saqqara ; collection Drovetti).

Toujours au musée égyptien de Turin, il existe une *coudée royale pliante* en bois avec son étui en cuir (Inv. Cat. Suppl. 8391, bois, longueur 52,8 cm, Deir el Medineh, tombe de Kha), et une autre *coudée royale en bois plaquée or*, don personnel du Pharaon Amenophis II (1450-1425) à l'architecte Kha (Inv. Suppl. 8647, bois doré, longueur 52,5 cm, Deir el Medineh, tombe de Kha).

Figure 5 : Relief métrologique grec, Oxford, Ashmolean Museum.
Date : peu avant 439 av. notre ère.

Ce document archéologique révèle une directe influence égyptienne, au double plan anatomique et surtout métrologique : A. Michaelis, *The Metrological Relief at Oxford*, in « Journ. Hellenic Studies », IV, 1883, pp. 335-350.

Au début de l'un de ses livres, Protagoras (485-411 av. notre ère), sophiste grec, proclamait : « L'homme est la mesure de toutes choses, pour celles qui sont, de leur existence ; pour celles qui ne sont pas, de leur non-existence. » (Sextus Empiricus, *Contre les mathématiciens*, VII, 60).

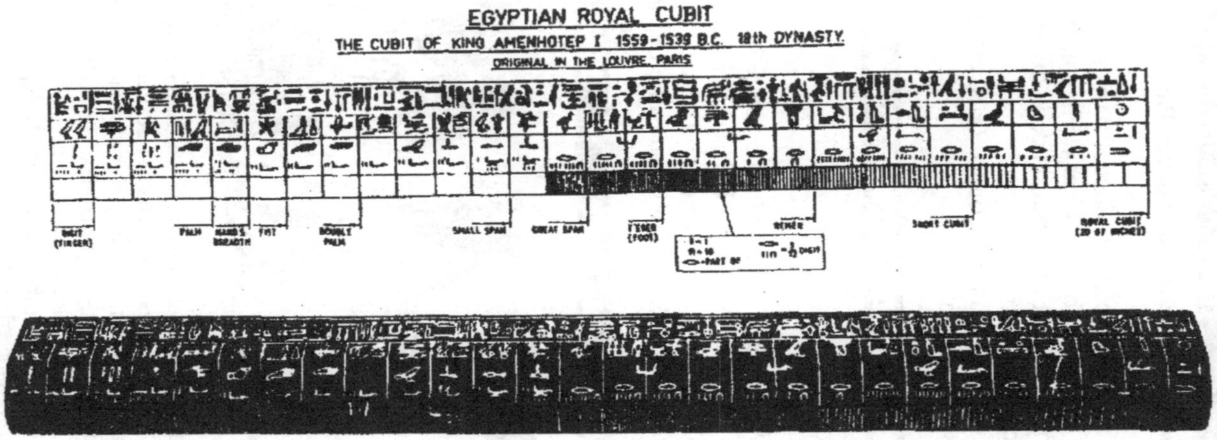

Figure 6 : a possible division of an Egyptian measuring-rod. Courtesy M.J. Puttock B.Sc., National Standards Laboratory, C.S.I.R.O., Sydney, Australia.
Coudée royale égyptienne. Musée du Louvre, Paris. Aménophis I (1557-1530 av. notre ère).
Cette *règle graduée* va du doigt (18 mm) à la coudée (52,5 cm).
Richard J. Gillings, *Mathematics in the time of the Pharaohs*, New York, Dover Publications, 1982, p. 220.

Figure 7 : Mesure mésopotamienne de longueur (Louvre, Paris)

Les mesures linéaires mésopotamiennes étaient basées sur la coudée sumérienne de 49,5 cm. Cette règle qui provient de la statue de Gudea, roi de Lagash (2170 av. notre ère), est l'illustration de la division du doigt en deux, trois, quatre, cinq et six parts.

Ainsi : 30 doigts de 1,65 m chacun = 1 coudée (*kuš*, en sumérien, et *ammatum*, en akkadien), soit 49,5 cm.

Figure 8 : Réglet.

En dessin, on utilise le *double-centimètre* en bois ou en celluloïd. A l'atelier, on emploie le *réglet* en acier, divisé en centimètres, millimètres et parfois demi-millimètres. La coudée royale égyptienne préfigure ce genre d'instruments (le double-décimètre et le réglet) pour la mesure des longueurs.

Figure 9 : Opération de mensuration d'un champ au Nouvel Empire (XVIIIe dynastie : 1580-1320 av. notre ère). Le scribe, poitrine, épaules et bras voilés, porte un pagne long et des sandales. Il a son assistant derrière lui et, devant, deux arpenteurs tiennent précisément la corde de mesure qui est une corde à nœuds de 1 000 coudées (Sergio Donadoni, *Arte egizia,* Turin, Giulio Einaudi, édit. de 1975, illustration 111). Cette scène d'arpentage provient de la tombe (Thèbes, n° 38) appartenant à Djeserkarêseneb (« Sacrée est la puissance de la Lumière (Ra) dans son intégrité »), comptable des greniers d'Amon. Cette tombe offre aussi une représentation de la déesse-serpent Renenoutet, protectrice des moissons, ainsi qu'une très charmante scène de banquet.

Figure 10 : Un scribe et ses assistants mesurent un champ de blé pour la perception de l'impôt. Tombe de Menna (n° 69), haut responsable du cadastre sous la XVIIIe dynastie (vers 1550-1307 av. notre ère). L'administration égyptienne reposait sur un grand souci d'exactitude et de justice.

Figure 11 : Scène d'arpentage (XVIIIe dynastie).
Thèbes, Cheikh Abd el-Gournah, tombe n° 57 de Khaemhat, scribe royal, inspecteur des greniers de Haute et Basse-Égypte sous le règne d'Aménophis III (1408-1372 av. notre ère).

Khaemhat vérifiait la rentrée des céréales et surveillait le niveau de production dans tout le pays. Ce fut un ministre de l'Économie et de l'Agriculture puissant et particulièrement apprécié à la cour : le Pharaon Aménophis III lui remit des colliers d'or, en présence de nombreuses personnalités du royaume.

Khaemhat fut aussi un initié : sa tombe comprend non seulement des scènes de la vie professionnelle, mais encore des scènes rituelles rares (adoration du soleil, rites osiriens, description des champs paradisiaques, pèlerinage de l'âme à Abydos, bouquet de fleurs trônant sur un siège, symbolisant alors la vie dans son essence subtile, impondérable et merveilleuse, etc.).

Figure 12 : Louvre E. 11057.
Senenmout, architecte de la reine Hatchepsout (1504-1483 av. notre ère), représenté en arpenteur.
Il est à genoux, et tient, sur ses cuisses, un rouleau de corde qui servait à arpenter les temples divins. Le cordeau est légèrement surélevé par un support que Senenmout serre entre ses genoux.
Quartzite. Hauteur : 0 m 10.

Figure 13 : Caire 711.
Peninheret à genoux en arpenteur, au temps d'Aménophis II (1450-1425 av. notre ère).
Il porte, sur les genoux, une sorte de sac qui, d'après Borchardt, doit contenir les instruments d'astronome et d'arpenteur.
Granit gris. Hauteur : 0 m 42.

Figure 14 : Caire 42128.
Amenemhat Serer, arpenteur au temps d'Aménophis III (1408-1372 av. notre ère).
Il ne tient pas le rouleau sur ses cuisses, mais devant sur ses genoux. Le rouleau est surmonté d'une tête de bélier qui servait à tenir les extrémités de la corde.
Brèche verte.
Hauteur : 0 m 33.

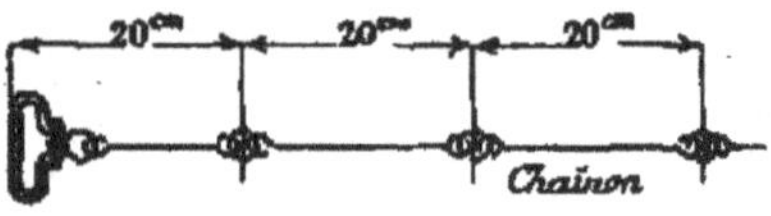

Figure 15 : Chaîne d'arpenteur.

La *chaîne d'arpenteur*, de 10 ou de 20 mètres, est divisée en chaînons de 20 centimètres reliés par des anneaux. C'est un instrument utilisé pour la mesure des longueurs. Les premières chaînes d'arpenteur, dans l'histoire de l'humanité, sont égyptiennes. La géométrie serait précisément née en Égypte, de l'arpentage, aux dires d'Hérodote, le « Père de l'Histoire ».

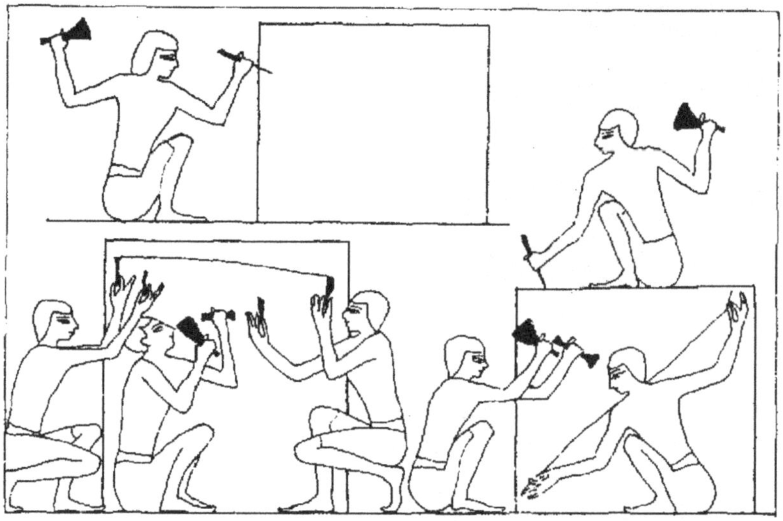

Figure 16 : Taille de pierres d'après des mesures précises.

Rekhmirê ou Rekhmirā, « Celui qui connaît comme la Lumière », occupe la tombe n° 100 (Thèbes, Cheikh Abd el-Gournah). Il fut « vizir », Premier ministre, et gouverneur de Thèbes, sous Aménophis III (1408-1372 av. notre ère).

Sa tombe est très riche d'enseignements au sujet des principaux métiers : sculpteurs, maçons, menuisiers, orfèvres, tanneurs, briquetiers, tailleurs de pierre, etc.

Une pierre taillée, depuis le temps des Australopithèques africains, implique une *idée*, un *concept* directeur, une *vue de l'intelligence* humaine : c'est toute la différence entre l'architecte et l'abeille. L'*idée géométrique* est ici évidente pour obtenir des pierres taillées selon certaines mesures précises et devant servir à des emplois non moins précis. L'abeille est « empirique », l'architecte est « idéaliste ». La devise de l'architecte est : « L'idée avant toute chose ». Et cette idée est très largement géométrique.

La *corde de mensuration* et la *règle graduée* étaient les principaux instruments utilisés dans l'Égypte antique pour la mesure des longueurs. Le fait même de l'existence de la règle graduée implique que les Égyptiens connaissaient la *propriété mathématique fondamentale de la ligne droite,* à savoir que la ligne droite est le plus court chemin d'un point à un autre.

II

Circonférence

1. *La surface plane.* La surface d'une nappe d'eau immobile donne l'idée d'un *plan* ou *surface plane*. L'hiéroglyphe N 37 de la liste de Gardiner qui représente un étang est en fait une pièce d'eau immobile, une surface plane, et parfois l'eau est clairement indiquée (N 39).

En réalité, l'hiéroglyphe N 37 représente une *portion de plan* parce que l'étang est limité dans toutes les directions.

Un morceau de papyrus tendu est également une portion de plan. Une figure est *plane* quand elle est située dans un plan. Les figures tracées par les mathématiciens égyptiens sur papyrus sont des figures géométriques planes.

2. *La circonférence.* La circonférence est une ligne courbe, fermée appartenant à un plan, dont tous les points sont à égale distance d'un point fixe. Le *cercle* est la portion de plan intérieure à une circonférence.

Un détail du plafond astronomique de la tombe de Senenmout (XVIIIe dynastie, règne de Hatchepsout, vers 1490-1470/68 avant notre ère) montre *quatre circonférences* qui représentent les mois de l'année lunaire. Le *centre* de chaque circonférence est bien indiqué. Chaque circonférence est divisée en 24 sections ou *diamètres*. En langage mathématique égyptien, circonférence se dit, *shenou,* et diamètre *shaât.* Le mot pour rayon est *tp-r.*

3. *Le tracé de la circonférence.* Sur le terrain, pour tracer une circonférence, on peut se servir de deux piquets fixés aux extrémités d'un cordeau : l'un d'eux est planté dans le sol ; on déplace l'autre de manière que le fil reste constamment tendu. La pointe du piquet qui se déplace décrit une circonférence.

Autrement, on utilise le *compas* pour tracer une circonférence : compas de dessinateur sur papier, compas d'ajusteur à l'atelier, compas à verge pour tracer des circonférences de grand rayon.

Comment les géomètres et astronomes égyptiens ont-ils procédé pour tracer de si parfaites circonférences sur le plafond de la tombe de Senenmout, haut fonctionnaire, architecte et favori de la reine Hatchepsout ?

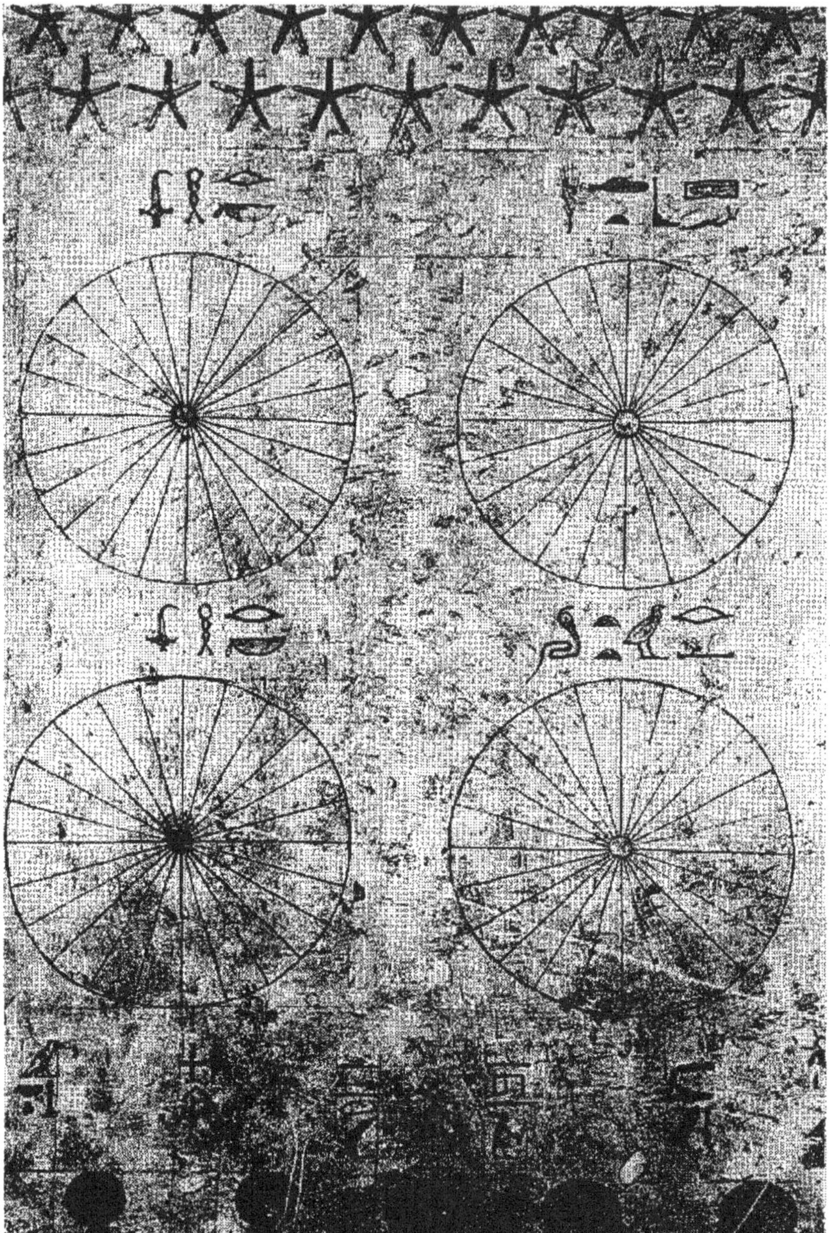

Figure 17 : Détail du plafond astronomique de *la tombe de Senenmout*, architecte de la reine Hatchepsout (1504-1483 av. notre ère).

Voici la réponse de William H. Peck, ancien conservateur de l'Institut d'art de Détroit, qui a participé à plusieurs campagnes de fouilles en Égypte : « Techniquement, leur tracé (celui des circonférences de Senenmout) a réclamé ici un compas (probablement une corde) qui a délimité leur aire, préalablement séparée en quatre parties égales, puis subdivisée en vingt-quatre secteurs. » (William H. Peck, *Dessins égyptiens,* trad. de l'anglais, Paris, Hermann, 1980, p. 132).

Les anciens Égyptiens qui traçaient au compas de si parfaites circonférences en savaient les points et lignes remarquables : la circonférence est une figure plane, courbe, fermée ; les points sur la circonférence sont à égale distance d'un point fixe appelé centre ; un segment joignant le centre à un point de la circonférence est un rayon ; le diamètre est deux fois la longueur du rayon, parce que c'est une corde qui passe par le centre de la circonférence en reliant deux points de la circonférence.

Cette connaissance parfaite de la circonférence a permis aux mathématiciens égyptiens de calculer *la surface d'un cercle* de façon tout à fait originale et très précise en prenant en compte le diamètre.

La figure 17 porte la représentation de 4 mois, du 5e au 8e compris, de l'année lunaire, qui correspond à la deuxième saison égyptienne.

Les cercles sont divisés en 24 sections, figurant les 12 jours de fête de chaque mois.

La géométrie et l'astronomie sont ici intimement liées : le tracé des cercles a réclamé un *compas* qui a délimité les aires, séparées en 4 parties et 24 sections.

Figure 18 : Fabrication de roues (XVIIIe dynastie : 1580-1320 av. notre ère). Tombe de Menkheperresoneb, Thèbes (n° 86).
La *roue* (latin *rota*) est un organe plat, de forme circulaire, tournant autour d'un axe passant par son centre.
Sergio Donadoni, *Arte egizia,* Turin, G. Einaudi, édit. de 1975, illustration 112.

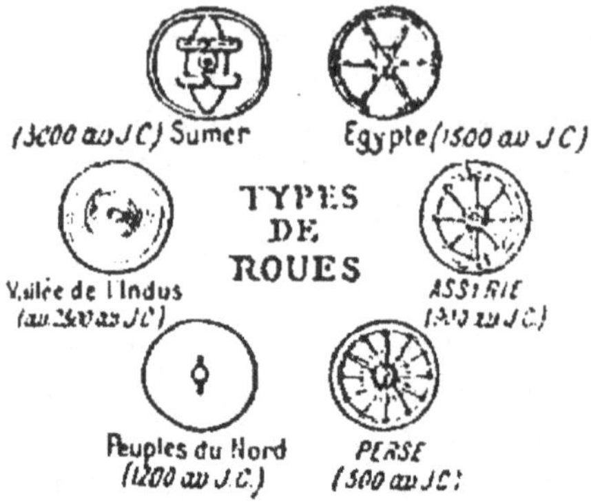

Figure 19 : Types de roues en Égypte et dans les anciennes civilisations du Proche-Orient (Sumer, Vallée de l'Indus, Assyrie, Perse, peuples indo-européens du Nord). La roue égyptienne existe en fait depuis l'Ancien Empire. Elle a été inventée en Égypte même (vers 2780 av. notre ère).
Source : James Henry Breasted, *La Conquête de la civilisation,* Paris, Payot, 1945, p. 54.

Figure 20 : Bas-relief assyrien à Koijoundjik. British Museum, à Londres.

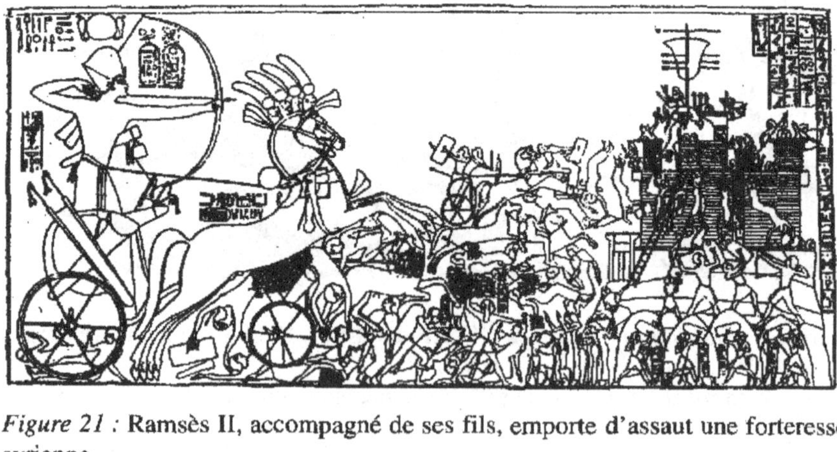

Figure 21 : Ramsès II, accompagné de ses fils, emporte d'assaut une forteresse syrienne.

Bas-relief de la sculpture assyrienne (figure 20) représentant une scène de chasse. La durée de l'art assyrien fut assez courte, du IXe au XIIe siècle avant notre ère. Remarquez *la roue assyrienne* : la jante (le cercle extérieur de la roue) est reliée au moyeu (partie centrale de la roue) par l'intermédiaire de 8 rayons.

Bas-relief égyptien (figure 21). Ramsès II (1301-1235 av. notre ère) sur son char de guerre. Remarquez *la roue égyptienne* : 6 rayons relient le moyeu à la jante.

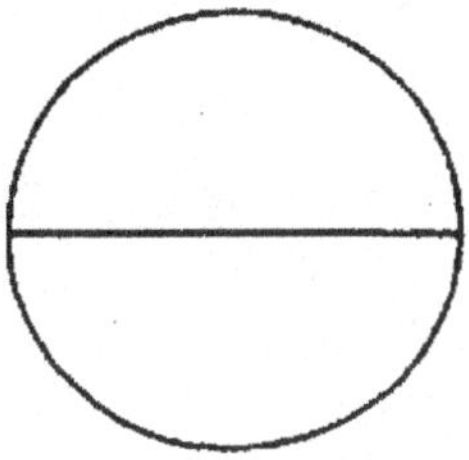

Figure 22 : Le fondateur de la géométrie grecque, Thalès (vers 640-vers 546 av. notre ère), aurait formulé cette proposition : « Tout diamètre partage le cercle en deux. »

Maurice Cantor, connu pour ses recherches en histoire des mathématiques (*Vorlesungen über Geschichte der Mathematik,* vol. I, Leipzig, 1880), admet que Thalès apprit cette proposition en Égypte où des cercles étaient divisés en secteurs égaux sur les monuments (tombe astronomique de Senenmout, mille ans avant la naissance de Thalès).

L'historien le plus célèbre des mathématiques grecques, Sir Thomas L. Heath, ne récuse pas l'explication de Cantor : T.L. Heath, *A History of Greek Mathematics, vol. I, From Thales to Euclid,* New York, Dover Publications, 1981, p. 131 ; 1re édition, Oxford, Clarendon Press, 1921.

III

Angles

1. *Un angle.* Un angle est la figure formée par deux demi-droites ayant la même origine : les deux demi-droites sont les *côtés* de l'angle, et l'origine commune des deux côtés son *sommet.*

Un *angle plat* est un angle dont les côtés sont dans le prolongement l'un de l'autre.

La notion géométrique d'*angle* était explicitement connue dans l'Égypte antique. Dans le rite de la « Tension du cordeau » relatif à la fondation d'un temple, Pharaon s'ingéniait à établir géographiquement les quatre angles du temple, et le mot pour « angle » est :  *ẖss, kheses.* Le signe 038 de Gardiner est un angle de mur.

Le Ramesseum, « temple des millions d'années » de Ramsès II (1301-1235 av. notre ère), est un *rectangle* de 260 m sur 170, enfermant un monumental pylône d'accès, une première cour, un second pylône, une seconde cour, une salle à colonnes, trois petites salles à quatre colonnes en enfilade et le Saint des Saints, une chapelle à quatre colonnes.

Un rectangle est un parallélogramme dont les *angles* sont *droits.* Dans un rectangle, les quatre angles sont droits, et les diagonales sont égales.

Le mot égyptien 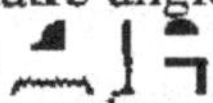 *ḳnbt, qenebet,* désigne aussi un *angle droit,* c'est-à-dire le sommet, le coin d'un édifice formé par deux murs (deux demi-droites) ayant la même origine.

La grande cour du Grand Temple de Ramsès III (1198-1166 av. notre ère) à Médinet Habou est presque un *carré* avec ses 34 m de long sur 32 m de large, c'est-à-dire un parallélogramme qui a un *angle droit* compris entre deux côtés égaux.

Un angle est *aigu* s'il est plus petit que l'angle droit. Un angle est *obtus* s'il est plus grand que l'angle droit.

Les géomètres égyptiens appelaient l'*angle de pente* de la pyramide par 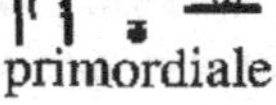 *skd, seqed.* Le choix de l'angle de pente était une opération primordiale dans la construction d'édifices de forme purement géométrique comme une pyramide. C'est cet angle de pente ou d'inclinaison qui commandait les proportions et, par conséquent, le profil et la silhouette même du monument pyramidal.

2. *Angles droits et équerre.* Si deux droites sont *perpendiculaires*, les quatre angles qu'elles forment sont droits. On emploie l'*équerre* pour le tracé des perpendiculaires, c'est-à-dire pour tracer géométriquement des *angles droits.*

Pour cela, on utilise les équerres d'ajusteur, les équerres à chapeau, les équerres de menuisier, les équerres d'onglet, les équerres d'arpenteur, les équerres à coulisse pour mesurer un diamètre.

Les anciens Égyptiens employaient l'*équerre de maçon.* Il existe un niveau en forme d'équerre ayant appartenu à Sennedjem, artisan de la nécropole royale thébaine au Nouvel Empire (1567-1085 av. notre ère). Cet instrument de précision est en bois polychromé, et se trouve actuellement au musée égyptien du Caire (n° 27.258).

Les bâtiments égyptiens étaient d'équerre. Le plan du Grand Temple de Séthi 1er (1312-1300 av. notre ère), à Abydos, ressemble curieusement à une équerre.

Pour revenir à *l'équerre de Sennedjem,* celle-ci est faite de trois règles de bois assemblées ; un trou percé dans l'angle permet de suspendre le fil à plomb : des traits-repères sont gravés, au recto et au verso, au milieu de la barre transversale et sur la diagonale de l'angle supérieur. Cet instrument géométrique est parfait dans sa conception et sa fabrication.

Le fil à plomb est un *axe de symétrie* qui partage en deux triangles rectangles égaux le triangle formé par les trois segments de bois assemblés.

Le trou percé est en fait un point sur la *médiatrice du segment* qu'est la règle de bois par laquelle passe la perpendiculaire constituée par le fil à plomb.

Et si un point est sur la médiatrice d'un segment, il est équidistant des extrémités de ce segment. Le trou percé dans l'angle et qui permet de suspendre le fil à plomb est donc équidistant des extrémités (angulaires) du segment de bois que traverse le fil à plomb.

La fabrication d'une *équerre* comme celle de Sennedjem, instrument scientifique de précision, n'est donc pas l'œuvre du hasard : il faut nécessairement au constructeur d'un tel instrument scientifique des notions de symétrie par rapport à une droite, de médiatrice d'un segment, de triangle isocèle (qui admet un axe de symétrie), de perpendiculaire, de cas d'égalité des triangles rectangles.

Il est difficile de fabriquer une excellente équerre, munies de toutes les caractéristiques requises, par pur empirisme ou par rêverie intellectuelle.

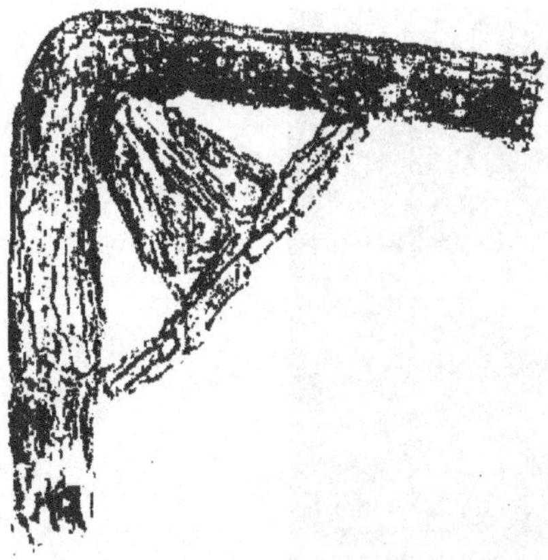

Figure 23 : Siphon en métal pour la bière.
Hauteur 10 cm. British Museum (n° 55.148).

Ce tube servait pour transvaser la bière après fermentation, d'un niveau à un autre plus bas, en l'élevant d'abord au-dessus du niveau le plus haut : de la cuve de fermentation jusque dans les jarres de bière pour consommation, – la bière était la boisson nationale en Égypte. Chimie, technologie et géométrie. L'*angle* du siphon est remarquable.

Figure 24 : Équerre de Sennedjem. Musée du Caire (n° 27.258).

Cet instrument de précision qui permettait de déterminer si une surface est bien horizontale provient de la tombe (n° 1) de Sennedjem, à

Figure 25 : Fil à plomb de Sennedjem. Musée du Caire (n° 27.260).

Thèbes-Ouest, Deir el-Medineh, et date de la première moitié du règne de Ramsès II (1301-1235 av. notre ère).

Mesures : longueur de la branche conservée : 0,366 ; longueur de la branche brisée : 0,203 ; longueur de la barre transversale à la base : 0,053.

Le bois est peint. Le peson est en calcaire (la ficelle est moderne). Le fond est peint en jaune. Les lignes d'encadrement des textes (invocations à Ptah, et à Rā – Horakhty-Toum) sont en rouge, les hiéroglyphes bleus. Cet instrument est donc fort bien traité et, de ce fait, précieux.

Sennedjem a dû être un géomètre remarquable : « Le Serviteur dans la Place-de-Vérité à l'ouest de Thèbes », d'après le couvercle de sa momie.

Ce fil à plomb (figure 25) est perfectionné : il se compose d'une planchette de bois, percée d'un trou à la partie supérieure, dans laquelle *deux tablettes parallèles* sont encastrées. Le fil à plomb traverse en *diagonale* le bord perforé de la tablette supérieure et pend ensuite librement. Le peson, en calcaire, est *ovoïde* (comme pour le niveau d'équerre). Cet instrument de précision permettait de s'assurer de la verticalité d'une paroi.

Mesures : hauteur de la planchette : 0,486 ; hauteur du peson : 0,05.

IV

Triangle

1. *Un triangle.* Un polygone (figure qui a plusieurs angles) est une portion de plan limitée par des segments de droite consécutifs, appelés *côtés* du polygone.

Autrement dit, un polygone est une ligne brisée fermée, c'est-à-dire dont les extrémités coïncident : les points des extrémités sont les *sommets,* et les segments de droite les *côtés* du polygone.

Un polygone est dit *convexe* lorsqu'il est situé tout entier d'un même côté de la droite obtenue en prolongeant l'un quelconque de ses côtés. Dans le cas contraire, il est dit *concave.*

Un *triangle* est donc un polygone convexe ayant 3 sommets, 3 côtés et 3 angles.

Le *triangle scalène* a ses trois côtés inégaux. Le *triangle isocèle* a deux côtés égaux. Le *triangle équilatéral* a ses trois côtés égaux. Le *triangle rectangle* a droit l'un des angles, et le côté opposé à cet angle droit s'appelle *hypoténuse.*

2. *Les droites remarquables du triangle.* Une *hauteur* d'un triangle est la droite passant par l'un des sommets et perpendiculaire sur le côté opposé. Une *médiane* d'un triangle est une droite joignant un sommet au milieu du côté opposé. Une *bissectrice intérieure* d'un triangle est la bissectrice de l'un quelconque de ses angles intérieurs. Une *bissectrice extérieure* d'un triangle est la bissectrice de l'un quelconque de ses angles extérieurs.

Un triangle a donc 3 hauteurs, 3 médianes, 3 bissectrices intérieures, 3 bissectrices extérieures.

3. Les anciens Égyptiens ont surtout travaillé sur le *triangle rectangle.*

Voici le témoignage de l'un des meilleurs connaisseurs du « mystère » des Pyramides : « Dans l'exécution de leurs pyramides, les constructeurs égyptiens travaillant sur des *triangles rectangles* cherchèrent autant que possible à utiliser des angles de pente présentant pour $\frac{h}{b}$ des rapports simples faciles à exprimer par des équerres de bois, qui étaient nécessaires en cours de construction pour le contrôle permanent des pentes. » (Jean-Philippe Lauer, *Le Mystère des Pyramides,* Paris, Presses de la Cité, 1974, p. 298. Souligné par nous).

Jean-Philippe Lauer, architecte et archéologue, expert au Service des Antiquités de l'Égypte pour les travaux de recherche et de restauration, a noté également la présence du *triangle sacré 3-4-5* dans le plan de la section longitudinale de la chambre sépulcrale de Khoufou (le Khéops des Grecs) qui est un parallélépipède rectangle, dans la Grande Pyramide même. Khoufou dont le nom signifie : « Qu'il (le dieu) me protège », est le second roi de la IVe dynastie, vers 2650 av. notre ère.

Assez imbu de préjugés vieillis vis-à-vis de la mathématique pharaonique, André Pichot traduit ainsi le problème n° 51 du Papyrus de Rhind (vers 1650 av. notre ère) : « Exemple de calcul d'un triangle de terre. Si on te dit un triangle de "meret" 10 khet et de base 4 khet. Quelle est sa surface ? » (André Pichot, *La naissance de la science. I. Mésopotamie, Égypte,* Paris, Gallimard, 1991, p. 245).

Qu'est-ce qu'un « triangle de terre », mathématiquement parlant ? Le mot *3ḫt, ahet,* est employé deux fois dans le texte. Pichot traduit ce mot tantôt par « terre » (« un triangle de terre »), tantôt par « surface ».

S'agissant d'un texte mathématique, il convient de traduire *3ḫt, ahet,* « champ », par « section de plan », et « surface ».

Le texte devient clair mathématiquement : Exemple de calcul d'un triangle (*spdt*) dans (*m*) une portion de plan (*3ḫt, ahet*). Si on te dit : un triangle (*spdt*) de (*nt*) 10 verges de hauteur (*mryt, meryt,* « hauteur ») et de 4 verges de base (*tp-r,* tep-*er*). Quelle est sa surface (*3ḫt, ahet,* "surface") ?

Nous avons par conséquent :

 *spdt, sepedet,* « triangle » (*spd,* « pointu » : allusion à un sommet du triangle)

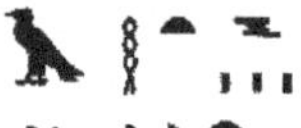 *3ḫt, ahet,* « portion de plan », « surface »

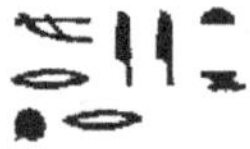 *mryt, meryt,* « hauteur » du triangle

 *tp-r, tep-er,* « base » du triangle

Les mathématiciens calculaient de façon exacte la surface d'un triangle, connaissant sa hauteur et sa base. Le calcul aurait été erroné si les Égyptiens n'avaient aucune notion mathématique relative aux caractéristiques essentielles du triangle.

De la même manière, le mot akkadien *eqlu* signifie : « champ » (René Labat, *Manuel d'épigraphie akkadienne,* Paris, Paul Geuthner, édit. de 1988, p. 87).

Mais les spécialistes des mathématiques babyloniennes traduisent bien *eqlu* par : « surface », « superficie » (E.M. Bruins et M. Rutten, *Textes mathématiques de Suse*, Paris, Paul Geuthner, 1961. Tome XXXIV des « Mémoires de la Mission Archéologique en Iran. Mission de Susiane »).

Il faut mettre au compte de la manie, au sens étymologique du mot, des attitudes intellectuelles qui persistent dans le dénigrement systématique des mathématiques égyptiennes.

4. *Parallèle à un côté d'un triangle.* Deux droites sont dites parallèles lorsque, situées dans un même plan, elles n'ont pas de point commun.

Précisément sur la figure du problème n° 53 du Papyrus Rhind deux droites parallèles sont tracées : elles le sont au côté qui constitue la base du triangle. La base du triangle et les deux parallèles sont donc parallèles entre elles.

Cette figure illustre ainsi le *théorème de Thalès :* une parallèle à un côté d'un triangle détermine sur les deux autres côtés des segments proportionnels. Ceci près de mille ans avant la naissance de Thalès (vers 640 - vers 547 av. notre ère).

Le scribe s'est ingénié à calculer la surface du milieu qui est la *surface d'un trapèze* (de la base du triangle jusqu'à la troisième parallèle) et la *surface du triangle* (de la troisième parallèle qui est la base jusqu'au sommet, c'est-à-dire le point de rencontre des côtés du triangle opposés à la grande base du trapèze).

Le texte du problème n° 53 manque, mais la figure et le calcul ont été conservés : « Malgré les multiples fautes, oublis et imperfection que présente cet exemple, il démontre néanmoins clairement que ni le triangle, ni le trapèze n'avaient le moindre secret pour les géomètres égyptiens. » (Sylvia Couchoud, *Mathématiques égyptiennes*, Paris, 1993, p. 61).

V

Rectangle

1. *Un rectangle.* Un rectangle (latin *rectus,* « droit » ; *angulus,* « angle ») est un parallélogramme dont les angles sont droits. Quatre droites (côtés) forment un parallélogramme dont un angle est droit. Un rectangle est donc un quadrilatère. Les angles opposés sont égaux deux à deux, de même que les côtés opposés. Les diagonales qui se coupent en un point qui est le milieu de chacune d'elles sont égales.

2. Les mathématiciens égyptiens connaissaient parfaitement cette figure géométrique qu'ils appelaient  *ifd, ifed,* « rectangle », « quadrilatère ». Le déterminatif indique bien qu'il s'agit d'une figure rectangulaire, et le mot même dérive de *fdw,* « quatre », pour bien insister sur les quatre droites formant le parallélogramme dont un angle est droit et qui a pour nom précisément « quadrilatère » (qui a quatre côtés).

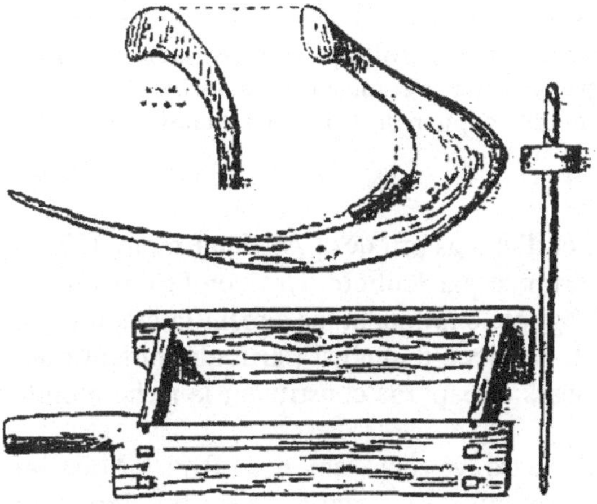

Figure 26 : Faucille, fuseau et moule à briques de la XIIe dynastie.
Le moule à briques est *rectangulaire.* La XIIe dynastie couvre la période de 1991 à 1787 av. notre ère.
Source : W.S. Blackman, *Les Fellahs de la Haute-Égypte. Vie religieuse, sociale et économique. Le présent et les survivances anciennes,* trad. de l'anglais, Paris, Payot, 1948, p. 267.

Il est certain, d'après les documents eux-mêmes, que les Égyptiens connaissaient les principaux quadrilatères : le *carré,* le *rectangle,* le *losange* et le *trapèze.*

La figure du problème n° 49 du Papyrus Rhind montre bien un *rectangle* avec 10 unités de longueur et 2 unités de largeur : il s'agit de longueur au sens spatial et géométrique *3w, aou,* « longueur » (de l'espace, du plan, de la figure tracée). Largeur se dit : *shw, sekhou.*

La Pyramide de Djoser, roi de la IIIe dynastie (2800-2700 av. notre ère), est formée de six énormes gradins : elle est située presque au centre d'un *rectangle* de 555 x 278 m.

La peinture tombale ci-après (aujourd'hui à Londres, British Museum) montre bien *une pièce d'eau rectangulaire* située au centre d'un jardin où l'on voit des rangées de sycomores et de palmiers-dattiers (fig. 28).

Figure 27 : Moule à brique en bois retrouvé dans le dépôt de fondation d'un temple de Gebelein de l'époque de Thoutmosis III (1504-1450 av. notre ère). La brique crue fit en apparition avant la fin de la période prédynastique (vers 4000 av. notre ère). Les briques pour les habitations avaient en moyenne 23 x 11 x 8 cm. Celles des forteresses étaient plus grandes : 40 x 20 x 15 cm. La pâte était faite avec du limon du Nil mêlé à la paille hâchée. Le moule a l'aspect d'un *parallélépipède* ouvert dessus et dessous et muni d'un manche.
Ce moule en bois se trouve au musée égyptien de Turin. Inv. Suppl. 12448. Ses dimensions : 17,5 x 9 x 4,5 cm.

L'aménagement de jardins et d'étangs prit dès l'Ancien Empire (2780-2280 av. notre ère) une importance particulière. Les conditions climatiques chaudes et arides de l'Égypte expliquent largement la création de tels ouvrages. Le *rectangle* de la pièce d'eau est particulièrement bien tracé. Poissons, canards sauvages et papyrus constituent le riche monde aquatique du verger.

Cette belle peinture tombale se trouve actuellement au British Museum à Londres (n° 37983). Elle provient de la tombe du scribe Nebamon (Thèbes), vers 1380 av. notre ère.

Figure 28 : Jardin et *pièce d'eau rectangulaire* (XVIIIe dynastie).
Hauteur : 64 cm.

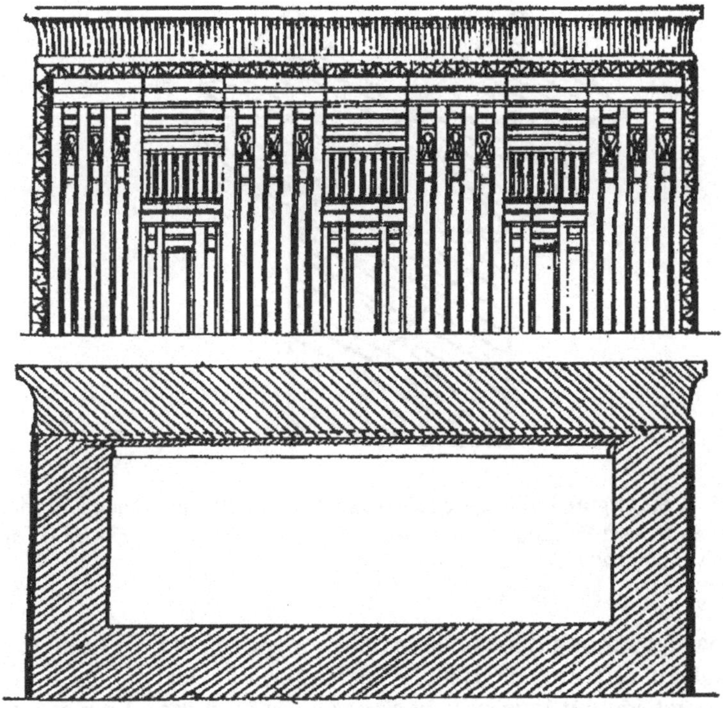

Figure 29 : Face et coupe du sarcophage de Mykérinos (d'après Perring).

Le sarcophage se dit en égyptien :  *nb-*^{c}*nḫ, neb-ankh,* « Seigneur de la Vie ».

Le mot français *cercueil* signifie : « coffre où l'on renferme le corps d'un mort ». Mais ce mot vient du grec *sarkophagos* qui veut dire exactement : « qui mange la chair ». Le cercueil, dans la civilisation occidentale, « mange la chair » ; en Égypte et dans le reste de l'Afrique noire profonde et traditionnelle, le cercueil est « le Seigneur de la Vie » qui protège la vie.

D'où la beauté et le luxe des cercueils égyptiens, la géométrie aidant. Taillé dans un bloc de basalte soigneusement poli, ce grand cercueil *rectangulaire* de Menkaoura (Menkaouré, Mykérinos, Mycerinus), vers 2600 av. notre (fin de la IVe dynastie), comporte un beau décor en *façade de palais à redans,* mais sans aucune inscription.

Ce beau sarcophage de Menkaoura disparut dans un naufrage dans le golfe de Gascogne lors de son expédition au British Museum à Londres (fouilles de Vyse, Perring, Raven Hill et Andrews, 1837).

3. *Le pavage triangulaire égyptien*

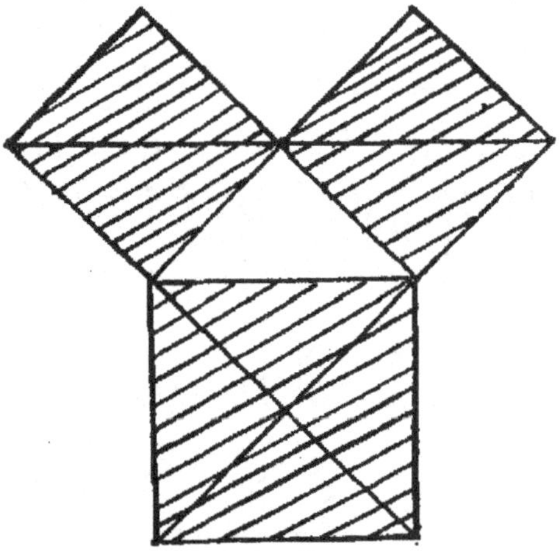

Figure 30 : Cette figure qui illustre le pavage triangulaire égyptien est reprise de l'ouvrage de Robert Baccou, *Histoire de la science grecque. De Thalès à Socrate*, Paris, Aubier, 1951, p. 114.

Les pavages triangulaires des temples égyptiens étaient faits de carreaux, souvent en forme de triangles rectangles isocèles.

Le constat géométrique suivant s'impose de lui-même. La partie de la figure qui n'est pas hachurée est un triangle rectangle isocèle. L'aire du carré ayant pour côté l'hypoténuse est égale à la somme des aires des carrés ayant pour côtés les côtés adjacents du triangle rectangle.

C'est manifestement *le théorème des trois carrés de Pythagore,* tel que formulé dans Euclide : proposition 47 du livre Ier des *Éléments de géométrie,* à savoir que dans un triangle rectangle, l'aire du carré construit sur l'hypoténuse est égale à la somme des aires des carrés construits sur les côtés adjacents.

Pythagore (vers 580-vers 500 av. notre ère), philosophe et mathématicien grec, a étudié en Égypte (Serge Sauneron, *Les Prêtres de l'ancienne Égypte,* Paris, Éditions du Seuil, 1957, p. 113. Collection : « Le Temps Qui Court », n° 6).

Euclide, mathématicien grec, étudia et fit des recherches à Alexandrie, en Égypte, sous le règne de Ptolémée Ier (IIIe siècle av. notre ère).

D'autre part, le pavage triangulaire égyptien contient l'illustration de cet autre théorème euclidien : les parallélogrammes construits sur la même base et entre les mêmes parallèles sont égaux. C'est le théorème 35 du premier livre des *Éléments* d'Euclide.

En effet, les deux parallélogrammes (les deux carrés) construits sur les côtés adjacents du triangle rectangle isocèle sont égaux.

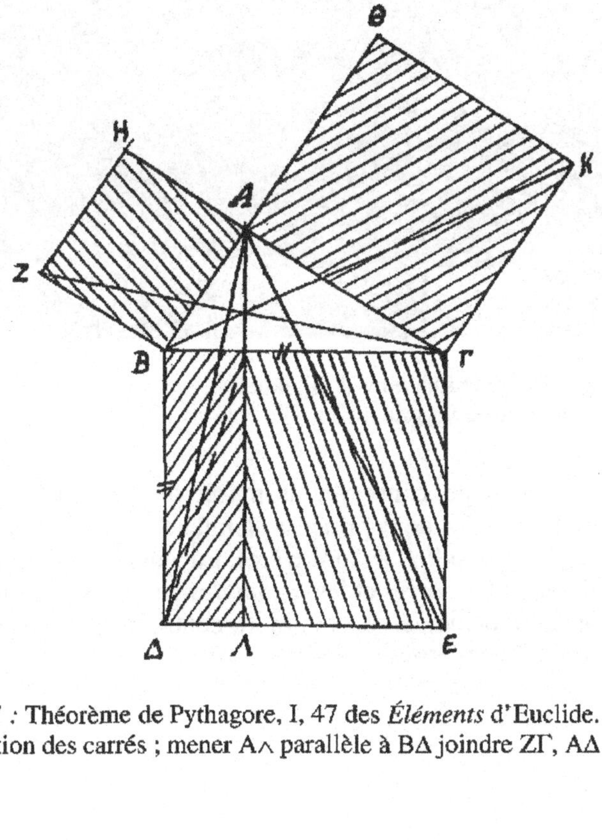

Figure 31 : Théorème de Pythagore, I, 47 des *Éléments* d'Euclide. Construction des carrés ; mener AΛ parallèle à BΔ joindre ZΓ, AΔ

Pythagore a appris en Égypte maintes « découvertes » qu'on lui attribue directement : table de multiplication, système décimal, théorème du carré de l'hypoténuse, théorème des trois carrés.

Olivier Gillain, l'un des grands spécialistes à l'esprit objectif, a su souligner cette contribution, de premier plan, de l'Égypte africaine : « Cette part de l'héritage égyptien n'est pas la seule qui se soit transmise d'âge en âge. Bien des découvertes, vieilles de trente-cinq siècles, nous sont parvenues et serviront, sans doute, jusqu'à la fin des temps. Tel est, par exemple, *le système décimal de numération.* » (O. Gillain, *La science égyptienne. L'Arithmétique au Moyen Empire,* Bruxelles, Fondation Égyptologique Reine Élisabeth, 1927, p. 16. Souligné par nous).

(D'après E. Brugsch) Tente funéraire d'Isimkheb.
Figure 32 : Pavé mosaïque égyptien.

Tente, en cuir découpé, conservée au musée du Caire. Elle avait été utilisée pour les funérailles de la princesse Isimkheb, fille de Pinedjem Ier de la XXIe dynastie (1070-960 av. notre ère). La valeur symbolique d'un tel pavé est évidente : les *carrés* et les *rectangles* alternent comme le jour et la nuit, la joie et la peine, la vie et la mort, continûment, dans la Grande Chaîne universelle des êtres.

VI

Losange. Carré

1. *Un losange.* Un *losange* (mot français emprunté au gaulois) est un parallélogramme qui a deux côtés consécutifs égaux : les angles opposés sont égaux deux à deux, de même que les côtés opposés. Si un quadrilatère a ses quatre côtés égaux, c'est un losange.

Figure 33 : Un relief provenant d'Amarna (Brooklyn Museum 65.16 Charles Edwin Wilbour Fund). La ville d'Amarna (*Akhet-Aton*, « l'Horizon d'Aton ») fut fondée, en Moyenne Égypte, par Akhnaton, vers 1370 av. notre ère.
Un jardinier est en train de porter l'eau à l'aide d'un *balancier* (long bâton qui sert à tenir l'équilibre) pour aller arroser le jardin qui est divisé en lots *carrés*, tracés avec une exactitude géométrique.

2. *Un carré.* Un *carré* est un quadrilatère qui possède les propriétés du parallélogramme, du rectangle et du losange :

– ses quatre côtés sont égaux ;

– ses quatre angles sont droits ;

– ses diagonales se coupent en leur milieu, sont égales, sont perpendiculaires l'une sur l'autre et sont bissectrices de ses angles.

3. Des motifs floraux et géométriques constituent souvent les décors des plafonds des sépultures thébaines. Un ostracon du temps des Ramsès, vers 1305-1080 av. notre ère, est une étude pour le décor d'un plafond : des *losanges* en sont le motif géométrique (William H. Peck, *Dessins égyptiens,* Paris, Hermann, 1980, p. 56, planche en couleurs n° XVI).

Les anciens Égyptiens savaient pas conséquent construire le quadrilatère qu'on appelle « losange ».

4. Le problème n° 48 du Papyrus Rhind concerne la comparaison de la surface d'un cercle de diamètre 9 à celle d'un *carré* de côté 9. Et la figure tracée par le scribe représente bien un cercle inscrit dans un *carré.* C'est la quadrature du cercle.

Il est probant que les mathématiciens de l'Égypte antique connaissaient le *carré.*

Dans la matérialité des faits et dans l'abstraction mathématique, le *carré* existe : , *ifd, ifed,* « carré », « quadrilatère ».

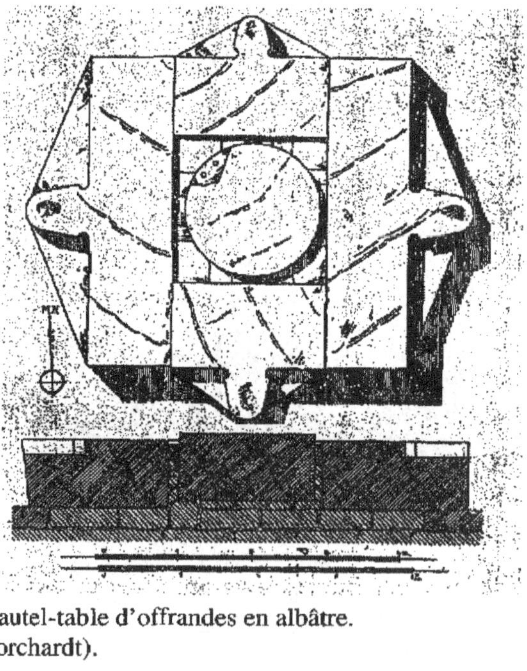

Figure 34 : L'autel-table d'offrandes en albâtre.
(D'après L. Borchardt).

Cette figure (n° 34) représente l'autel d'albâtre du temple solaire à Abousir.

Cet autel est dressé en plein air devant l'obélisque de Rā. Il est de dimensions colossales. Il est construit en blocs d'albâtre assemblés, dont *quatre* sont taillés suivant la forme du signe des offrandes. Le centre du monument est occupé par un grand *cercle inscrit dans un carré (quadrature du cercle)*. Les appendices qui surmontent chacun des signes des offrandes sont tournés en dehors, vers *les quatre points cardinaux*.

La signification de l'autel est celle-ci : le dieu, maître du monde, reçoit l'hommage et le tribut de la terre entière (symbolisée par les quatre points cardinaux).

Cet autel est donc *en forme de quadruple table d'offrandes* orienté aux quatre points cardinaux.

Une telle structure relève de la *géométrie :* c'est l'évidence même. Elle date de l'Ancien Empire (2780-2280 av. notre ère).

Figure 35 : Étude pour le décor d'un plafond, période ramesside, vers 1305-1080 av. notre ère. C'est un dessin polychrome sur ostracon. Des motifs floraux en forme de croix sont compris dans des *losanges*, donc dans des *motifs géométriques* (William H. Peck, *Dessins égyptiens*, Paris, Hermann, 1980).

VII

Trapèze

1. *Un trapèze.* Un *trapèze* (du grec *trapezion,* « petite table ») est un quadrilatère convexe qui a deux côtés parallèles.

Les deux côtés parallèles sont les *bases* du trapèze. Leur distance est la *hauteur* du trapèze. Un *trapèze rectangle* est un trapèze qui a un angle droit. Un *trapèze isocèle* est un trapèze dont les côtés non parallèles sont égaux.

2. Le problème n° 52 du Papyrus Rhind n'est pas traité par un spécialiste comme Gillings (Richard J. Gillings, *Mathematics in the time of the Pharaohs,* New York, Dover Publications, édit. de 1982 ; 1re édit., M.I.T., 1972).

Pour Gay Robins et Charles Shute, il s'agit de calculer la surface d'un *triangle tronqué* (G. Robins et Ch. Shute, *The Rhind Mathematical Papyrus. An Ancient Egyptian Text,* Londres, British Museum Publications, 1987, p. 47 : « the area of a truncated triangle »).

André Pichot interprète les données égyptiennes comme « un calcul d'un *triangle coupé de terre* » (A. Pichot, *op. cit.,* 1991, p. 246).

Tous ces auteurs, Robins, Shute et Pichot n'ont pas très bien compris les données du problème à cause de la mauvaise traduction du mot 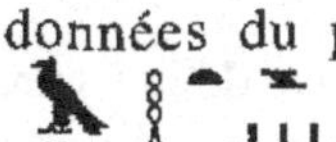 *3ḫt, ahet,* par « champ » dans un texte mathématique. Le préjugé collectif est que le mathématicien égyptien ne s'élève jamais au-dessus de l'empirisme, des recettes pratiques et n'a par conséquent aucun esprit scientifique. Pichot est particulièrement convaincu de cela.

C'est la leçon de Neugebauer qui paraît un peu plus près du texte égyptien : « Beispiel zur Berechnung eines Abschnittes eines Landes (*ḥ3kt nt 3ḫt*) » (O. Neugebauer, *Die Geometrie der ägyptischen mathematischen Texte,* in « Quellen und Studien zur Geschichte der Mathematik, Astronomie und Physik », Berlin, 1931, p. 419).

Traduction : « Exemple de calcul d'une section d'un champ. »

En effet, il n'y a pas dans le texte égyptien le mot  *spdt,* qui signifie : « triangle ».

La lecture de  comme *ḥ3kt* n'est pas correcte. Il faut translitérer *ḥkt,* conformément à Gardiner (Sir Alan Gardiner, *Egyptian Grammar,* Londres, édit. de 1964, § 60).

3. Tout problème de géométrie, dans la formulation des mathématiciens égyptiens, comprend ces parties essentielles :

– énonciation (le titre),
– définition (les données),
– calcul (démonstration),
– solution (avec preuve),
– conclusion (aboutissement d'une démarche logique, rationnelle).

4. Le titre du problème n° 52 du Papyrus Rhind est : 

Translitération : tp n irt ḥkt nt 3ḥt.

Traduction : Exemple *(tp)* de *(n)* calcul *(irt)* d'une portion *(ḥkt)* de *(nt)* plan *(3ḥt).*

Comment ce plan est-il coupé, limité ? Comment est la portion de plan en question ? Quelles sont les données ? Quelle est la forme de figure dont il est ici question ?

La portion de plan dont il s'agit a 20 unités de hauteur ( *mryt*), 6 unités de base ( *tp-r*), et 4 unités de cette section ( *p3 ḥkt*), c'est-à-dire par où le plan a été coupé.

Par où le plan a été sectionné peut être considéré comme la petite base (4 unités) et la base de 6 unités comme la grande base de cette figure particulière.

Le problème posé est : quelle est la surface ( *3ḥt,* « surface », « aire », « superficie » ; « plan », et non « champ » dans le contexte mathématique) de la figure ?

Le calcul du scribe consiste à additionner les deux bases (6 + 4 = 10) et à diviser le résultat par 2 (10 : 2 = 5). La surface est obtenue en multipliant la hauteur *(mryt)* 20 par 5 (20 x 5 = 100).

La formule utilisée par le scribe pour calculer la surface de la figure en question est rigoureusement celle-ci :

$$3\d{h}t = \frac{1}{2}(tp\text{-}r + \d{h}kt) \times mryt.$$

Il s'agit donc de l'aire du *trapèze* qui est égale au produit de la demi-somme des bases par la hauteur : $S = \frac{B + b}{2} \times h$. C'est exactement la formule utilisée par le scribe égyptien vers 1650 av. notre ère.

D'après la figure tracée par le scribe lui-même, il est question d'un *trapèze isocèle,* c'est-à-dire un trapèze dont les côtés non parallèles sont égaux. En effet les côtés de la figure qui ne forment pas la grande et petite bases ( *tp-r* et  *ḥkt*) ne sont pas parallèles, mais égaux.

Le texte égyptien ne comporte pas expressément de mot pour « trapèze », encore moins pour « trapèze isocèle », mais la réalité géométrique et mathématique est qu'il s'agit bien d'une section de plan coupée de telle sorte qu'il soit formé un quadrilatère convexe qui a deux côtés parallèles (les deux bases) et égaux les deux autres côtés non parallèles.

Mathématiquement parlant, les anciens Égyptiens connaissaient parfaitement le *trapèze isocèle.* Les faits vérifiables sont là.

Cheikh Anta Diop a donc eu raison de lire et d'interpréter les données du problème n° 52 du Papyrus Rhind, de façon très claire et nette, comme la « surface d'un trapèze » (C.A. Diop, *Civilisation ou Barbarie,* Paris, Présence Africaine, 1981, p. 333).

VIII

Symétrie par rapport à un point

1. *Un centre de symétrie.* Une figure admet un *centre de symétrie* lorsque tous les points de cette figure sont deux à deux symétriques par rapport à ce point.

Exemple : le centre d'une circonférence est le centre de symétrie des points de la circonférence.

2. Chacune des quatre circonférences du plafond astronomique de la tombe de Senenmout (XVIIIe dynastie, règne de Hatchepsout, vers 1504-1483 av. notre ère) a un *centre* nettement marqué. Ceci n'est pas vain. Les astronomes-géomètres ont voulu faire ressortir le *centre de symétrie* de chacune de ces circonférences. Sinon, pourquoi avoir tracé de si parfaites circonférences avec un point au centre de chacune d'elles ? Le fait étant là, il faut le prendre pour ce qu'il est. C'est tout.

3. Les trente-deux colonnes végétales du temple d'Horus à Edfou de la grande cour à portiques sont disposées par paires : vingt-quatre de ces colonnes du portique sont disposées par paires de chaque côté de l'axe de symétrie. (Serge Sauneron et Henri Stierlin, *Derniers temples d'Égypte. Edfou et Philae,* Paris, Chêne, 1975).

Ces colonnes admettent en fait un *axe de symétrie* et un *centre de symétrie* situé sur cet axe.

Le dessin de cet élément architectural (fig. 36) s'organise à partir d'*une ligne verticale médiane,* qui se trouve effectivement au milieu de la colonne, partageant celle-ci en deux parties égales.

Une colonne est un pilier cylindrique, avec base et chapiteau, pour soutenir un édifice : la ligne médiane qui est bien marquée sur le dessin est en fait l'*axe de symétrie* de cette figure.

Sans doute à cause de la nature de l'écriture hiéroglyphique, les Égyptiens ont inventé la *symétrie,* et dans les tableaux ou reliefs qui réclamaient des inscriptions, et dans l'architecture même. L'Égyptien avait une

Figure 36 : Schéma d'une colonne papyriforme sur ostracon (calcaire), provenant de Deir-el-Bahari, époque ramesside, vers 1305-1080 av. notre ère.

mentalité très symétrique du fait qu'il ambitionnait toujours l'harmonie résultant de certaines combinaisons et proportions régulières dans l'écriture, l'architecture, la sculpture, le relief, les compositions littéraires, les liturgies.

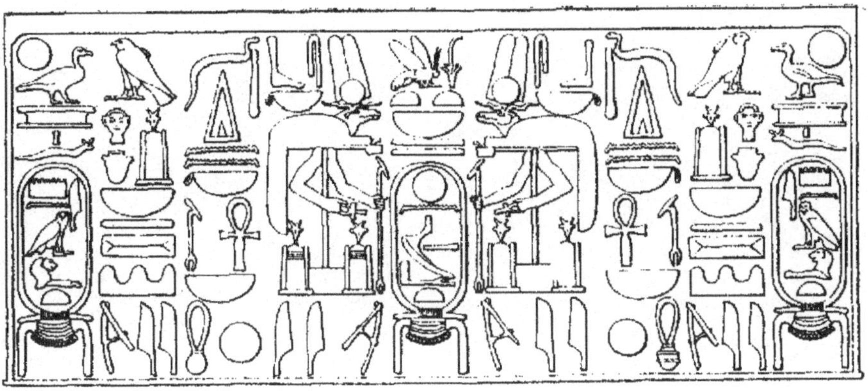

Figure 36 bis : Inscription symétrique d'Amménémès III (1842-1797 av. notre ère), XIIe dynastie.

Cette inscription monumentale d'Amménémès III (1842-1797 av. notre ère), trouvée dans le Fayoum à Crocodilopolis (ville où le crocodile, sorti des ondes comme le Soleil, était le maître universel) est symétrique au sens mathématique : les hiéroglyphes sont en effet disposés de manière à correspondre point par point, élément par élément, hiéroglyphe par hiéroglyphe, et à être à égale distance, de part et d'autre de l'inscription centrale (roi de Haute et Basse-Égypte, maître du Double Pays, Némaât-Râ). Le groupe des hiéroglyphes signifiant « aimé » (*mry*, « aimé », « bien-aimé »), à droite de l'inscription, devrait être orienté différemment.

Amménémès III se consacra aux grands travaux, mit en valeur le Fayoum ; il y construisit sa pyramide et son temple funéraire (le « Labyrinthe » des Grecs : Hérodote, II, 148).

IX

Polygones réguliers

1. *Un polygone régulier.* Un polygone est dit régulier lorsque :
1° ses côtés sont égaux ;
2° ses angles sont égaux.
Le carré par exemple est un polygone régulier de quatre côtés égaux.

2. Si une circonférence est divisée en parties égales, les cordes qui joignent les points de division consécutifs forment un polygone régulier.

3. Tout polygone régulier est inscriptible dans un cercle.

4. Chaque circonférence du plafond astronomique de la tombe de Senenmout (XVIIIe dynastie, vers 1504-1483 av. notre ère) est divisée en quatre parties égales, puis subdivisée en vingt-quatre secteurs.

Il suffit de joindre par des cordes les points de division consécutifs pour avoir un *polygone régulier* dans chacune des quatre circonférences du plafond astronomique de la tombe de Senenmout. L'essentiel est là : les points de division consécutifs.

Chaque polygone obtenu est automatiquement inscrit dans un cercle.

Si le géomètre-astronome égyptien avait joint les points de division consécutifs de chaque circonférence, il aurait obtenu des polygones réguliers convexes d'un même nombre de côtés égaux et semblables. Les figures tracées réunissent toutes les conditions mathématiques pour cela.

X

Homothétie et similitude

1. *Agrandissement ou réduction d'une figure :* examinons ce cas.

Agrandir ou réduire une figure *F* dans le rapport k, ou à l'échelle *k*, c'est construire une figure *F'* semblable à *F*, telle que *k* soit le rapport de similitude de *F'* et de *F*.

Pour cela :

1° On utilise une *échelle graphique* ou une *échelle décimale,* ou bien un *angle de réduction*, ou encore l'on se sert d'un *compas de réduction*.

2° On peut employer un *pantographe,* c'est-à-dire un instrument qui permet de tracer une figure homothétique d'une figure donnée.

3° La *photographie* permet également la réduction ou l'agrandissement d'un dessin.

2. Comment procédaient alors les anciens Égyptiens pour réduire ou agrandir un dessin ? Il s'agit d'un problème mathématique qui implique homothétie, similitude et proportionnalité.

Les anciens Égytiens utilisaient la méthode scientifique dite *la méthode des carreaux* qu'ils ont, les premiers, inventée dans l'histoire mondiale de la géométrie, dès la 1re dynastie (vers 3200 av. notre ère).

On traçait la figure considérée dans un quadrillage que l'on reproduisait à une certaine échelle : la figure définitive dessinée était la transposition de la figure ébauchée.

Les carreaux de proportion étaient à l'Ancien Empire de 19, auxquels s'ajoutait la hauteur de la calotte crânienne, et à partir de la XXVIe dynastie on comptait 22 carreaux. Les dessinateurs égyptiens établissaient leurs motifs sans erreur grâce au canon des proportions qui est une technique géométrique.

Les points de rencontre du dessin et des carreaux étaient déterminés exactement. Le dessinateur, fût-ce un apprenti, ne pouvait faire d'erreurs de proportions. Le dessin égyptien est l'aboutissement d'une démarche logique, mathématique, rationnelle.

Le dessin égyptien est raisonné : « Des milliers d'années plus tard, nous avons en effet compris et, des cubistes aux ultra-modernes, les artistes actuels cherchent ces mêmes règles que les Égyptiens avaient trouvées et formulées dès la plus haute antiquité et qui les différenciaient totalement des écoles d'art de tous les autres pays. » (Marcelle Baud, *Le caractère du dessin en Égypte ancienne,* Paris, Adrien-Maisonneuve, 1978, p. 90).

Paul Klee (1879-1940), le peintre allemand qui passa du surréalisme à l'abstraction, fit un voyage en Égypte en 1929. Il quitta le Bauhaus (fondé en 1919 par Walter Gropius) en 1931. Le domaine plastique européen commence à peine à comprendre que l'exactitude dotée de l'intuition devient la supériorité : « Des exercices d'algèbre et de géométrie, des exercices de mécanique (équilibre et mouvement), éduquent à s'attacher à l'essentiel, à la fonction et non à l'impression extérieure. On apprend à voir derrière la façade, à saisir une chose à la racine. On apprend à reconnaître les forces sous-jacentes ; on apprend la préhistoire du visible. On apprend à fouiller les profondeurs, on apprend à mettre à nu. On apprend à démontrer, on apprend à analyser (...). Apprend à organiser le mouvement en rapports logiques. Apprend ce qu'est la logique ». (P. Klee, *Théorie de l'art moderne,* Genève, Éditions Gonthier, 1964, p. 49).

Points et énergies linéaires, planes et spatiales, sont nés en tant qu'éléments spécifiques de l'art graphique et plastique, de la géométrie égyptienne. Et Paul Klee ne fait qu'insister sur une découverte du canon des proportions de l'Égypte antique, grâce à la géométrie développée très tôt dans ce pays.

Il existe des *lois géométriques du dessin égyptien :* le procédé de la « mise au carreau » qui permettait de *calculer* la proportion rigoureuse des figures, des motifs à dessiner. Il n'y a pas de lois géométriques du dessin mésopotamien (Elam, Sumer, Babylonie, Assyrie, Chaldée, etc. : Henri Frankfort, *The Art and Architecture of the Ancient Orient,* Penguin Books, édit. de 1977 ; 1re édit., 1954. Collection : « The Pelican History of Art »).

Des peintures et sculptures égyptiennes inachevées ont conservé leur quadrillage, démontrant ainsi concrètement la méthode des carreaux pour agrandir ou réduire une figure : entre l'esquisse et le dessin final il y avait par conséquent un rapport de similitude. Ce qui est une application de la géométrie.

On peut encore voir de telles esquisses dans les tombes de Nakht (n° 52), scribe et astronome d'Amon, de Kenamon (n° 93), intendant en chef d'Aménophis II, de Ramose (n° 55), vizir, gouverneur de Thèbes au début du règne d'Akhenaton.

Cheikh Anta Diop a reproduit ces carrelages des figures d'époque (XVIIIe dynastie) et d'autres quadrillages, tels qu'étudiés par Ernest Mackay en 1917 (C.A. Diop, *Civilisation ou Barbarie,* Paris, Présence Africaine, 1981, pp. 379-383).

Le quadrillage égyptien était une projection géométrique du canon des proportions dans la théorie de l'art en Égypte. En effet, bien avant toutes les écoles d'art de l'ancien monde méditerranéen, l'Égypte africaine avait conçu et démontré la beauté artistique comme étant le résultat de l'harmonieuse proportion des parties d'un tout.

Les *kouroi* de la Grèce ancienne ont été inspirés, sans aucun doute possible, par la théorie et la praxis esthético-géométrique de la Vallée du Nil.

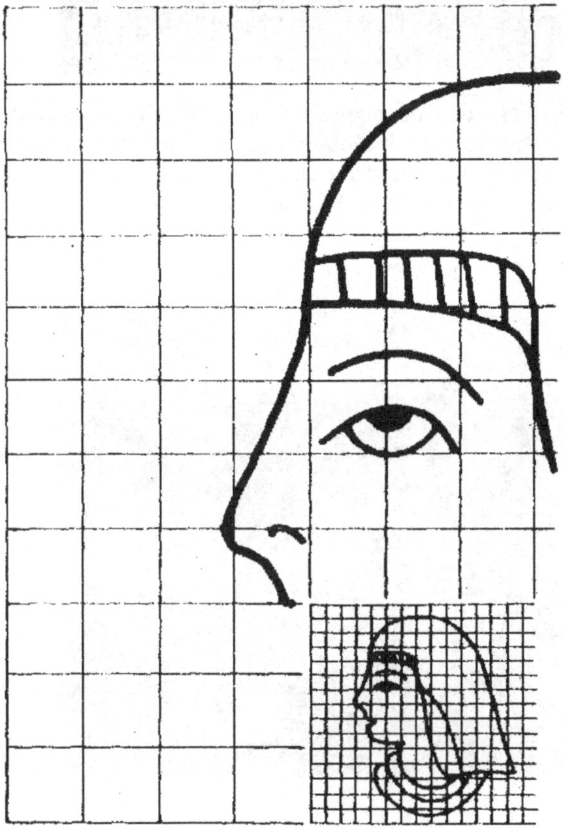

Figure 37 : Les Égyptiens employaient le quadrillage pour agrandir les dessins et leur donner les mesures monumentales que nous admirons.

Entre l'esquisse et le dessin final agrandi il y a un rapport géométrique de similitude.

Figure 38 A : Ébauche de trois signes hiéroglyphiques. La grille du dessin qui relève de la géométrie permettait d'obtenir des proportions exactes des signes, et de faciliter ainsi leur transposition sur un mur où serait sculpté le relief définitif. Éclat de calcaire, Deir-el-Bahari (XVIIIe dynastie, règne de Hatchepsout, 1504-1483 av. notre ère).

Figure 38 B : Œuvre du temple de Hatchepsout (1504-1483 av. notre ère) à Deir-el-Bahari, représentant les mêmes signes que la *figure A* qui a peut-être servi de modèle. Ces hiéroglyphes signifient : « Vie » *(ankh)*, « Stabilité » *(djed)* et « Puissance » *(was, ouas)*.

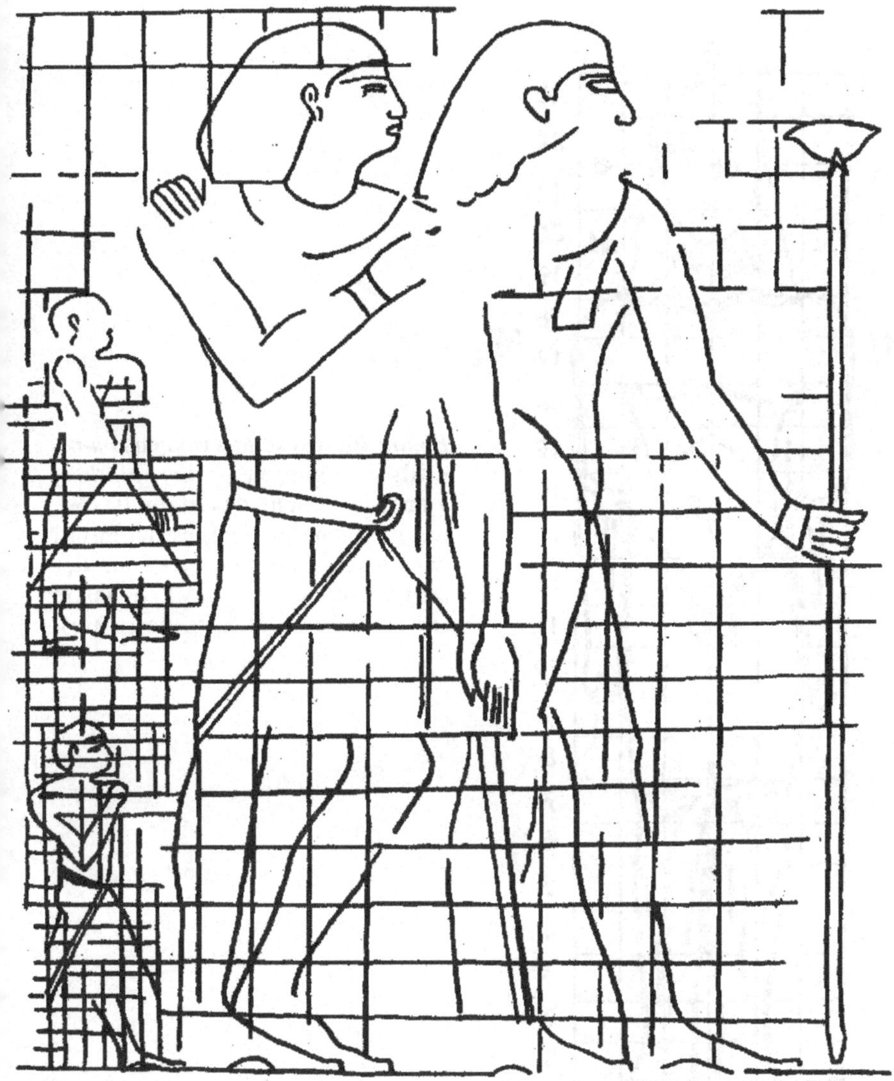

Figure 39 : Meir (Blackman, *The Rock Tombs of Meir,* II, pl. II).

La *méthode des carreaux* pour réduire ou agrandir un dessin : cette méthode est une invention des géomètres égyptiens.

Tout ceci vient directement d'Égypte, de la géométrie de ce pays africain : « In the history of Western art the canonical tradition is indeed the only real and direct Egyptian inheritance – the true legacy of Egypt. » (Erik Iversen, *The Canonical Tradition,* dans l'ouvrage collectif édité par

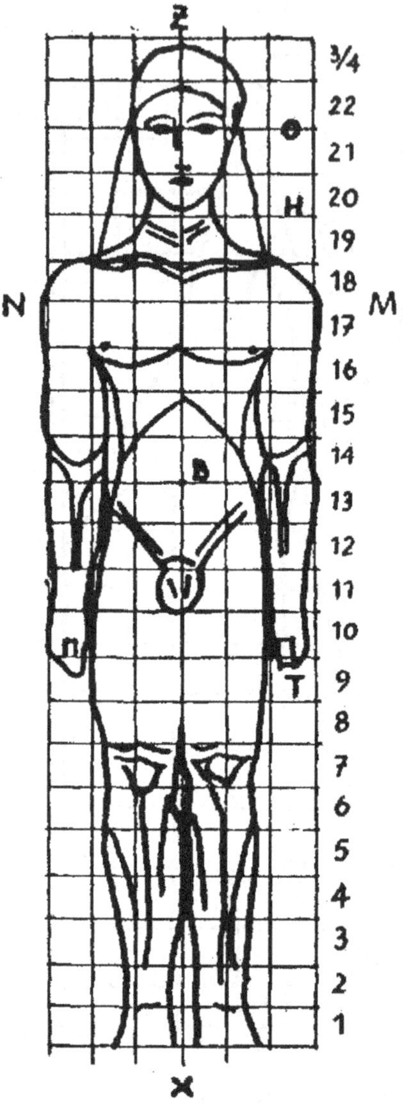

Figure 40 : Un *koūros* (ionien *kouros,* « fils », « garçon » ; *koropláthos,* « artisan faisant des statuettes »), jeune homme grec nu, est ici inscrit dans les 22 carreaux du canon des proportions de la XXVIe dynastie saïte (de 664 à 525 av. notre ère).

J.R. Harris, *The Legacy of Egypt,* Oxford, Clarendon Press, 2e édit., 1988, p. 81).

Traduction : « Dans l'histoire de l'art occidental, la tradition normative pour les proportions (des statues, des sculptures) est en effet le seul vrai et direct héritage égyptien – le véritable legs d'Égypte. » Que d'autres héritages !

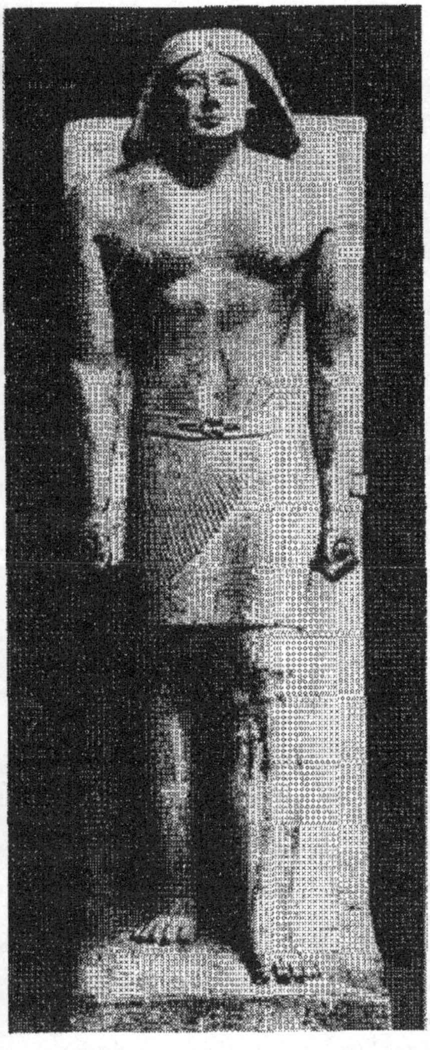

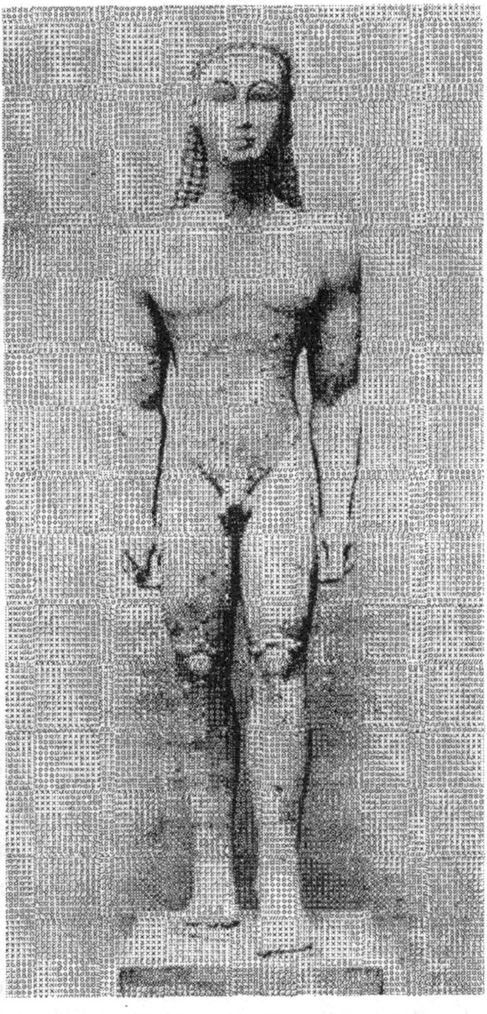

(a) (b)

Figure 41 (a) : statue de Ranefer (Ranofer), grand prêtre de Memphis (vers 2500 av. notre ère).
Calcaire peint ; hauteur : 180 cm. Musée du Caire. Style dépouillé et sens de la pierre.
Figure 41 (b) : Kouros attique (vers 600 av. notre ère). La statue est en marbre, et mesure 1,84 m de haut. New York, Metropolitan Museum n° 32.11.1. Fletcher Fund, 1932.
Sans le modèle égyptien, il n'y aurait peut-être jamais eu de *kouros* en Grèce.

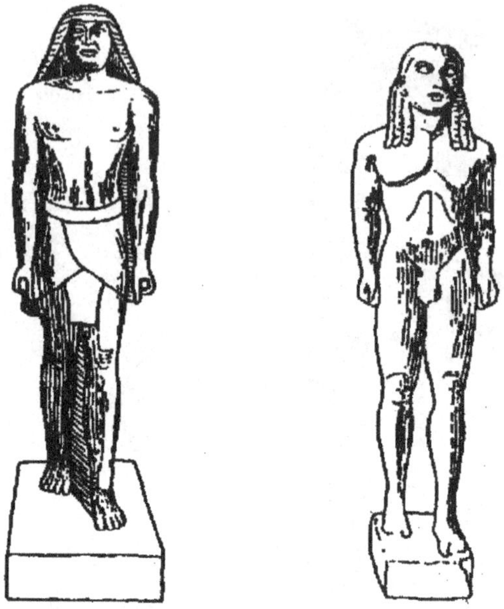

a b

Figure 42 (a) : Statue égyptienne en pierre.
Figure 42 (b) : Statue grecque de jeune nu, *kouros,* provenant de Delphes.
La figure (a) est le modèle de la figure (b). Voir John Boardman, *The Greeks Overseas. The Archaeology of their Early Colonies and Trade,* Penguin Books, édit. de 1973, page 143, fig. 43 (a) et (b).

Diodore de Sicile cite les Grecs qui ont été dans la Vallée du Nil pour leurs études : Lycurgue, Solon, Platon, Pythagore, Oenopide, Démocrite, Eudoxe de Cnide, etc. L'historien grec mentionne aussi deux sculpteurs qui ont appris leur métier en Égypte : les deux fils de Rhoecus, Téléclès et Théodore, qui exécutèrent pour les Samiens la statue d'Apollon Pythien. Et Diodore de Sicile de rappeler le canon des proportions de la vieille Égypte : « Pour parvenir à ce résultat, les sculpteurs égyptiens ont divisé la totalité du corps humain en vingt et une parties et un quart, et, d'après cette division, exécutent partie par partie la totalité de l'ensemble de la figure (...). Il est donc évident que c'est d'après cette méthode égyptienne que fut exécutée la statue de Samos. » (Diodore de Sicile, Livre I, IIe partie, XCVIII).

XI

Aires

1. *Surface.* La *surface* (de *sur* et *face*), en mathématiques, c'est une partie d'un plan ou de l'espace.

Superficie. La *superficie* est l'étendue d'une surface (latin *superficies,* « surface »).

Aire. L'*aire* (latin *area,* « surface unie ») est la superficie, c'est-à-dire l'étendue de la surface d'une figure.

C'est ainsi que dans le langage courant, *aire* est synonyme de *surface* et de *superficie.*

En mathématiques, le mot *aire* est réservé à la mesure de la surface d'une figure.

2. La *surface d'une figure plane* (à mesurer) est la *portion du plan* comprise à l'intérieur du périmètre de cette surface.

3. *La mesure d'une surface :* mesurer une surface S, c'est compter le nombre d'unités ou de parties qu'elle contient.

4. *L'unité de surface :* l'unité de longueur étant choisie, l'unité de surface est la surface d'un carré qui a pour côté l'unité de longueur. Exemple : dans le *système métrique,* l'unité de longueur est le *mètre* ; l'unité de surface est donc la surface du carré de 1 m de côté : c'est le mètre carré (m^2).

5. Le mot égyptien  *3ht, ahet,* en mathématiques, doit être définitivement entendu comme désignant une certaine partie d'un plan ou de l'espace : c'est la *surface,* l'étendue d'une surface (la *superficie*), et la mesure de la surface d'une figure plane (l'*aire*).

Dans la vie courante, le mot *aire* signifie une surface unie et préparée pour battre le grain. Mais en mathématiques, le même mot *aire* est réservé à la mesure de la surface d'une figure géométrique.

Si les « spécialistes » occidentaux des mathématiques pharaoniques n'opèrent pas de changement radical de mentalité en s'obstinant de maintenir le sens courant du mot *3ḥt, ahet,* « champ », dans les mathématiques égyptiennes, alors toutes les inepties sont permises :

– « Un triangle coupé de terre » pour « une portion de plan ».

– « Un champ rond » pour « une figure plane circulaire ». Les anciens Égyptiens ont-ils jamais cultivé des « champs ronds » ?

– « Un triangle de terre » pour « une figure plane triangulaire ». Mathématiquement parlant, un « triangle de terre » n'a pas plus de sens qu'un « triangle de ciel » ou un « triangle d'eau ».

6. Les mathématiciens égyptiens concevaient parfaitement *la mesure des aires.* En effet l'expression  *ptr 3ḥt.f, peter ahet.ef,* « quelle est sa surface ? », indique bien qu'il est question de calculer ( *iri)* la surface *(3ḥt)* d'une figure plane donnée.

7. L'*unité de longueur* était le principal multiple de la coudée, à savoir l'unité  *ḫt, khet,* « verge », qui valait *100 coudées.* L'*unité de surface,* le  , *setat,* valait *100 coudées carrées* (que les Grecs nomment « aroure », encore que l'« aroure » ne soit pas mentionnée dans la métrologie classique grecque elle-même). Le *setat* était donc la mesure de surface valant une *khet* carrée, soit 100 coudées carrées, c'est-à-dire 2 735 m^2 ou, environ, 1/4 hectare. L'hectare (ha) vaut l'hectromètre carré (hm^2) : 1 ha = 1 hm^2 = 10 000 m^2.

Le multiple le plus employé du *setat* est le  , *ḫ3, kha,* valant *1 000 coudées carrées,* soit 10 aroures, c'est-à-dire 27 350 m^2.

8. Tout l'arsenal mathématique était réuni pour calculer les aires des figures géométriques planes connues : les notions mêmes de *surface,* de *mesure d'une surface* et d'*unité de surface :*

 *3ḥt, ahet,* « surface », « aire », « superficie »

 *ptr 3ḥt.ef, peter ahet.ef,* « quelle est sa surface ? »

 *ḫt, khet,* unité de longueur : 100 coudées

 *st3t, setat,* unité de surface : 100 coudées carrées

 *ḫ3, kha,* unité de surface : 1 000 coudées carrées

Dans les mathématiques babyloniennes, il n'y a pas de lien de mesure direct entre l'unité de longueur et l'unité de surface : d'un côté, nous avons l'unité de longueur *ammatum,* « coudée », environ 50 cm (et tant d'autres mesures de longueur, telles que *ubānum,* « doigt », environ 1,6 cm ; *qanûm,* « roseau », environ 3 m, etc.) ; de l'autre, nous avons l'unité de surface *mus* ou *sharum,* « jardin », environ 36 m^2 (et tant d'autres mesures de surface, telles que *ikûm*, « champ », environ 3 600 m^2 ; *būrum*, environ 6,48 hectares).

En Égypte, *l'unité de surface* est la surface d'un carré qui a pour côté *l'unité de longueur*. En Babylonie, l'unité de surface (*mus/sharum*, environ 36 m^2) n'est pas la surface d'un carré qui a pour côté l'unité de longueur (*ammatum*, « coudée », environ 50 cm). En Égypte, l'unité de surface *setat* est la surface d'un carré qui a pour côté l'unité de longueur *khet :* l'unité *khet* vaut 100 coudées, et l'unité *setat* 1 000 coudées carrées, c'est-à-dire le carré de l'unité de longueur *khet*.

Il apparaît clairement que le *système égyptien* se comporte comme *le système métrique* où l'unité de surface est la surface du carré de l'unité de longueur : le *mètre carré* est directement lié au *mètre*, comme la coudée carrée *(setat)* à la valeur de coudée de *khet*. Il peut être par conséquent établi que le *système métrique* (occidental) a plus de parenté intellectuelle avec le *système égyptien* qu'avec le *système babylonien*. Une histoire vraie et scientifique de la géométrie, c'est-à-dire une histoire sans préjugés et sans fausses idéologies inculquées par l'éducation depuis l'enfance, doit normalement tenir compte de tous ces acquis objectifs et vérifiables. Il est évident aussi que l'objectivité scientifique est à la fois une conquête intellectuelle et morale.

XII

Aire du rectangle

1. *L'aire d'un rectangle.* Le *théorème* dit que l'aire d'un rectangle est égale au produit de ses deux dimensions.

Le rectangle ABCD
AB = a
AD = b
S = a x b

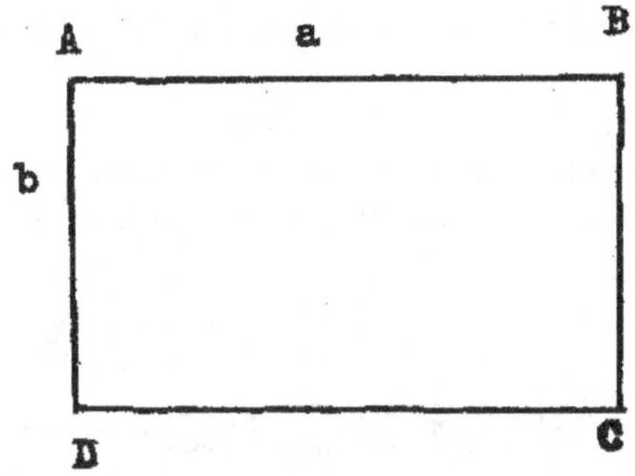

Figure 43

2. *Cas concret et démonstration de la formule du théorème.* Les dimensions *a* et *b*, longueur et largeur, sont : $a = 5$, $b = 3$.

Divisons *a* en 5 parties égales et *b* en 3 parties égales. Chacune de ces parties est égale à l'*unité de longueur*.

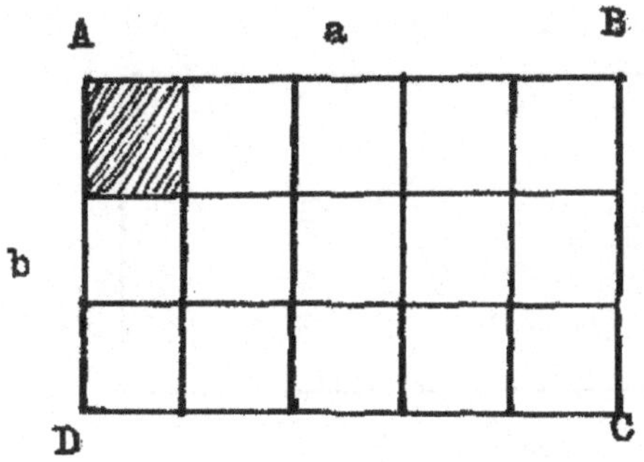

Figure 44

Par les points de division, menons les parallèles aux côtés AB et AD : le rectangle ABCD est partagé en 5 x 3 (ou 15) carrés égaux à l'*unité d'aire* ou de surface. Son aire est donc 15 (ou 5 x 3) : c'est *le produit de ses dimensions.*

Si l'unité de longueur est le mètre : $a = 5$ m, $b = 3$ m, $S = 15$ m^2.

Le rectangle ABDC contient 15 fois l'unité d'aire qui est hachurée sur la figure, l'unité de longueur étant l'un quelconque des côtés du carré hachuré.

3. Le *problème n° 49 du Papyrus Rhind* porte précisément sur le calcul d'une surface rectangulaire de dimensions 10 khet de longueur et 2 khet de largeur.

Le scribe a bien écrit 2 khet dans le texte. Cette mesure est également portée sur la figure tracée par le scribe. En fait, son *calcul* qui est rigoureusement exact est fait avec 1 khet de largeur. Il devait donc écrire 1 khet et dans le texte et sur la figure au lieu de 2 khet. Il suffit de rectifier les choses conformément au calcul du scribe lui-même, sans rien dramatiser.

Le scribe passe-t-il, dans ses calculs, de l'*unité de longueur* (coudée) à l'*unité d'aire* (coudée carrée) ? Telle est la question importante, seule capable de révéler l'esprit scientifique du scribe. En effet la démonstration mathématique est le cœur même de la démarche du mathématicien.

4. Il est nécessaire de lire le texte strictement :

(1) 

(2) 

(3) 

(4) 

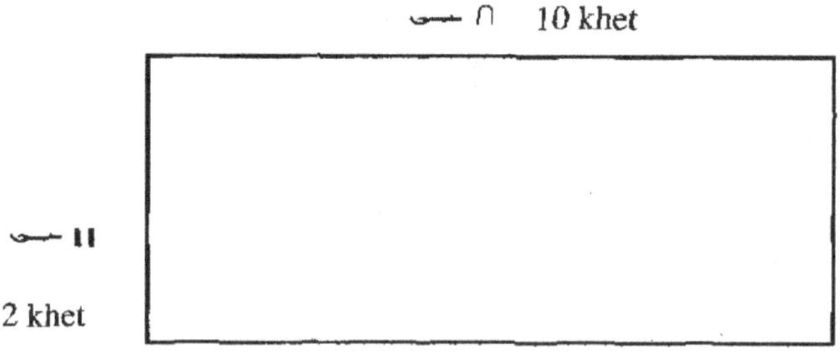

Figure 45

Traduction :

(1) Exemple de calcul *(tp n ỉst)* de surface *(3ḥt).*

(2) Si on te dit *(mỉ ḏd n.k) :* un quadrilatère *(ỉfd)* de *(n)* plan *(3ḥt)*

(3) De *(n)* 10 khet sur *(r)* 2 khet.

(4) Quelle est sa surface *(ptr 3ḥt.f)* ?

Lorsqu'on écrit : « Exemple d'un calcul de surface d'un champ », « un champ quadrilatère », c'est qu'on n'a pas compris le vocabulaire mathématique de l'Égypte pharaonique.

L'expression mathématique  *ỉfd n 3ḥt, ifed en ahet,* ne veut pas dire : « un quadrilatère de champ », « un champ quadrilatère », ce qui n'est pas assez abstrait en mathématiques.

Il faut désormais traduire plus correctement : le calcul de la surface d'une figure plane quadrilatère, c'est-à-dire, mathématiquement parlant, la surface à calculer n'est pas « gauche », mais elle est contenue dans un plan. Voilà le vrai sens de cette expression qui a toujours été mal traduite en égyptologie, jusqu'ici.

Au vu de ses dimensions, le quadrilatère en question est un rectangle, et la figure tracée par le scribe lui-même représente bien un rectangle *(ỉfd, ifed).*

5. Le *calcul* du scribe est impeccable :

10 coudées = 1 000 coudées carrées,

1 coudée = 100 coudées carrés,

S = 1 000 x 100 = 100 000 coudées carrées.

Le scribe va bien de l'unité de longueur à l'unité d'aire. Il connaît la formule S = a x b, qu'il applique correctement pour calculer la surface du rectangle. Ceci veut dire que le rectangle en question contient 1 000 fois l'unité de surface ou d'aire.

Le problème n° 6 du Papyrus de Moscou (écrit vers 1850 av. notre ère) est particulièrement intéressant.

Richard J. Gillings l'a traduit et traité brièvement dans son ouvrage intitulé *Mathematics in the time of the Pharaohs,* New York, Dover Publications, 1982, pp. 137-138.

Il est question d'un *rectangle.* On donne la surface, et la largeur exprimée en fraction de la longueur :

$S = 12, \ l = \frac{1}{2} + \frac{1}{4}$ de L

On demande, en premier lieu, de calculer *L* et *l*. On trouve L = 4 ; *l* = 3.

En second lieu, on demande de faire l'angle du rectangle, c'est-à-dire d'extraire la racine carrée des côtés.

En méthode moderne, on présenterait les choses de la manière suivante :

$$S = L \times l = L \times \left(\frac{1}{2} + \frac{1}{4}\right) \times L$$

$$L \times \left(\frac{1}{2} + \frac{1}{4}\right) \times L = 12$$

$$\frac{L^2}{2} + \frac{L^2}{4} = 12$$

$$\frac{2L^2 + L^2}{4} = 12$$

$$2L^2 + L^2 = 48$$

$$L^2 (2 + 1) = 48$$

$$L^2 = 16$$

L = 4. C'est exactement la réponse du scribe égyptien vers 1850 av. notre ère.

Pour la largeur le calcul est le suivant :

$$l = 4\left(\frac{1}{22} + \frac{1}{4}\right)$$

$$l = 4\left(\frac{2}{4} + \frac{1}{4}\right)$$

$$l = 4 \times \frac{3}{4}$$

l = 3. C'est exactement la réponse du scribe vers 1850 av. notre ère.

Extraction de la racine carrée de L et l :

L = 4 $\sqrt{4} = 2$

l = 3 $\sqrt{3} = 1{,}732$

Construction du rectangle dont on connaît la surface et les côtés :

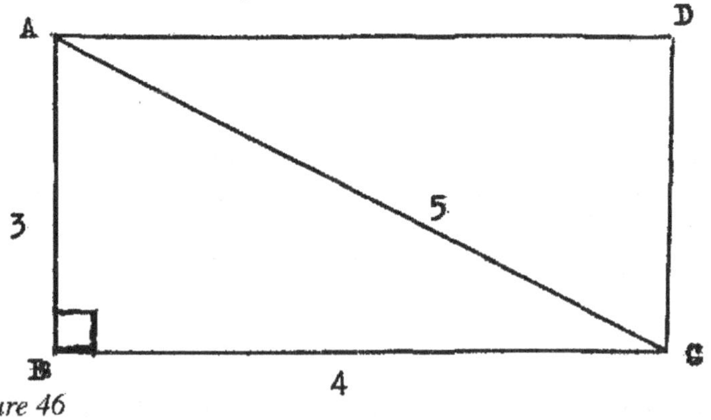

Figure 46

En traçant la diagonale AC on obtient un *triangle rectangle* ABC rectangle en B.

C'est le fameux *triangle de Pythagore* connu des mathématiciens égyptiens mille ans avant la naissance de Pythagore (vers 580-500 av. notre ère).

$AC = \sqrt{3^2 + 4^2}$.

$AC = \sqrt{25}$ d'où AC = 5. La racine carrée : $\sqrt{5} = 2{,}236$.

Si l'histoire des mathématiques était écrite de façon scientifique, c'est-à-dire juste, sereine et objective, au lieu de continuer de parler du « triangle de Pythagore », on parlerait plus correctement du *triangle égyptien,* car les Égyptiens ont connu mathématiquement ce fameux triangle, sacré à leurs yeux, plus de mille ans avant la naissance du mathématicien grec Pythagore à qui l'on attribue ainsi injustement la primauté de la découverte de ce triangle. L'antériorité est africaine, égyptienne.

Au demeurant, le meilleur biographe de *Pythagore* rapporte formellement que Pythagore a étudié *en Égypte* auprès des prêtres de ce pays :

1. « C'est des Égyptiens, des Chaldéens et des Phéniciens qu'il (Pythagore) apprit les sciences appelées mathématiques ; car *de toute antiquité la géométrie avait intéressé les Égyptiens ;* la science des nombres et des calculs, les Phéniciens ; l'étude du ciel, les Chaldéens. » (Porphyre, *Vie de Pythagore,* Paris, Les Belles Lettres, 1982, texte établi et traduit par Édouard des Places, S.J., § 6. Souligné par nous).

2. « Séduit par la vie des prêtres égyptiens et désireux de la partager, Pythagore pria le tyran Polycrate d'écrire au roi d'Égypte Amasis, son ami et son hôte, afin d'être associé à la formation de ces prêtres. Arrivé chez Amasis, il en obtint des recommandations auprès des prêtres. » (Porphyre, *Vie de Pythagore, op. cit.,* § 7).

Amasis est le Pharaon de la XXVIe dynastie saïte (570-526 av. notre ère). Sur ses recommandations, Pythagore étudia auprès des prêtres d'Égypte à Héliopolis, Memphis et Thèbes (Diospolis), pendant près de 22 ans.

3. « En Égypte, il (Pythagore) fréquenta les prêtres, apprit leur sagesse, la langue égyptienne, leurs trois sortes d'écriture. » (Porphyre, *Vie de Pythagore, op. cit.,* § 11-12).

Pourquoi nier tant de faits objectifs qui ne choquaient pas les Grecs de l'Antiquité eux-mêmes ? Pourquoi fausser l'histoire ? Pourquoi tourner le dos à la vérité historique ? Au nom de quels indestructibles préjugés ? N'y aurait-il plus d'honnêteté scientifique et de probité intellectuelle de nos jours ?

XIII

Aire du carré

1. Un carré est un rectangle dont les dimensions sont égales. Si le côté est *a*, l'aire du carré est :

$S = a \times a = a^2$

2. L'aire d'un carré est donc égale au carré du nombre qui mesure son côté.

3. Pour les mathématiciens égyptiens, le carré *(ỉfd)* et le rectangle *(ỉfd)* sont l'un et l'autre des quadrilatères *(ỉfd)* qui diffèrent seulement par la forme et les dimensions, le carré ayant les quatre dimensions égales.

4. Si l'on sait la formule pour calculer l'aire d'un quadrilatère comme le rectangle, il est tout aussi facile de pouvoir calculer l'aire d'un quadrilatère comme le carré.

Or les mathématiciens égyptiens savaient calculer parfaitement le *volume d'un cylindre à base carrée* (ce que les égyptologues désignent habituellement, mais faussement par : « grenier carré ») : c'est le problème n° 44 du Papyrus Rhind.

Il faut nécessairement multiplier l'aire de la base qui est carrée par la hauteur pour obtenir le volume du cylindre en question. Qui peut le plus peut le moins. La locution est plus que jamais vraie en mathématiques.

XIV

Aire du triangle

1. Le problème n° 51 du Papyrus Rhind contient à la fois le calcul de l'aire d'un triangle, et surtout un procédé tout à fait original pour démontrer que l'aire d'un triangle est bien égale au demi-produit de l'un des côtés par la hauteur correspondante.

On a presque jamais insisté, jusqu'ici, sur le procédé démonstratif du scribe égyptien qui relève de la géométrie pure.

2. Voici le texte du problème n° 51, le calcul étant par ailleurs très exact :

(1) 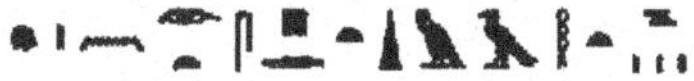

(2) 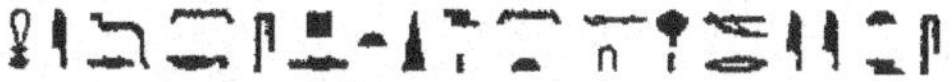

(3) 

(4) 

(5) 

(6) 

(7) 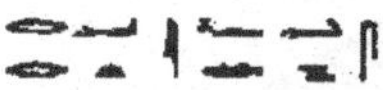

(8) 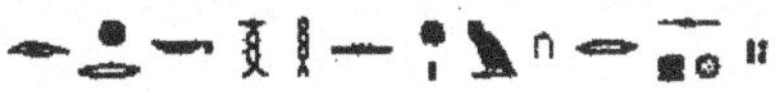

(9) 

Traduction :

(1) Exemple de calcul (de surface) d'un triangle *(spdt)* dans *(m)* un plan *(3ḥt)*.

(2) Si on te dit *(mi ḏd n:k) :* un triangle *(spdt)* de 10 khet concernant *(ḥr)* sa hauteur *(mryt.s)*.

(3) 4 khet comme *(m)* sa base *(tp-r.s)*.

(4) Quelle (*ptr,* « quoi ? ») est sa surface *(3ḥt.s)* ?
(5) La procédure correcte *(irt mi ḫpr) :*
(6) Tu prendras *(iri.ḫr.k)* la moitié *(gs)* de *(n)* 4, soit *(m)* 2.
(7) afin de *(r)* faire *(rdit)* son parallélogramme *(ifd.s).*
(8) Tu feras en sorte *(iri.ḫr.k)* multiplier 10 fois 2 *(w3ḥ tp m 10 r sp 2).*
(9) Ceci est sa surface (*3ḥt.s pw :* « sa surface, c'est cela »).

3. L'aire du triangle en question s'obtient ainsi :

$S = \frac{a \times h}{2}$. Soit, $S = \frac{4 \times 10}{2} = 20$.

Le scribe trouve aussi 20 à la suite de la construction d'un quadrilatère en prenant la moitié de la base 4.

4. Quel est donc *le raisonnement géométrique* du scribe ? On peut comprendre son raisonnement sur l'exemple ci-après.

Un triangle ABC de côté (la base) BC = *a* et de hauteur AH = *h*. Sa surface est : $S = \frac{a \times h}{2}$.

Par les sommets A et C, menons les parallèles AD et CD aux côtés BC et BA. Le quadrilatère ABCD est un parallélogramme dont l'un des côtés est *a* et la hauteur correspondante *h* ; son aire est : a x h. Les triangles ABC et CDA sont égaux ; l'aire de chacun d'eux est donc la moitié de l'aire du parallélogramme :

Aire $ABC = \frac{a \times h}{2}$

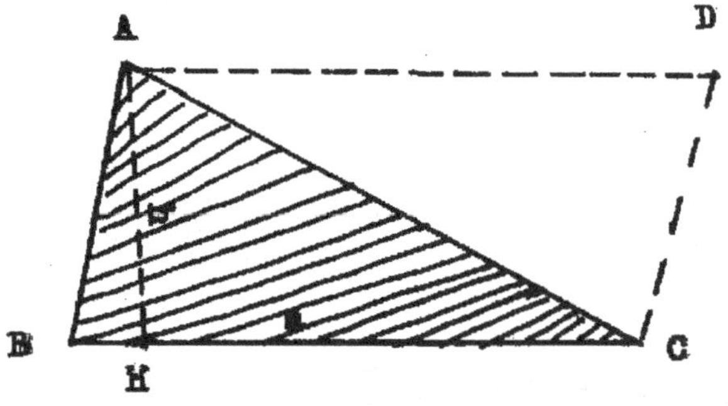

Figure 47

5. Le scribe trouve lui aussi la surface du triangle en passant par la construction d'un parallélogramme ou quadrilatère (ici un rectangle).

La base du triangle est 4. Avec chacune des moitiés de cette base, donc 2, le scribe demande de construire un rectangle, c'est-à-dire deux triangles égaux de base 2 de chaque côté du triangle initial, le tout formant un rectangle dont deux côtés sont égaux à la hauteur du triangle initial qui est hachuré.

La demi-surface de ce rectangle correspond à la surface du triangle. S = a x b, c'est-à-dire 4 x 10 = 40, et la moitié de 40 est bien 20.

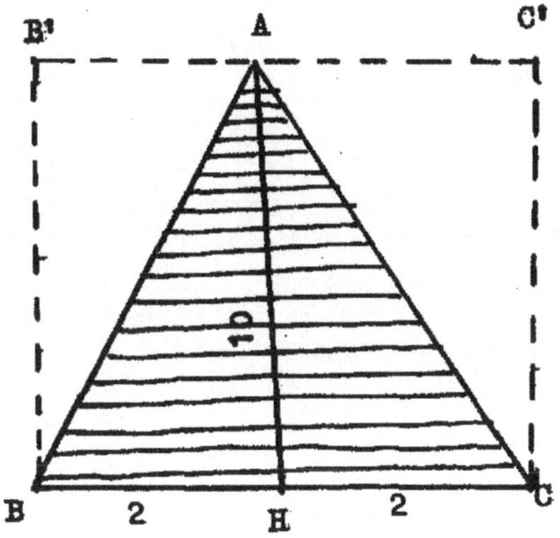

Figure 48

Le mot  *gs*, *ges*, « moitié », désigne bien ces notions géométriques de « demi-produit », de « moitié » de l'aire.

XV

Aire du trapèze

1. *L'aire du trapèze.* Le théorème est le suivant : l'aire du trapèze est égale au produit de la demi-somme des bases par la hauteur

$$S = \frac{B + b}{2} \times h$$

2. On peut en faire la démonstration géométrique ci-après. Soit un trapèze MNPQ, bases B et b, hauteur h. Menons la diagonale QN.

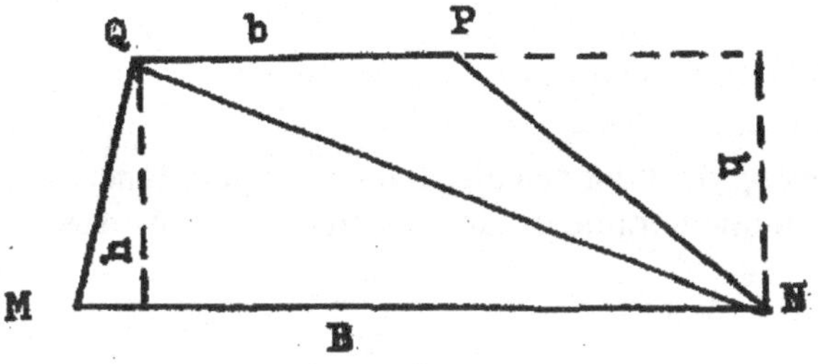

Figure 49

L'aire du trapèze MNPQ est la somme des aires des triangles MNQ et PQN :

$$S = \text{aire MNQ} + \text{aire PQN} = \frac{B \times h}{2} + \frac{b \times h}{2}$$

$$S = \frac{B + b}{2} \times h\,.$$

3. Le problème n° 52 du Papyrus Rhind demande de calculer la surface d'un trapèze de hauteur 20 khet, de grande base 6 khet et de petite base 4 khet. Le scribe Ahmes, professeur de mathématiques de son état, opère comme suit :

6 + 4 = 10 (la somme des deux bases).

10 : 2 = 5 (le produit de la demi-somme des bases).

S = 5 x 20 = 100 (la demi-somme des bases par la hauteur).

Ahmes applique rigoureusement le théorème pour calculer l'aire du trapèze. Il aurait pu décomposer le trapèze en triangles et additionner les aires des triangles en question. Il sait en effet calculer l'aire du triangle.

4. Le problème n° 53 du Papyrus Rhind concerne aussi le calcul de l'aire du trapèze.

D'après la figure du scribe lui-même, on constate que la surface du milieu est celle d'un trapèze ayant une base de 6 et un sommet de 2 1/4, sa hauteur étant de 3 1/4.

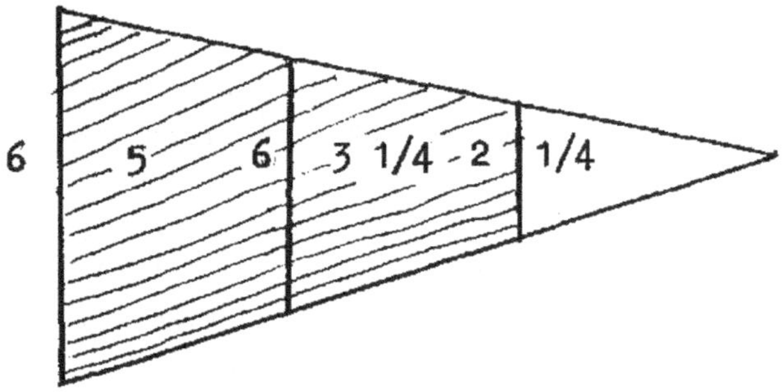

Figure 50 : La surface hachurée est celle d'un trapèze.

5. *Aire du polygone.* Pour calculer l'aire d'un polygone quelconque, on le décompose en une somme ou une différence d'aires que l'on sait calculer :

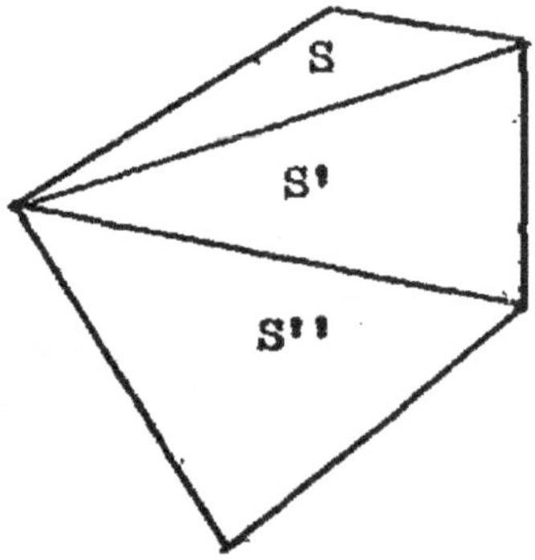

Figure 51

S = S + S' + S''.

Comme les figures obtenues sont souvent des triangles, les mathématiciens égyptiens pouvaient donc calculer, en principe, l'aire d'un polygone quelconque.

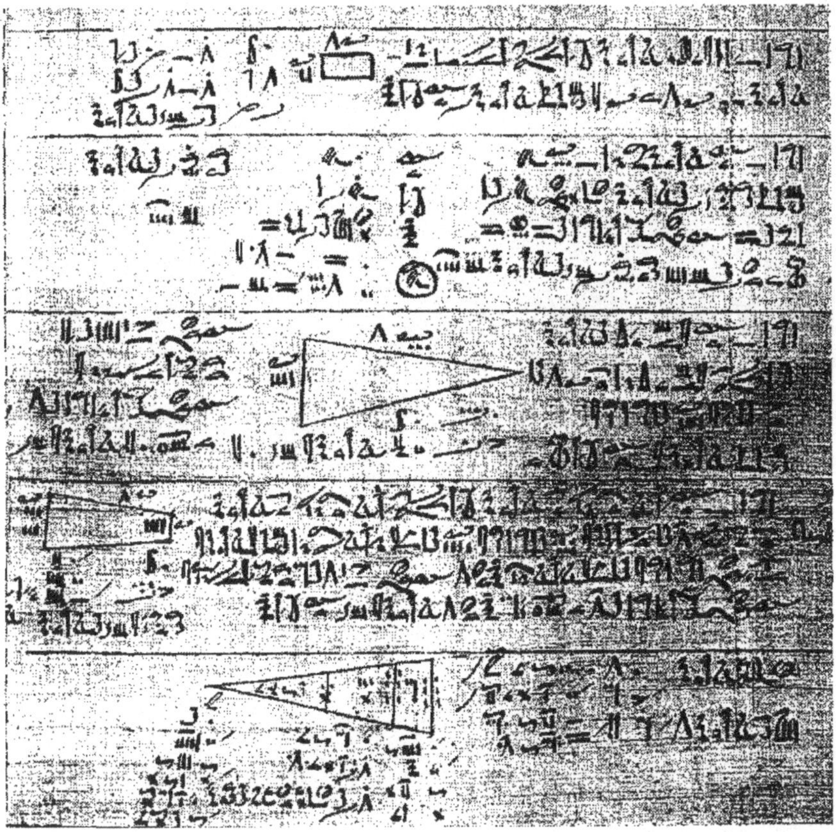

Figure 52

Papyrus Rhind (vers 1650 av. notre ère). Nous avons, de haut en bas :
– *problème n° 49 :* calcul de la surface d'un *rectangle* de longueur 10 et de largeur 2 ;
– *problème n° 50 :* calcul de l'aire d'un *cercle* de diamètre 9 ;
– *problème n° 51 :* calcul de l'aire d'un *triangle* de hauteur 13 et de base 4 ;
– *problème n° 52 :* calcul de l'aire d'un *trapèze* dont la grande base est 6, la petite base 4 et la hauteur 20 ;
– *problème n° 53 :* la célèbre figure supposant la connaissance du *théorème de Thalès* tracée par le mathématicien égyptien mille ans avant la naissance de Thalès.

Toutes ces figures de géométrie plane sont tracées par le scribe lui-même. Il ne s'agit pas de « champ rectangulaire ou circulaire » mais de *géométrie pure.*

XVI

Aire du cercle

1. *L'aire du cercle en fonction du rayon.* L'aire d'un cercle est égale au demi-produit de la longueur de la circonférence par le rayon :

$$S = \frac{2\,\pi\,R \times R}{2} = \pi\,R^2.$$

Si d est le diamètre, $R = \frac{d}{2}$, donc : $S = \pi\left(\frac{d}{2}\right)^2 = \frac{\pi d^2}{4}$.

2. Comment procédaient les Égyptiens pour calculer l'aire du cercle ? Lisons le problème n° 50 du Papyrus Rhind du mathématicien Ahmes (vers 1650 av. notre ère) :

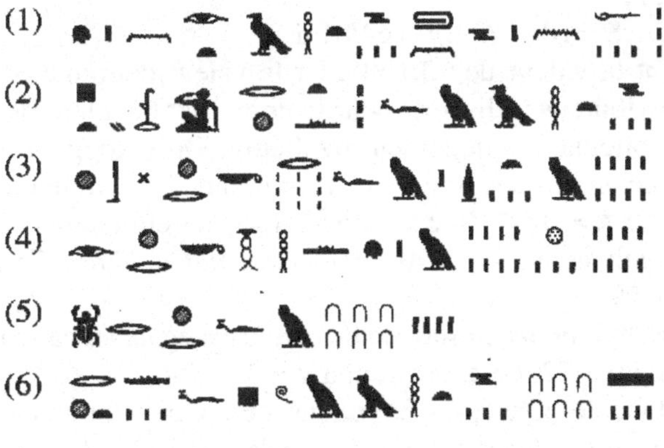

Figure 53

Traduction :

(1) Exemple de calcul *(tp n irt)* d'une figure circulaire *(3ḥt dbn)* de *(n)* 9 khet (de diamètre).

(2) De combien est la surface ? (litt. : « Quel est son nombre quant à la surface ? » : *ptr rḫt.f m 3ḥt*).

(3) Tu soustrais *(ḫb.ḫr.k)* son neuvième *(r-9.f)* soit *(m)* 1 ; il reste 8 *(ḏ3t m 8)*.

(4) Tu multiplies 8 fois 8 *(ir.ḫr.k w3ḥ tp m 8 spw 8)*.

(5) Cela fait 64 *(ḫpr.ḫr.f m 64)*.

(6) C'est son chiffre *(rḫt.f pw)* quant à *(m)* la surface *(3ḥt)*, (à savoir) 64 setat *(64 st3t)*.

3. Il s'agit de calculer la surface *(3ḥt, ahet)* d'une figure plane circulaire *(3ḥt dbn, ahet deben)*. Ainsi, le mathématicien égyptien fait bien la différence mathématique entre « circonférence » 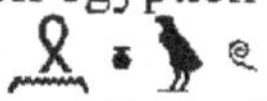 *šnw, shenou*, et « cercle » qu'il désigne par 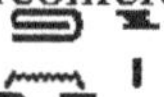 *dbn, deben*. Il s'agit donc bien de l'*aire du cercle*. (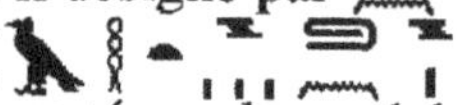 *3ḥt dbn, ahet deben*).

4. Le système inventé par le mathématicien égyptien est non seulement fort original mais encore étonnamment précis, exact. En effet, à un diamètre donné, ici 9 khet (unité de longueur), il enlève 1/9 ; ce qui donne 8. Il élève ensuite 8 au carré. Ce qui donne la surface : 64 *setat* ou 64 000 coudées carrées (unité d'aire).

En d'autres termes :

$$S = (d - 1/9\ d)^2 = 64/81\ d^2.$$

Ceci donne pour π la valeur de : 3,1605. Or la valeur courante de π est : 3,1415. Les Babyloniens utilisaient pour le nombre π la valeur de 3. L'approximation égyptienne est nettement meilleure. Otto Neugebauer, l'un des meilleurs spécialistes des sciences babyloniennes, n'a nullement admis que la valeur de π = 3 1/8 (c'est-à-dire 3,125) ait été connue des Babyloniens (O. Neugebauer et A. Sachs, *Mathematical Cuneiform Texts*, New Haven, 1945, p. 59).

De fait, pour les Babyloniens, la surface du cercle est égale au carré de la circonférence divisé par 12, ce qui revient à π = 3.

Pour avoir la surface du cercle, les Égyptiens, eux, élevaient au carré les 8/9 du diamètre, ce qui revient à une valeur de π = 3,1605. Ainsi, les mathématiciens égyptiens sont les premiers, dans l'histoire humaine, à avoir calculé la surface du cercle avec une assez bonne approximation de π, qui est un nombre transcendant.

Il faut aussi noter, par ailleurs, que le *système égyptien de la numération décimale* est nettement supérieur au *système sexagésimal babylonien :* les Grecs ont adopté le système égyptien par l'intermédiaire de Pythagore qui séjourna en Égypte pour ses études.

Le système sexagésimal sumérien, hérité par les Babyloniens, est « un système hybride et c'est là sa faiblesse » (F. Thureau-Dangin, *Esquisse d'une histoire du système sexagésimal*, Paris, Paul Geuthner, 1932, p. 78).

Les Grecs ont connu ce système suméro-babylonien par l'astronomie : « A la suite des conquêtes d'Alexandre, l'usage des heures égyptiennes se répandit dans le monde grec et latin. Les astronomes adoptèrent les 24 heures égyptiennes, mais les transformèrent, suivant le principe babylonien, en heures égales » (F. Thureau-Dangin, *op. cit.*, pp. 47-48).

François Thureau-Dangin (1872-1944), assyriologue français, fut conservateur du Département des Antiquités Orientales au Musée du Louvre de 1908 à 1928. Son livre *Les Inscriptions de Sumer et d'Akkad* (1905) a marqué une étape significative dans le déchiffrement du sumérien qui n'est pas une langue sémitique.

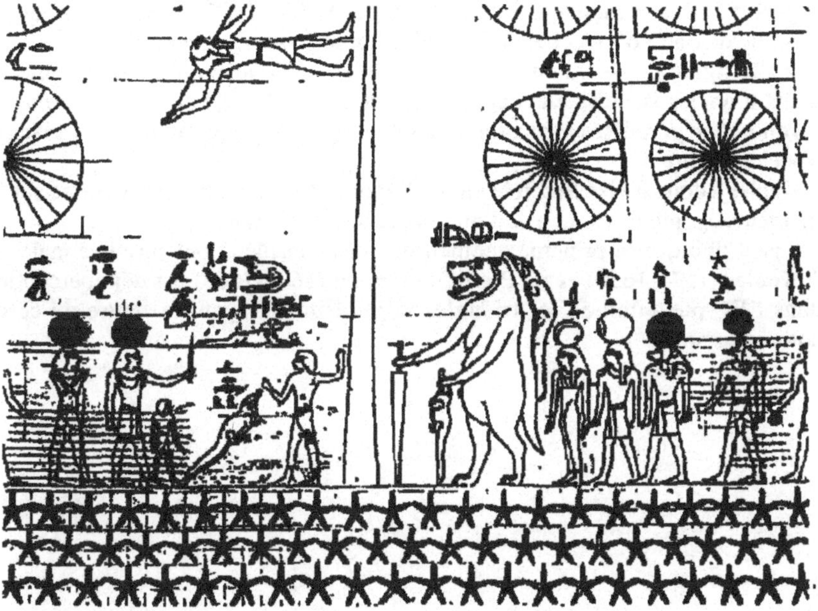

Figure 54 : Plafond astronomique de Senenmout (XVIIIe dynastie).

Les Égyptiens savaient calculer l'aire du cercle. Et de cette figure géométrique, ils en savaient toutes les caractéristiques essentielles. Ainsi :

 *šnw, shenou*, « circonférence »

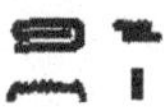 *dbn, deben*, « cercle »

3ḥt dbn, ahet deben, « aire du cercle »

š3^{c}t, shaât, « diamètre »

tp-r, tep-er, « rayon »

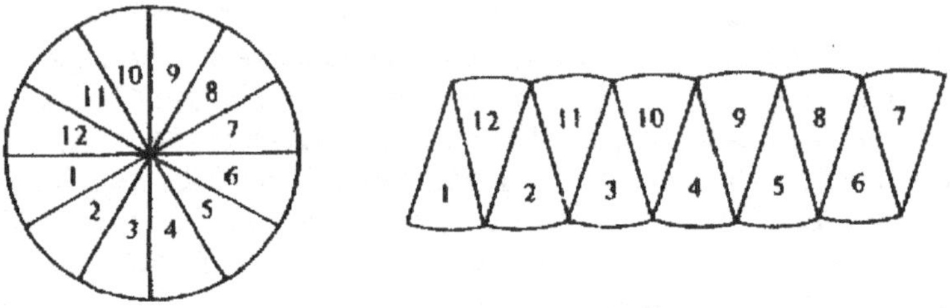

a b

Figure 55 : L'astronome allemand Johannes Kepler (1571-1630) a expliqué la formule de l'aire d'un cercle à l'aide des figures ci-dessus, *a* et *b*.

Dans la figure *a*, assumons que les secteurs 1, 2, 3, jusqu'à 12, représentent *n* petits triangles isocèles en congruence. On trouve l'aire du cercle en termes de rayon *r* et de périmètre *p* en additionnant les aires de l'ensemble de ces triangles isocèles (figure *b*).

J. Kepler a donc divisé le cercle en différents secteurs, exactement comme sur les moments égyptiens (tombe de l'architecte Senenmout).

On peut dire que le principe géométrique des considérations infinitésimales de J. Kepler (1571-1630) et de Pierre de Fermat (1601-1665) est déjà perceptible dans l'Égypte antique : les triangles infinitésimaux ayant le centre du cercle comme sommet.

XVII

Comparaison de l'aire du cercle et du carré

1. Le problème n° 48 du Papyrus Rhind concerne en effet la comparaison de la surface d'un cercle à celle d'un carré qui l'entoure. Le calcul est présenté sans commentaire. Le scribe a tracé lui-même une figure explicative : il s'agit d'un cercle entouré d'un carré. Le diamètre est de 9.

Figure 56

2. L'aire du cercle est obtenue en appliquant un carré dont le côté est égal à 8/9 de la longueur du diamètre 9.

Cette surface est calculée à l'aide de la formule :

$$S = \frac{64\ d^2}{81}$$

d est alors le diamètre du cercle, et 64/81 correspond à une valeur approchée de π qui est égale à 3,1605.

3. Ce qui précède implique que les mathématiciens égyptiens connaissaient :

– la circonférence *(shenou)*,

– le cercle *(deben)*,

– la surface du cercle *(ahet deben)*,
– le diamètre *(shaât)*,
– le carré qui est un quadrilatère *(ifed)* et son périmètre,
– l'aire du carré,
– le rapport entre la surface du cercle et le diamètre,
– la surface du carré est plus grande que celle du cercle,
– le rapport du diamètre du cercle et du côté du carré (ce rapport est 8/9),
– la constance de l'égalité des surfaces des cercles et des carrés dont les diamètres et les côtés sont dans le rapport 8/9 qui est comparable à la constance de π.

4. Les mathématiciens égyptiens utilisaient alors *une règle relative à la circonférence d'un cercle :* le rapport de l'aire d'un cercle à sa circonférence est le même que le rapport de l'aire du carré circonscrit au cercle à son périmètre.

5. W.W. Struve a justement compris que les Égyptiens utilisaient cette règle pour trouver une valeur aussi précise de π (W.W. Struve, *Mathematischer Papyrus des Staatlichen Museums der schönen Künste in Moskau* in « Quellen und Studien zur Geschichte der Mathematik », etc., Berlin, 1930, p. 182).

Le raisonnement explicatif de Struve est le suivant : un mathématicien égyptien pouvait facilement mesurer la circonférence *c* d'un cercle à l'aide d'un fil et comparer cette longueur au périmètre *k* du carré qui contient ce cercle. On a alors la formule :

$$k = \frac{5c + \Sigma}{4}$$

La petite différence représentée par Σ est estimée à 1/16 c/4. Ce qui donne :

$$\frac{c}{k} = \frac{64}{81}$$

pour la relation entre cercle et carré. C'est une valeur égale à $\pi /4$. On obtient exactement le même résultat en comptant les carrés de $(1/9\ d)^2$ sur le cercle et en comparant le résultat avec le nombre de ceux du carré de surface d^2. Sylvia Couchoud rappelle aussi cette explication de Struve (S. Couchoud, *op. cit.*, p. 65).

Une autre interprétation a été proposée pour expliquer l'origine de la valeur de π chez les Égyptiens.

Dans un carré de 9 unités, on inscrit un octogone.

Chacun des quatre triangles isocèles en coin a une aire de $\frac{3 \times 3}{2} = 4{,}5$ unités d'aire.

Aire du carré = $9^2 = 81$ unités d'aire.

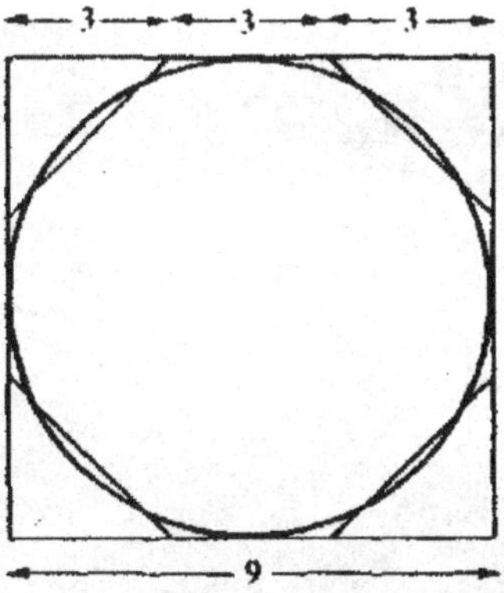

Figure 57

Aire de l'octogone = aire du carré - aires des quatre triangles isocèles. Elle vaut donc : 81 - 4 x 4,5 = 81 - 18 = 63 unités d'aire.

L'aire de l'octogone est donc approximativement égale à l'aire d'un carré de côté 8 et, d'autre part, elle diffère de peu de celle du cercle inscrit dans ce carré.

L'aire du cercle de diamètre *d* sera approximativement égale à celle du carré de côté $\frac{8}{9}d$, donc :

$$S = \left(\frac{16}{9}r\right)^2 = \left(\frac{16}{9}\right)^2 r^2 = \pi r^2 \text{ où } \pi = \left(\frac{16}{9}\right)^2 = 3\frac{1}{6} \approx 3{,}16.$$

La méthode de *chercher le carré* d'une figure, par exemple le carré du cercle – la *quadrature du cercle* – est une invention de la géométrie égyptienne. Un tel problème géométrique n'apparaît pas dans les mathématiques babyloniennes qui traitent cependant d'un triangle isocèle avec son cercle circonscrit en utilisant la relation de Pythagore. La *quadrature du cercle* est devenue par la suite l'un des grands problèmes de la mathématique grecque, notamment avec Eudoxe, Hippocrate de Chios, Archimède, Conon, Dosithée, Eratosthène. De nos jours, faire la quadrature d'une figure quelconque consiste à déterminer son aire par le calcul intégral.

Figure 58 : Base en forme de *circonférence* d'une des colonnes dont la file se trouvait derrière les colosses osiriens, au Ramesseum, temple funéraire de Ramsès II (1301-1235 av. notre ère).
Des hiéroglyphes au dessin pur sont gravés sur *le pourtour* de la circonférence : le scribe a dû mesurer la circonférence du cercle à l'aide d'un fil, afin de graver les hiéroglyphes de façon adéquate.
Source : Achille Carlier, *Thèbes capitale de la Haute-Égypte,* Paris, Éditions Vincent, Fréal et C°, 1932, planche 41.

XVIII

Aire d'une surface limitée par une courbe quelconque

1. Pour calculer, *d'une manière approchée,* l'aire d'une surface limitée par une courbe quelconque, on la décompose en carrés, en rectangles, en trapèzes, etc. L'approximation est d'autant meilleure que les carrés, les rectangles et les trapèzes considérés sont de plus petites dimensions.

On emploie ainsi la méthode des carrés ou la méthode des trapèzes.

Figure 59 : Calcul d'une voûte (vers 2800 – 2700 av. notre ère).
Une ligne est dite courbe quand elle n'est ni droite ni brisée. Une figure géométrique est un ensemble de points et de lignes.
Cette courbe est définie en coordonnées.

2 L'ostracon en calcaire que voici (figure 59) provient du complexe funéraire du roi Djoser à Saqqara, IIIe dynastie (2800 – 2700 av. notre ère environ). Le document est un projet architectural fondé sur des bases mathématiques. En effet, il contient des calculs pour l'établissement d'une voûte (ou d'un cintre).

4. Voici les données pour le calcul de la voûte qui est une courbe. Comme la courbe s'élève, la hauteur de celle-ci augmente de zéro à 3 coudées, 3 palmes et 2 doigts. Cinq droites, de longueur variable, s'espacent régulièrement. On peut supposer que l'intervalle entre deux droites (ou colonnes) correspond à une coudée. Il est donc possible de restituer ce diagramme avec une relative exactitude.

5. Les Égyptiens pouvaient donc calculer l'aire de ce diagramme qui est une surface limitée par une courbe par la méthode des trapèzes.

L'aire à évaluer devient celle d'un trapèze mixtiligne rectangle dans lequel un côté est curviligne. La base, c'est-à-dire le côté opposé au côté curviligne, est alors divisée en un certain nombre de parties égales (cinq par exemple, ce qui est déjà sur le diagramme). Par les points de division, des parallèles peuvent être menées à la base. La surface considérée est ainsi décomposée en cinq parties : chacune d'elles est assimilable à un trapèze. Une valeur approchée de l'aire à calculer est la somme des aires des cinq trapèzes.

6. Le mathématicien égyptien n'était pas intéressé par le calcul de la surface de l'espace voûté (la surface limitée par une courbe) mais par l'allure architecturale de la courbe elle-même pour obtenir une parfaite ligne curviligne.

Mathématiquement parlant, la chose n'était pas hors de portée puisque l'aire du trapèze était couramment calculée en Égypte.

XIX

Trigonométrie

1. *La trigonométrie.* La *trigonométrie* (grec *trigônos,* « triangle », et *metron,* « mesure ») est la branche des mathématiques qui a pour objet le calcul des éléments d'un triangle au moyen des fonctions circulaires ou lignes trigonométriques : le sinus, le cosinus, la tangente, la cotangente.

La trigonométrie a à faire à la *mesure des angles.* Les rapports trigonométriques d'un angle sont définis par le *sinus* ou le *cosinus* ou encore la *tangente.* La *cotangente* est l'inverse de la tangente d'un angle. Ainsi :

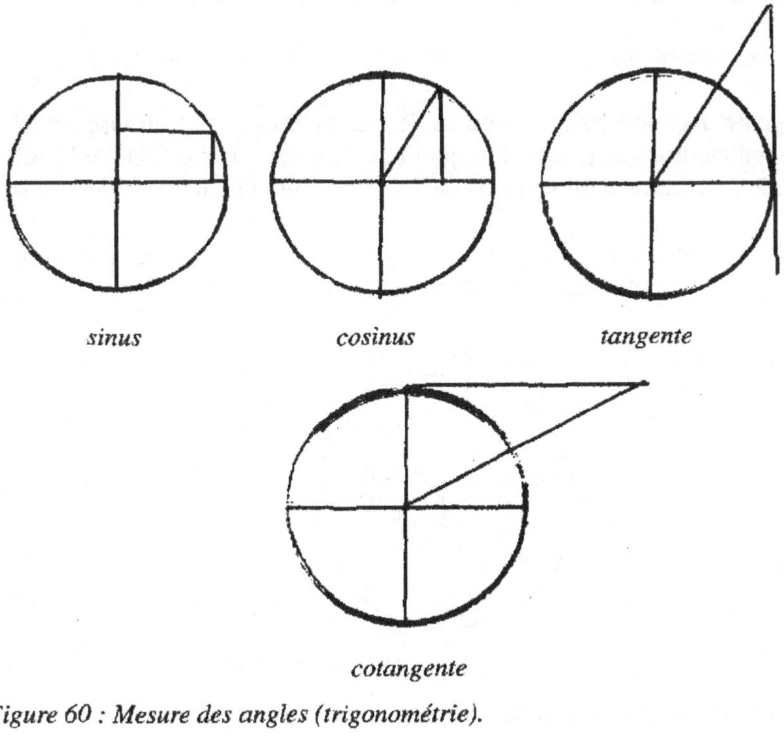

Figure 60 : Mesure des angles (trigonométrie).

2. Les architectes et mathématiciens égyptiens savaient parfaitement mesurer l'angle de pente même de la pyramide, c'est-à-dire celui de son apothème ; l'angle d'inclinaison de l'arête de la pyramide ; ces deux angles simultanément, leurs tangentes trigonométriques respectives. Ainsi :

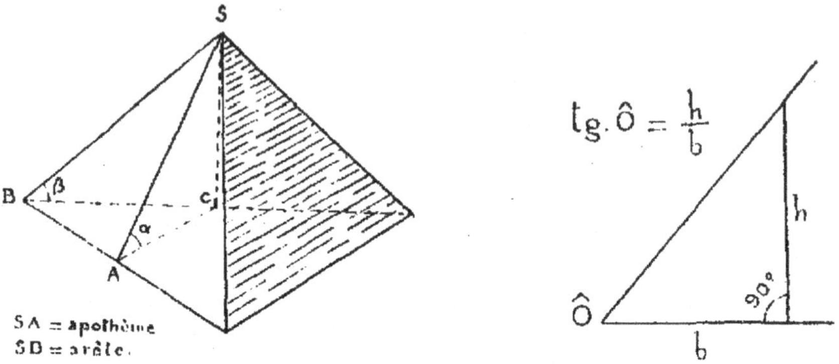

Figure 61 : Angles de l'apothème et de l'arête de la pyramide.
α = angle de pente même de la pyramide (angle de l'apothème).
β = angle d'inclinaison de l'arête de la pyramide (angle de l'arête).

Les tangentes respectives de ces deux angles sont les rapports $\frac{h}{b}$.

La tangente trigonométrique d'un angle est, en effet, égale au rapport de la perpendiculaire *h* abaissée d'un point de l'un des côtés de cet angle sur l'autre, à la distance *b* du sommet de l'angle au pied de la perpendiculaire.

3. Pour les architectes égyptiens, les applications trigonométriques sont évidentes. Ils savaient calculer l'angle de pente de la pyramide.

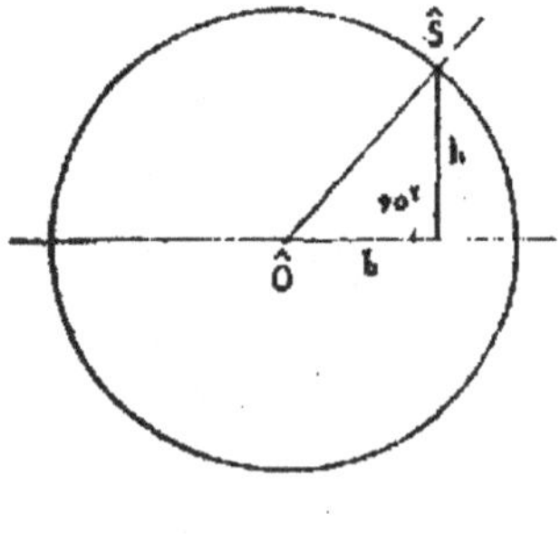

Figure 62 : Tangente et cotangente de l'angle de pente de la pyramide.

L'angle de pente d'une paroi murale, c'est-à-dire son inclinaison sur l'horizontale ou bien son fruit par rapport à la verticale, est déterminé par le rapport $\frac{h}{b}$, qui n'est autre que *la tangente de l'angle Ô* que forme cette paroi avec le plan horizontal de base, ou *la cotangente de l'angle $\hat{S}$* qu'elle fait avec la verticale :

Soit $\text{tg}\,\hat{O} = \frac{\sin \hat{O}}{\cos \hat{O}} = \frac{h}{b} = \text{cotg}\,\hat{S}$.

4. L'unité de longueur utilisée dans les constructions par les anciens Égyptiens était la coudée royale de 525 cm. Celle-ci se divisait en 7 palmes de 4 doigts :

Soit 1 coudée = 7 palmes = 28 doigts.

Les rapports exprimés en coudées, palmes et doigts ont servi à la détermination des angles de pente des pyramides égyptiennes. Nous pouvons convertir ces mesures égyptiennes d'angles en degrés, ou en grades, ou radians.

Pyramide à degrés de Djoser

Fruit (inclinaison des pentes) de 16° environ

Or pour $\hat{S}$ = 15° 57' $\text{cotg}\,\hat{S} = \frac{h}{b} = \frac{7}{2} = \frac{\text{1 coudée}}{\text{2 palmes}}$

Pyramide de Khoufou (Khéops, Chéops)

Pente : Ô = 51° 52'

Or pour Ô = 51° 50' 35'' $\text{tg}\hat{O} = \frac{h}{b} = \frac{14}{11} = \frac{\text{1 coudée}}{\text{5 palmes 1/2}}$

5. Les géomètres égyptiens mesuraient l'inclinaison des pentes pyramidales. Le mot 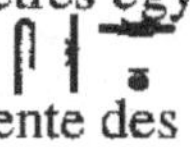 *skd, seqed,* désigne, en langue pharaonique, cette inclinaison de pente des pyramides.

Pour trouver la valeur de l'angle d'inclinaison de l'arête de la pyramide, le mathématicien égyptien divisait la demi-base par la hauteur de la pyramide et multipliait le résultat obtenu par le chiffre 7, « parce qu'une coudée a sept palmes ».

Le quotient de la demi-base et de la hauteur correspond à la cotangente de l'angle d'inclinaison.

La valeur de l'angle d'inclinaison du problème n° 56 du Papyrus Rhind est $5\frac{1}{25}$ palmes. La valeur correspondante en degrés est : 54° 14' 46'' (Théophile Obenga, *La Philosophie pharaonique,* Paris, L'Harmattan, 1990, pp. 417-421).

Les Égyptiens posaient comme constante la valeur de *h* égale à 1 coudée de 7 palmes ou de 28 doigts. Pour donner la valeur d'un angle, ils exprimaient en palmes et en doigts la longueur de *b,* c'est-à-dire la cotangente de l'angle.

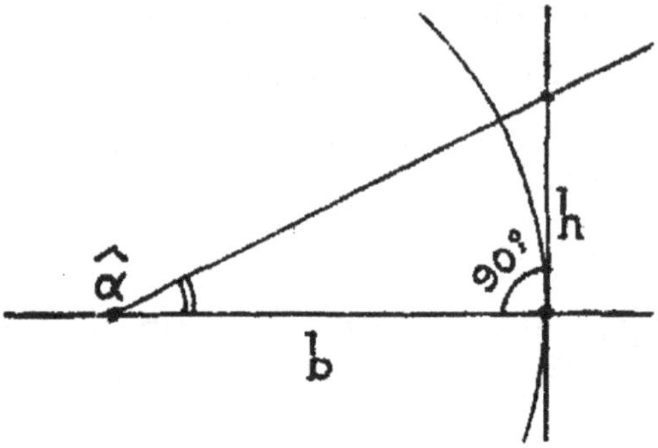

Figure 63 : Cotangente de l'angle d'inclinaison de la pyramide *(seked)*.

L'angle α déterminé par sa tangente $= \frac{h}{b}$,

ou par sa cotangente = *b* si *h* = 1 coudée.

XX

Plan

1. *Un plan.* Un plan évoque une surface plate et unie comme par exemple la surface d'une nappe d'eau.

Un plan, c'est aussi le *tracé* représentant les différentes parties d'une ville, d'un édifice, d'un monument, d'une machine, etc.

2. Les architectes, les ingénieurs et les géomètres égyptiens dessinaient, avec précision, des plans. Par exemple :

– *Plan de la tombe de Ramsès IV* (vers 1162-1156 av. notre ère), un papyrus actuellement conservé au musée d'égyptologie de Turin (Italie) qui porte des mesures précises.

– *Plan de la tombe de Ramsès IX* (vers 1137-1119 av. notre ère) sur un ostracon en calcaire provenant de la Vallée des Rois.

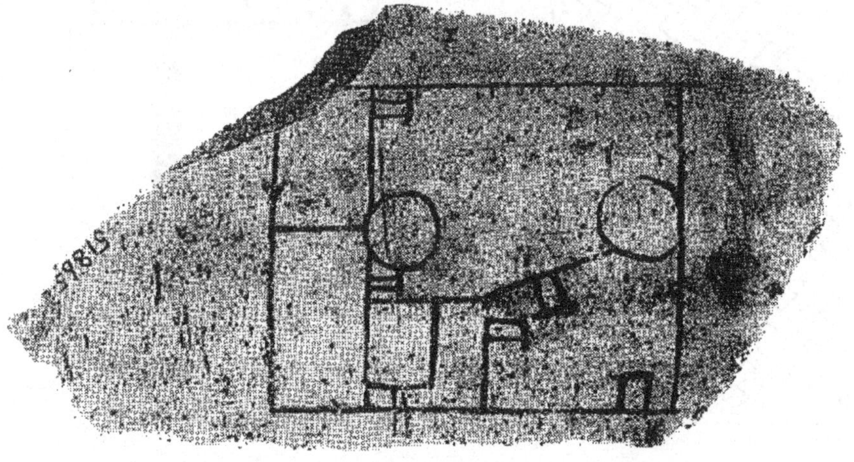

Figure 64 : Plan d'un ensemble de cours avec silos. Ostracon (tesson) de terre cuite (XIIIe-XIe siècle av. notre ère). Musée égyptien, Le Caire. (Photo A. Lecler, Institut Français d'Archéologie Orientale, Le Caire).

– *Plan d'un sanctuaire* sur un ostracon (fragment) de poterie peinte, vers 1305-1080 av. notre ère, provenant de Deir el-Bahari, actuellement au British Museum, Londres (n° 41228).

3. Le plan d'époque ramesside (XIIIe-IXe siècle av. notre ère), en terre cuite, actuellement au musée égyptologique du Caire, est celui d'un ensemble de cours avec silos (fig. 64).

Il existe un *plan d'un sanctuaire* qui porte la mention de l'épaisseur d'un mur et les dimensions des monuments qu'il devait entourer. Fait géométrique et astronomique : des informations sont fournies sur l'*orientation* aux quatre points cardinaux des bâtiments. Il existe aussi des plans plus précis, *faits à l'échelle,* de certaines constructions, – plans tracés sur papyrus (William H. Peck, *Dessins égyptiens,* trad. de l'anglais, photographies de John G. Ross, Paris, Hermann, 1980, pp. 52-53, 194-197). On lit par exemple ceci : « L'architecte établit ces schémas à partir d'une grille d'intersections à *angles droits,* et les lignes axiales des tracés témoignent de son souci de *symétrie* dans l'*équilibre de l'ensemble* » (p. 52. Souligné par nous). L'architecte égyptien est un géomètre consommé, c'est-à-dire parfait et expérimenté.

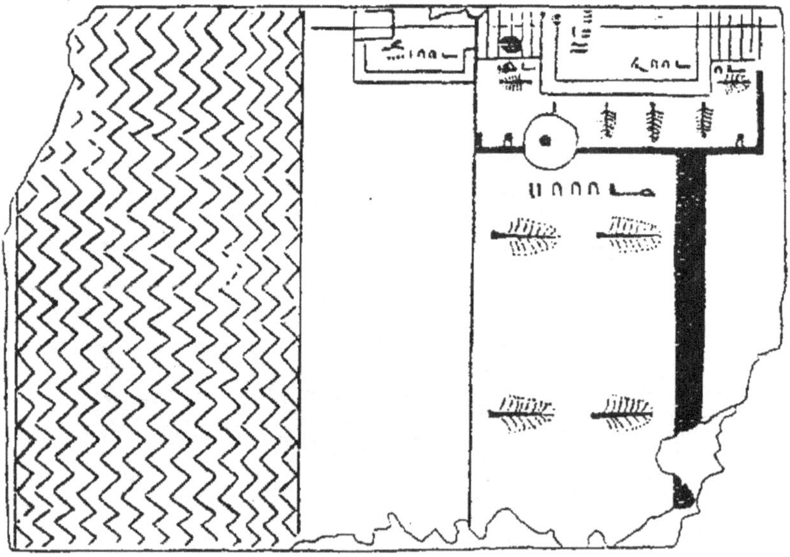

Figure 65 : Plan dressé par un architecte, avec indication des longueurs en coudées (Nouvel Empire).

Les architectes égyptiens ont établi les plans de leurs constructions. Le plan de l'hypogée (construction souterraine, formée d'une suite de chambres et destinée à recevoir les sépultures) de Ramsès IV (1167-1161 av. notre ère), conservé sur un papyrus du musée de Turin, en Italie, est établi à l'échelle de 1 : 28 environ. Des vérifications faites pour contrôler les mesures de cette tombe, ont démontré que ce plan est exact dans toutes ses parties essentielles.

Des principes de géométrie et d'architecture existaient dans l'Égypte pharaonique. Le Nouvel Empire couvre la période allant de 1567 à 1085 av. notre ère.

Source (figure 65) : A. Erman et H. Ranke, *La Civilisation égyptienne*, trad. de l'allemand, Paris, Payot, 1963, p. 475.

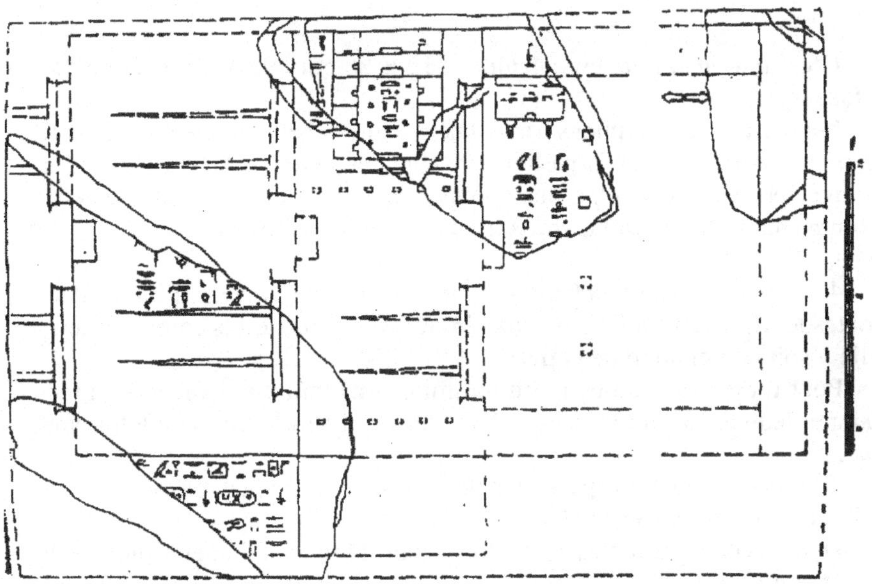

Figure 66 : Plan d'un temple de Héliopolis avec l'inventaire de son mobilier (XVIIIe-XIXe) dynastie).
Dimensions originaires : 29 x 22 cm.
Musée égyptien de Turin, Inv. Suppl. 2 682.
D'après H. Ricke, *Das hohe Sand in Heliopolis. Eine Inventartafel aus Heliopolis im Turiner Museum,* in « Zeitschrift für ägyptische Sprache und Alterstumkunde », 71, 1935, pl. 7.

Base d'un modèle, à échelle réduite, d'un temple héliopolitain (figure 67). Les inscriptions informent que ce temple fut consacré par Séthi 1er (1312-1300 environ av. notre ère), second roi de la XIXe dynastie.

Figure 67 : Maquette.

C'est *une maquette* en calcaire : 112 x 86 cm (New York, Brooklyn Museum).

Les architectes égyptiens travaillaient à une échelle donnée. Leur esprit géométrique l'exigeait formellement. Une maquette est la matérialisation d'une idée, d'un concept, d'une vue théorique, intellectuelle. La géométrie commandait tout travail architectural dans la Vallée du Nil.

4. Cependant, *en mathématiques,* un plan est une surface illimitée dans toutes les directions telle que toute droite qui a deux points communs avec elle y soit contenue toute entière.

Pour représenter un plan, on le limite conventionnellement à un rectangle, lequel est vu, en perspective, sous la forme d'un parallélogramme.

Tout plan partage l'espace en deux régions : on ne peut passer de l'une à l'autre sans traverser le plan.

Deux droites parallèles sont situées dans le même plan et n'ont pas de point commun.

Si deux droites sont parallèles et si un plan coupe l'une, il coupe l'autre.

Si deux droites sont parallèles à une même droite, elles sont parallèles toutes les trois.

5. Le document ci-après est important. C'est un fragment de terre cuite rouge foncé avec enduit jaunâtre, largeur : 14,6 cm ; hauteur : 16,4 cm. Il date probablement de la XIXe dynastie (vers 1305-1196 av. notre ère), et se trouve actuellement au Musée du Louvre (Paris).

Ce document fait état d'une commande urgente de fenêtres, avec croquis à l'appui.

La partie supérieure se lit ainsi : « Nakhtamon, tu en feras quatre de cette espèce, très exactement et très vite très vite : d'ici demain ! Je te donne les indications les concernant : largeur, 4 palmes ; hauteur, 5 palmes et 2 doigts » (Bernadette Letellier, Conservateur au Département des Antiquités égyptiennes, Musée du Louvre).

A gauche du croquis, il y a encore cette indication qui précise la commande : « quatre de cette espèce ».

La figure dessinée qui est un plan de fenêtre correspond à un rectangle de 30 x 41 cm approximativement.

On peut y voir maintes caractéristiques du plan au sens mathématique : la surface, plane, est illimitée dans toutes les directions, et partage l'espace en régions de telle manière qu'il faut traverser le plan pour passer d'une

Figure 68 : Plan mathématique (géométrique).

région à une autre. Le plan est une fenêtre grillagée. Les grilles, au nombre de dix, constituent des droites parallèles situées dans le plan même.

Une commande de fenêtres plan à l'appui.

Tesson en terre cuite (vers 1305-1196 av. notre ère).

Cette figure est un plan au sens mathématique du terme (figure 68).

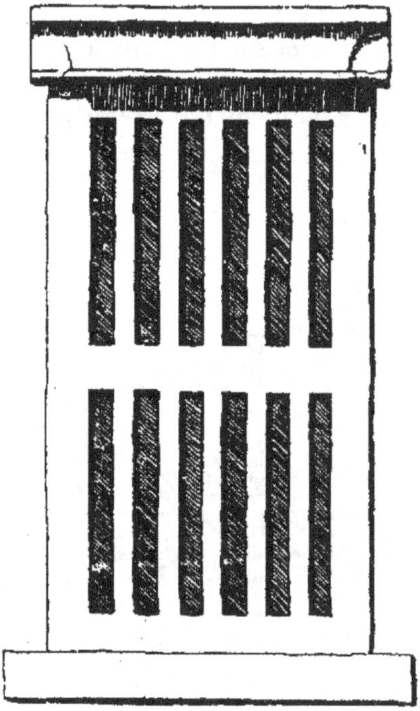

Figure 69 : Grille de fenêtre en pierre (d'après *Journal of Egyptian Archaeology* VIII, pl. IX).

Les fenêtres des maisons du Nouvel Empire (1567-1085 av. notre ère) sont petites et généralement peu nombreuses. La forme de ces fenêtres est rectangulaire.

L'appui et le linteau sont bien apparents. Le grillage, ici en pierre, a des jours verticaux taillés dans une dalle peu épaisse.

Le modèle géométrique et architectural du temple grec est sans contredit le temple égyptien.

En Grèce, c'est vers 600 av. notre ère que furent construits les premiers temples en pierre, et, avec eux, s'opéra le passage aux constructions imposantes qui furent désormais le trait distinctif de l'architecture

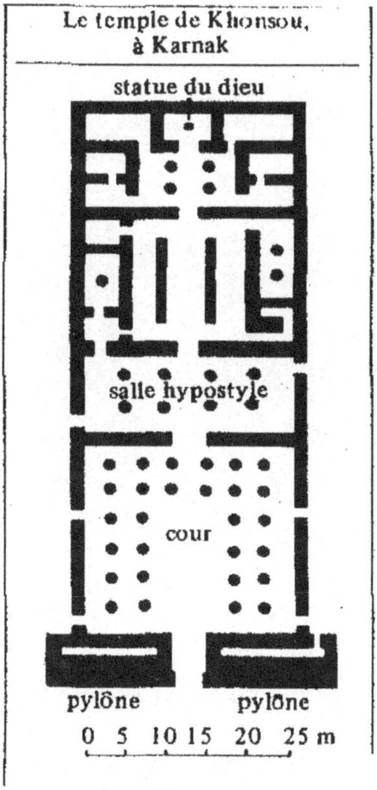

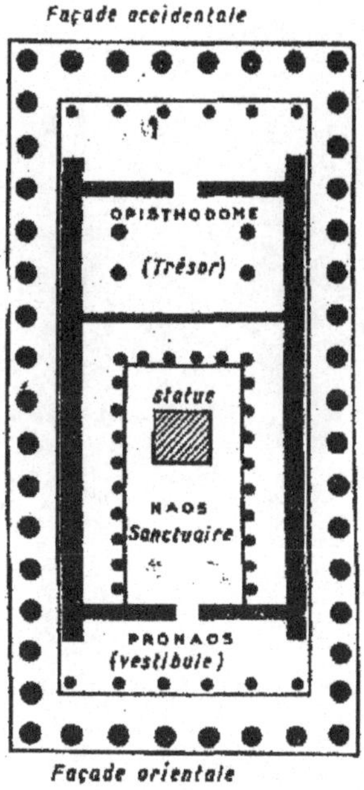

Plan d'un temple grec.

Figure 70 : Plan d'un temple.

A. Temple égyptien.

B. Temple grec.

grecque (Moses I. Finley, *Early Greece. The Bronze and Archaic Ages,* Londres, 1970).

Le temple grec : « Ionian architects adopted it from Egypt » (John Boardman, *The Greeks Overseas,* Penguin Books, édit. de 1973). Les architectes d'Ionie ont adopté l'architecture du temple à partir du modèle égyptien.

Les faits sont les faits, les psychologies ont beau ne pas vouloir suivre à cause de la force des préjugés.

XXI

Parallélépipède

1. *Un parallélépipède.* Un *parallélépipède* est un prisme dont les bases sont des parallélogrammes (le *prisme* est un solide limité par une surface prismatique et deux sections planes parallèles).

Les six faces d'un parallélépipède sont des parallélogrammes.

2. Dans un parallélépipède :

– *les arêtes* sont parallèles et égales quatre à quatre ;

– *les faces opposées* sont parallèles et égales ;

– *les diagonales* concourent en un même point qui est le milieu de chacune d'elles et *le centre du parallélépipède.*

3. Un *parallélépipède rectangle* est un parallélépipède droit dont la base est un rectangle :

– ses *faces* sont des rectangles ;

– ses *dièdres* sont droits (un angle drièdre est caractérisé par son rectiligne, et un dièdre droit est la moitié d'un dièdre plat) ;

– les *trois arêtes* issues de chaque sommet forment un trièdre trirectangle ;

– dans un parallélépipède rectangle, *le carré d'une diagonale* est égal à la somme des carrés des arêtes issues d'un même sommet. Les diagonales d'un parallélépipède rectangle sont égales.

4. *Un cube.* Un *cube* est un parallélépipède rectangle dont toutes les arêtes sont égales.

Qu'en est-il en Égypte ? La géométrie égyptienne, appliquée ou non, peut-elle faire état du parallélépipède qui est une figure assez complexe ?

5. *Relations géométriques relevées par Jean-Philippe Lauer* (qui croyait fort peu à l'ésotérisme des pyramides) *dans la chambre funéraire de la Grande Pyramide de Khoufou* (Khéops, Chéops), second roi de la IVe dynastie (vers 2650 av. notre ère) :

1. La chambre funéraire de la Grande Pyramide (hauteur : 146,60 m ; côté : 230,90 m) est un *parallélépipède rectangle.*

2. Cette chambre qui devait accueillir le sarcophage du Pharaon est placée au niveau où la surface de la pyramide est la moitié de sa base : cela implique qu'il fallait savoir que *la diagonale* d'un carré d'une surface donnée est égale au côté du carré de surface double.

3. La cote de 15 coudées pour la diagonale des deux petites parois Est et Ouest de la chambre sépulcrale de Khoufou entraîne la présence du *triangle sacré aux côtés 3, 4, 5* dans le plan de la section longitudinale de la chambre passant par cette diagonale.

4. La cote de 25 coudées pour les diagonales du parallélépipède rectangle de la chambre permettait de contrôler aisément *la verticalité des parois dans les angles* (drièdres).

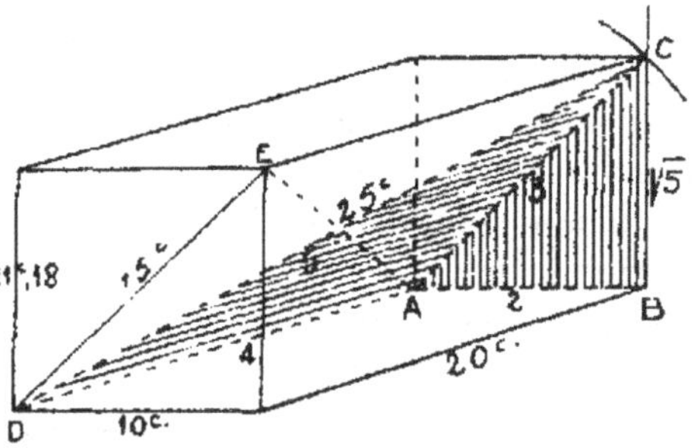

Figure 71 : Le parallélépipède rectangle que constitue la chambre funéraire dans la Grande Pyramide de Khoufou (Chéops), d'après l'architecte et archéologue Jean-Philippe Lauer (1974).

6. La figure du parallélépipède rectangle de la chambre funéraire de Khoufou démontre ce qui suit :

– La hauteur de la chambre funéraire fut obtenue par le tracé du triangle rectangle aux côtés 2, √5 et 3 ;

– le petit côté de la chambre, base du triangle, étant égal à 2, de l'une de ses extrémités A prise comme centre on décrit un arc de cercle de rayon égal à 3 ;

– son point d'intersection C avec la perpendiculaire abaissée sur l'autre extrémité de la base en B donne une hauteur égale à √5 = 2,236 ;

– en multipliant ces trois dimensions par 5, on trouve les cotes de la petite face de la chambre, où la base est égale à 10 coudées, la diagonale à 15 coudées, et la hauteur à 11 coudées, 18 palmes ;

– ce tracé fut choisi par les Égyptiens qui ont construit la Grande Pyramide parce qu'il donnait, en outre, le triangle sacré, 3, 4 et 5 dans le plan ACDE, où les diagonales du volume de la chambre sont égales à

25 coudées. Cette cote caractéristique permettait un contrôle aisé de la verticalité des parois.

Ceci ne peut pas relever de l'empirisme, des recettes, du hasard, si heureux soit-il. Les architectes égyptiens savaient appliquer avec habileté leurs notions de géométrie aux tracés de construction des édifices. Ils employaient surtout divers triangles rectangles remarquables que la Grèce antique découvrira avec Pythagore qui a séjourné, pendant 22 ans, pour ses études, au pays de Pharaon.

J.-Ph. Lauer a pu écrire ceci en toute connaissance de cause : « Des méthodes de calcul et de tracé sont ainsi trouvées, et l'on peut en noter des rappels dans les documents bien postérieurs comme le papyrus de Rhind ou celui de Moscou, dont les textes remonteraient au Moyen Empire » (J.-Ph. Lauer, *Le Mystère des Pyramides,* Paris, Presses de la Cité, 1974, p. 312).

Ainsi, l'arrière-plan des documents mathématiques égyptiens les plus connus, Papyrus Rhind, Papyrus de Moscou, etc., est la science et l'expérience des architectes, ingénieurs et géomètres de l'Ancien Empire (2780-2280 av. notre ère). Une tradition scientifique pharaonique existe.

XXII

Ellipse

1. *Une ellipse.* Une *ellipse* (grec *elleipsis,* « manque ») est une courbe plane convexe fermée, possédant deux axes de symétrie, et dont chaque point est tel que la somme de ses distances à deux points fixes, appelés *foyers,* est constante. Girard Desargues (1593-1662) appelle précisément « *défaillement* » l'ellipse.

2. On peut tracer l'ellipse (qui est une conique) à l'aide d'une ficelle de longueur $2a$, d'extrémités F et F' qui forment les foyers de l'ellipse.

Le cercle ayant le plus grand diamètre est appelé le *cercle principal de l'ellipse,* et le cercle ayant le petit diamètre est le *cercle secondaire.*

L'aire de l'ellipse est $S = \pi ab$.

3. Dans les années 1905-1912, Alexandre Barsanti avait exhumé à Zaouiet el-Aryân, au nord de la pyramide à degrés de Djoser à Saqqara, *une cuve en granit de contour elliptique,* longue de 2,10 m et profonde de 1,05 m, munie d'un couvercle également en granit.

4. Georges Daressy semble avoir reconnu, en 1907, *l'arc d'une ellipse* dans le dessin de construction d'une voûte lors des fouilles en Égypte.

5. Ludwig Borchardt dirigea pendant plusieurs années les fouilles allemandes en Égypte pour le compte de la « Société Orientale Allemande ».

C'est lui qui apporta, pour la première fois, la preuve certaine que la rampe fut employée dans la construction de la pyramide.

C'est encore Borchardt qui sut, en 1902-1908, par de remarquables dessins de reconstitution, mettre en évidence, également pour la première fois, l'ensemble des pyramides d'Abousir et leurs complexes funéraires (V[e] dynastie). C'est donc son travail qui permit de saisir, pour la première fois en égyptologie, l'ensemble du complexe monumental de la pyramide royale.

Déjà, en 1896, Borchardt avait reproduit puis publié (in « ZAS », 34, 1896, p. 75 et sq.) un dessin gravé sur un mur du temple de Louqsor au temps de Ramsès III (vers 1200 av. notre ère). Le savant égyptologue reconnut dans ce dessin égyptien *la construction d'une ellipse.*

Reproduction de l'ellipse du mur du temple de Louqsor d'après l'original de Ludwig Borchardt (Cheikh Anta Diop, *Civilisation ou Barbarie,* Paris, 1981, p. 313).

Reproduction de l'ellipse tracée sur un mur du temple de Louqsor. Ce mur a été construit sous Ramsès III, vers 1200 av. J.-C. (Dessin d'Amadou Faye, IFAN, d'après l'original de L. Borchardt : *Zeitschrift für Aegyptischer Sprache*, tome XXXIV, 1896, fig. VII).

Cheikh Anta Diop, *Civilisation ou Barbarie,* Paris, 1981, p. 313.

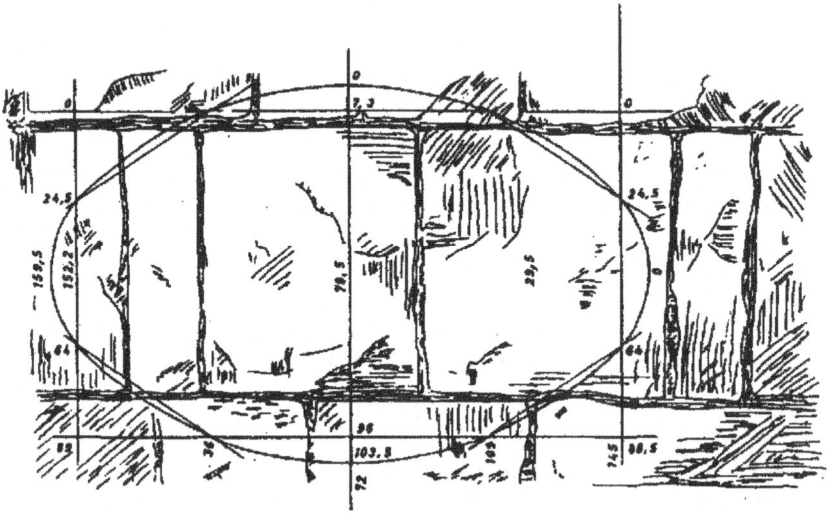

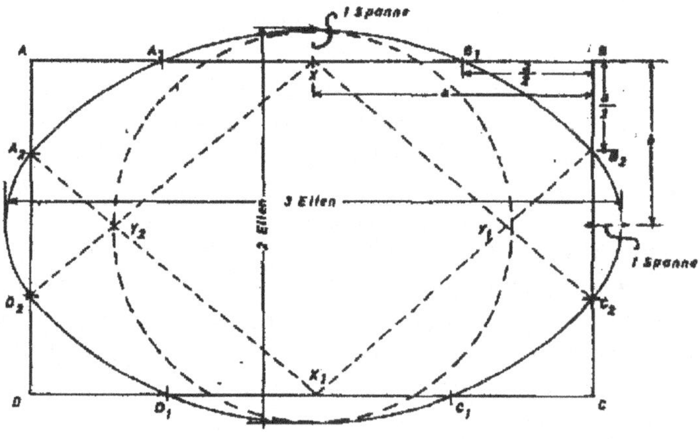

Recherches égyptiennes sur l'ellipse (Cheikh Anta Diop, *Civilisation ou Barbarie,* Paris, Présence Africaine, 1981, p. 314).
Figure 72 : Ellipse du mur du temple de Louqsor

Le dessin égyptien montre en effet une courbe plane fermée (l'ellipse) coupée par un rectangle qui représente, à une petite erreur près d'environ 1 %, la surface de l'ellipse.

6. La preuve en tout cas est nette que l'ellipse était connue et tracée en Égypte : cuve de tour elliptique, arc d'une ellipse, ellipse et rectangle au mur du temple de Louqsor.

7. Cheikh Anta Diop a fait le calcul de la surface de l'ellipse du mur du temple de Louqsor qui semble avoir été le problème posé (C. A. Diop, *Civilisation ou Barbarie,* Paris, Présence Africaine, 1981, p. 314).

Ces recherches portent sur une propriété de l'ellipse, peut-être le calcul de *la surface de l'ellipse*.

L'ovale elliptique est coupé par un rectangle ABCD tel qu'on ait :

AB = DC = 2a = 2 + 1/2 + 1/4 coudées

et

AD = BC = 2b = 1 + 2/3 coudées

et suivant les côtés du rectangle on a :

$AA_1 = BB_1 = CC_1 = DD_1 = 1/4\ AB = a/2$

et

$AA_2 = BB_2 = CC_2 = DD_2 = 1/6\ AB = a/3$.

La figure se présente comme s'il s'agissait de chercher la surface (S) de l'ellipse.

S = π ab = 1 x 1 1/2 x π = 4,71 (valeur exacte).

En prenant non pas les demi-axes, mais les diamètres entiers, qui sont respectivement 2 et 3, la formule suivante donne :

$$S = (2 - \frac{2}{7}) \times (3 - \frac{2}{7}) = 4,65$$

et l'erreur de l'architecte égyptien serait de 6/471 ou 1/78.

L'erreur est bien minime, de l'ordre de 1 %.

Figure 73 : Ellipse à Zimbabwe.
Royaume de Mwene Mutapa (Monomotapa), dans la région du Zambèze : la capitale Zimbabwe avec d'imposants édifices en pierre (IXe siècle). Ce rempart en *ellipse* est remarquable : il avait 10 mètres de hauteur et 7 mètres d'épaisseur. La République du Zimbabwe fait donc revivre un grand nom de l'histoire africaine, comme ce le fut pour la Gold Coast devenue République du *Ghana* en mémoire de l'ancien Ghana, entre fleuves Sénégal et Niger.
L'*ellipse* était connue en Afrique noire ancienne : dans la Vallée du Nil, dans la Vallée du Zambèze, etc.

XXIII

Volume

1. *Un volume.* Le *volume* (latin *volumen*, « rouleau ») d'un polyèdre est la portion de l'espace comprise à l'intérieur de la surface de ce polyèdre.

Un *polyèdre* est un *solide* limité par des portions de plan.

Le nombre attribué à une telle portion de l'espace pour indiquer sa grandeur s'appelle aussi *volume*.

2. Dès lors, mesurer un volume *V*, c'est-à-dire la portion de l'espace occupée par un corps, c'est compter le nombre d'unités, ou de parties égales d'unités, que ce solide ou ce corps contient.

Le nombre obtenu s'appelle la *mesure du volume V*.

3. L'unité de volume est le volume d'un cube qui a pour arête l'unité de longueur.

Dans le système métrique, l'unité de longueur est *le mètre*. L'unité de volume sera le volume d'un cube de 1 mètre d'arête : c'est le *mètre cube* (m^3).

Les multiples du mètre cube sont peu usités. Les sous-multiples du mètre cube sont :

– le décimètre cube (dm^3) : volume d'un cube de 1 dm de côté ;

– le centimètre cube (cm^3) : volume d'un cube de 1 cm de côté ;

– le millimètre cube (mm^3) : volume d'un cube de 1 mm de côté.

Pour les *mesures de capacité*, les unités sont : le litre (l soit 1 dm^3), le décalitre (dal = 10 l), l'hectolitre (hl = 100 l), etc.

4. Les Égyptiens avaient une compréhension mathématique exacte de *la notion de volume :*

rẖt, *rekhet* (Papyrus Rhind 41 et 46) : « volume », au sens de « mesure de volume », le nombre obtenu en mesurant le volume d'un corps, soit la portion de l'espace occupée par ce corps ;

stwty (Papyrus Rhind 45 et 46) : « volume », au sens de « quantité versée constituant le contenu d'un corps », la capacité de volume d'un corps dans un contenant ;

š3ʿ, *shaâ* (Papyrus Rhind 41 – 46) : « volume », au sens de « portion d'espace » qui indique la grandeur ou le volume ;

h33t r.f, haat er.ef (Papyrus Rhind 43-44) : « volume », au sens de « son contenu » (celui d'un grenier par exemple), c'est-à-dire le volume de la quantité de grain versé dans un grenier.

Les Égyptiens avaient presque cerné tous les sens mathématiques du mot *volume : portion de l'espace* occupée par un corps quelconque, *nombre* attribué à une telle portion pour indiquer sa *grandeur*, la *masse* de grain qui constitue le *contenu* ou le *volume* d'un récipient, la *dimension* ou l'*espace* occupé par un corps (son étendue dans l'espace), etc.

Les sens se recoupent assez largement, et la notion mathématique de « volume » est prédominante : « portion de l'espace occupée par un corps quelconque ». Le « volume » n'est pas « la grosseur d'un objet », mais « la portion de l'espace occupée par cet objet ».

5. *Les principales et courantes mesures égyptiennes de capacité* ou de volume sont les suivantes :

ḥḳt, hekat, heqat, « boisseau », environ 4,54 litres.

ỉpt, ipet, copte *oipè,* valant le quadruple du *hekat,* soit environ 18,16 litres. Le grec a emprunté le mot : *oiphi.*

ẖ3r, khar, « sac », valant le multiple 4 du quadruple du *hekat,* soit environ 72,64 litres.

hnw, henou, hin, « jarre », valant le 1/10 du *hekat,* soit environ 0,50 litre.

L'unité de volume *hekat* n'est pas liée, dans *le système égyptien,* à l'unité de longueur (coudée). Il en va de même pour *le système babylonien* qui a : *qûm,* environ 1 litre ; *sūtum,* environ 10 litres ; *pānum* ou *parsiktum,* environ 60 litres ; *kurrum,* environ 300 litres.

Dans *le système métrique,* l'unité de volume est liée à l'unité de longueur puisque le mètre cube est le volume d'un cube de 1 mètre d'arête.

La mesure égyptienne *henou* a passé en copte *hin* par le démotique *hn.* L'hébreu a emprunté le mot égyptien qui date de l'Ancien Empire : *hin* (*Exode* 29 : 40 ; 30 : 24. *Lévitique* 23 : 13 ; etc.). Le phénicien a aussi emprunté le mot égyptien. Le grec de la Septante a également pris le mot égyptien : *ein, in*. Le latin de la Vulgate a : *hin* (Maximilian Ellenbogen, *Foreign Words in the Old Testament. Their Origin and Etymology*, Londres, Luzac & C°, 1962, p. 68).

Figure 74 : Récipients étalonnés.
Tombe de Rekhmire (Thèbes, n° 100).
Rekhmire, « Celui qui connaît comme la Lumière », fut un personnage de très haut rang, Premier ministre de Haute-Égypte et gouverneur de la région de Thèbes, sous Aménophis III (1408-1372 av. notre ère).
Son tombeau, vaste, présente de nombreuses scènes d'une exceptionnelle beauté, par la couleur et par le dessin. Des scènes d'activités agricoles, de chasse et de pêche sont évoquées.
Ici, le grain récolté est transvasé avec des récipients étalonnés et enregistré par le scribe.

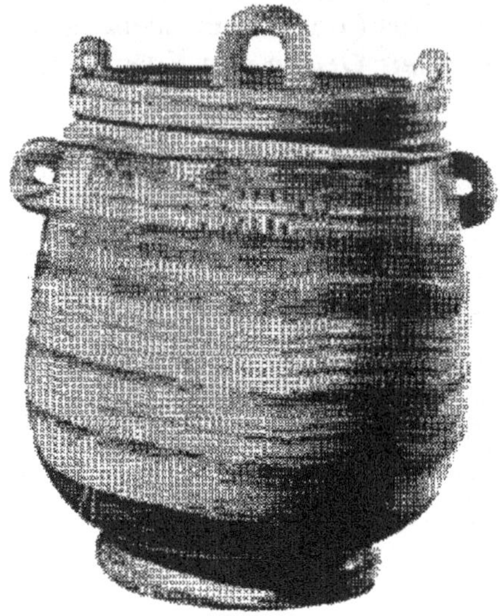

Figure 75 : Récipient avec sa capacité chiffrée.

Récipient en albâtre, Nouvel Empire, vers 1300 av. notre ère. Actuellement au British Museum, Londres.
La capacité de ce récipient est indiquée sur le document même : 
hnw 8 r-6, c'est-à-dire 8 $\frac{1}{6}$ henou, soit environ *4 litres.*

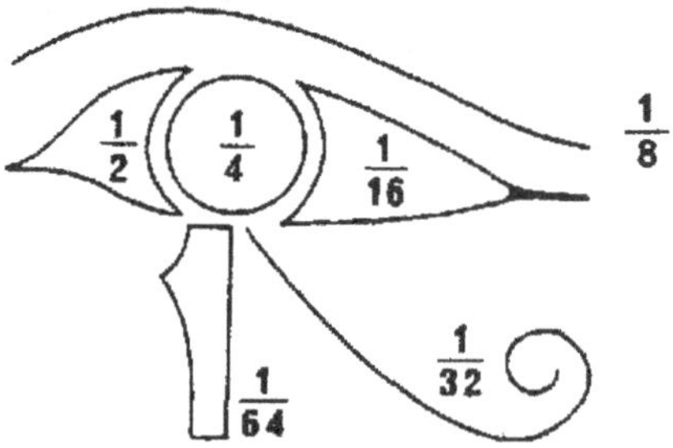

Figure 76 : L'*Œil du dieu Faucon Horus,* utilisé par les mathématiciens, en tant que pictogramme.

En effet, pour signifier les fractions du *hekat,* mesure de capacité, les scribes le faisaient en prenant chaque partie singulière de cet Œil divin.
Les problèmes n°s 41-47 du *Papyrus Rhind* font état de la relation entre les mesures de longueur et de capacité.
Le problème n° 41 par exemple demande de calculer le volume d'un cylindre de diamètre 9 et de hauteur 10. Le grain est estimé en *khar,* mesure de capacité (20 ou 16 *hekat* = 1 *khar,* « sac », soit environ 97,8 ou 78,2 litres). La réponse, exac-

te, est de 960 *khar,* et le calcul du scribe révèle que la valeur de π est $3\ \frac{13}{81}$, soit 3,1605. Le volume du cylindre est calculé par le scribe :
$V = \pi\ r^2h = 3{,}1605 \times 4{,}5^2 \times 10 = 640$ coudées cubiques. Ce résultat est multiplié par $1\ \frac{1}{2}$ pour avoir la réponse, soit 960 *khar.* Ainsi, 1 coudée cubique = $\frac{2}{3}$ *khar* ($960 \times \frac{2}{3} = 640$ coudées cubiques).

XXIV

Pyramide

1. *Le mot « pyramide »*. En grec, le mot πυραμίς, πυραμίδος, a deux contenus sémantiques :

a) « pyramide » figure géométrique, construction en forme de pyramide ;

b) « gâteau de grains de froment grillés mélangés à du miel ».

En 1919, le savant helléniste Diels avait supposé que les pyramides égyptiennes auraient été dénommées par les Grecs « pyramides » d'après la forme du gâteau *pyramis, pyramidos.* Mais la forme même du gâteau n'est pas connue.

L'hypothèse de l'égyptologue Brugsch, en 1874, est que le mot grec *pyramis* serait emprunté à l'égyptien *pr-m-us,* « hauteur » de la pyramide. Chantraine nous apprend que cette hypothèse de Brugsch est sans valeur (P. Chantraine, *Dictionnaire étymologique de la langue grecque. Histoire des mots*, nouveau tirage, Paris, Klincksieck, 1984, p. 958).

En latin, *pyramis, pyramidis,* signifie tout simplement : « monument égyptien ».

Les civilisations mésopotamiennes (Sumer, Babylonie, Chaldée, etc.) ne connaissent pas la pyramide, ni dans les mathématiques ni dans l'architecture. Le fameux problème de la tablette YBC 5037 (1re dynastie babylonienne) ne concerne pas, à bien y regarder, le volume du tronc de pyramide (faut-il encore avoir au préalable l'idée même de « pyramide » pour pouvoir connaître le « tronc de pyramide »), mais le volume de deux parallélépipèdes rectangles superposés. Le mot même de « tronc de pyramide » n'existe pas dans les données du problème babylonien : « Il s'agit en réalité d'une sorte de terre-plein pour y sécher des briques » (Marguerite Rutten, *La science des Chaldéens*, Paris, P.U.F., 1960, p. 118. Collect. : « Que Sais-Je ? », n° 893).

Ce sont les commentateurs modernes qui ont assimilé les données du problème à un tronc de pyramide pour prouver l'existence de ce type d'exercice mathématique dans la science babylonienne. Même la tablette

BM 85194 (époque kassite) ne contient pas le calcul du volume d'un tronc de pyramide carrée : aucune interprétation n'est claire, limpide, convaincante. Les données se rapportent à une pile de briques *(nalbanu),* mais nullement à un « tronc de pyramide », formellement parlant. Mathématiquement, un tas de briques ou de cailloux n'est pas un tronc de pyramide.

Dans la langue égyptienne elle-même, le mot pour « pyramide » est :  *mr, mer.* C'est l'un des termes égyptiens pour désigner *la*

Figure 77 : La *Pyramide à degrés* du roi Djoser de la IIIe dynastie (2800-2700 av. notre ère). Son règne inaugure l'architecture monumentale de la pierre de taille. Cette pyramide, construite par le génial Imhotep, a 60 m de hauteur. C'est le premier monument en pierre de taille dans l'histoire de l'humanité.
Le concept ou l'idée « pyramide » *(mr)* existe avant de devenir concrètement, dans la matérialité des faits, telle ou telle pyramide. Le cerveau humain opère ainsi, si tant est que l'homme est « l'homme neuronal » (Jean-Pierre Changeux, *L'Homme neuronal,* Paris, Fayard, 1983. Collection : « Le Temps des sciences »). La « pyramide » est d'abord un *objet mental,* c'est-à-dire un concept accompagné d'une *schématisation*, d'une abstraction. Le concept devient *prototype* de l'objet qui rassemble les traits distinctifs de la pyramide. Pourquoi tous les autres peuples de l'Antiquité qui n'ont pas eu l'idée « pyramide » n'ont-ils pas créé par « hasard » et par « empirisme » la figure géométrique pyramide dans l'architecture ?

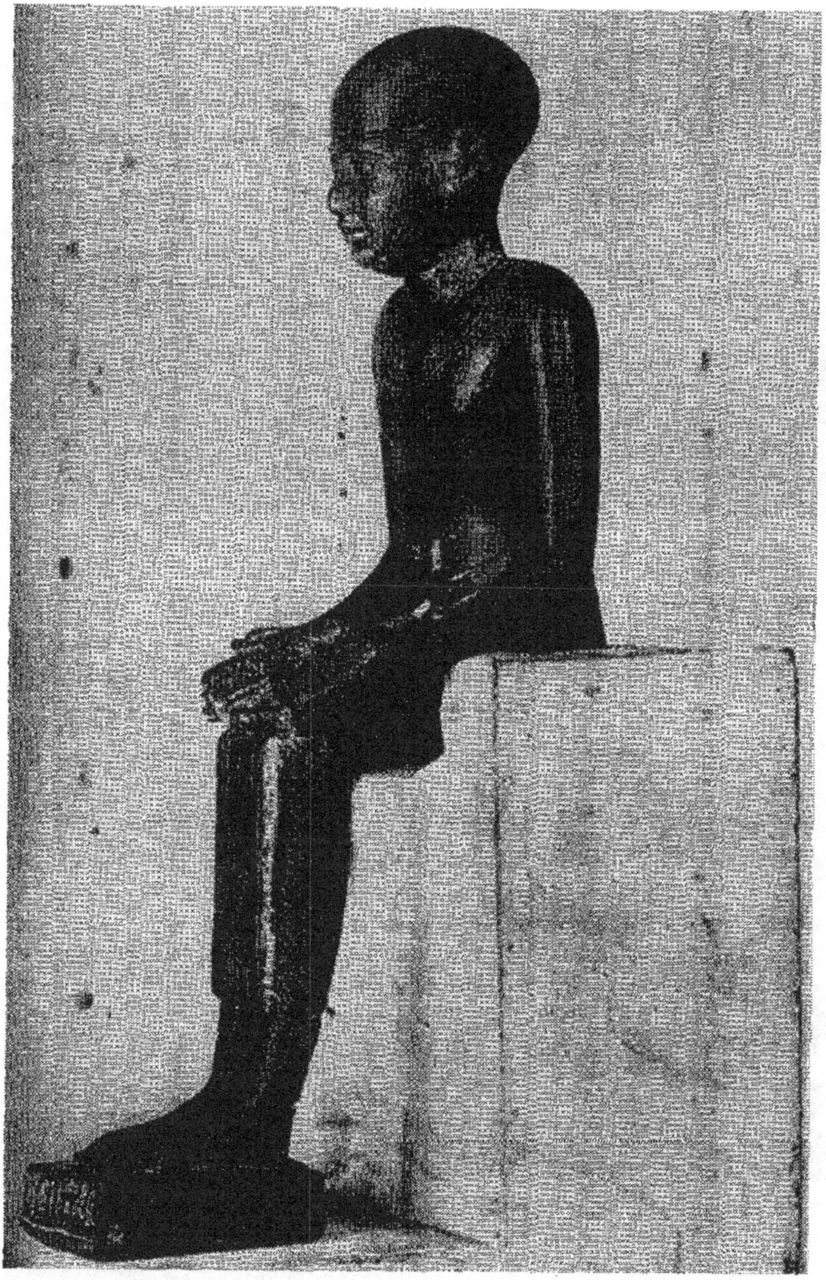

Figure 78 : Imhotep, statuette en bronze, basse époque, musée du Caire.
Il fut conseiller du roi Djoser (IIIe dynastie, vers 2800 av. notre ère).
Il fut aussi architecte, médecin, grand prêtre d'Héliopolis (la ville de Rā) et philosophe. Les Grecs l'appelaient *Imouthès.*

Figure 79 : Pyramide (tombeau royal) de Snefrou à Meidoum, à 19 km au sud de Saqqara. Snefrou est le premier roi de la IVᵉ dynastie (vers 2670 av. ère). Khoufou (Chéops), constructeur de la Grande Pyramide de Gizeh, second roi de la IVᵉ dynastie (vers 2650 av. notre ère), était le fils de Snefrou.

Figure 79 (bis) : Tombeau des Askia.
Tombeau royal (pyramide) des Askia près de Gao, empire de Songhay, Mali. Photo Documentation Française. L'Askia Mohammed, successeur de Sonni Ali, accomplit le pèlerinage de La Mecque de 1495 à 1497. Il régna pendant vingt-six ans. Son territoire fut agrandi vers le sud jusqu'aux environs d'Abomey (Bénin), et vers l'est jusqu'à Agadès.
La parenté géométrique et architecturale de ces deux pyramides saute aux yeux.

tombe (royale), ainsi que le rappelle Gardiner (Gardiner, *Egyptian Grammar,* Oxford, édit. de 1964, p. 627).

Ce mot égyptien est typiquement négro-égyptien, ou négro-africain :
égyptien : *mr,* « tombe » royale en forme de pyramide, pyramide ;
nuer (Soudan) : *mun,* « tombe » *(m-r/m-n)* ;
peul (Ouest Africain) : *mar,* « garder, conserver » le cadavre : même champ sémantique *(m-r/m-r)* ;
wolof (Ouest Africain) : *ba-meel,* « la tombe » ; égyptien *pa mr,* « la tombe » *(m-r/m-l).*

La tour de la mosquée de Gao au Mali rappelle la pyramide à degrés de Djoser. Pour le reste, dans la vallée du fleuve Sénégal, le Professeur

Figure 80 : La Grande Pyramide de Gizeh du Pharaon Khoufou (Khufu, Chéops, Khéops), second roi de la IVe dynastie (vers 2650 av. notre ère). La Grande Pyramide a 146,60 m de hauteur, et 230,90 m de côté. La base recouvre plus de 5 hectares. Cette Pyramide compte encore actuellement 201 assises. La première assise à la base mesure 1,50 m de haut, la seconde 1,25 m et les troisième et quatrième entre 1,20 et 1,10 m. Aux approches du sommet, la hauteur moyenne n'est plus qu'approximativement de 0,55 m. L'épaisseur des joints est d'environ 1/2 millimètre entre des blocs de pierre énormes et lourds (pour les blocs du parement de l'assise de base la longueur est de 1,50 m en moyenne, et le bloc le plus long appartenant à cette assise pèse 15 tonnes environ).
Cette impression de Volney (1757-1820) devant les pyramides d'Égypte : « Tout saisit à la fois le cœur et l'esprit d'étonnement, de terreur, d'humiliation, d'admiration, de respect... ».

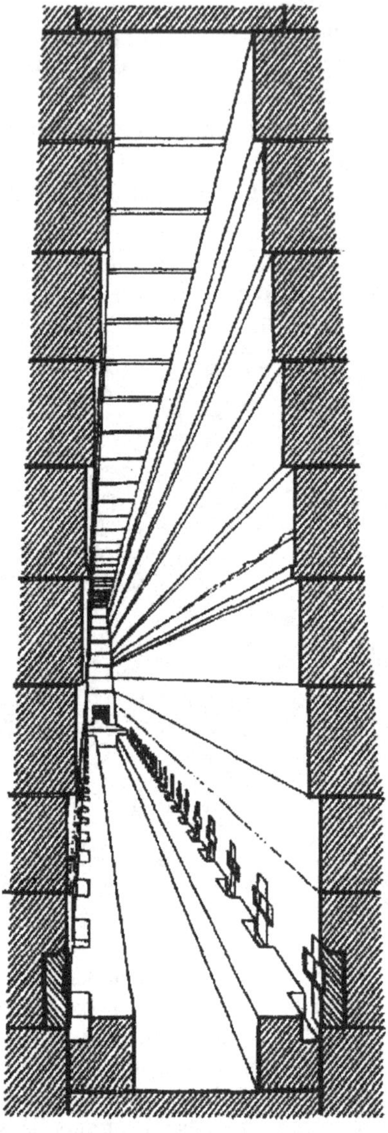

Figure 81 : La *Grande Galerie* dans la Grande Pyramide de Khoufou (Chéops), d'après I.E.S. Edwards, auteur de plusieurs ouvrages consacrés aux pyramides. La Grande Galerie est, avec la Chambre du Roi, l'une des plus célèbres œuvres architecturales laissées par l'Ancien Empire. Elle continue un couloir ascendant. Longue de 46 m et large de 7,40 m, elle a des murs en calcaire polis qui s'élèvent verticalement à une hauteur de 2,25 m.

Aboubacry Moussa Lam a cet heureux commentaire : « Or, avec cette religion (l'Islam), plus de pyramide, mais le nom se conserva cependant dans la langue sous forme de *baaṃuule*, en pulaar et *bammel*, en wolof (...). Les pyramides du Fuuta n'étaient pas en pierre comme celles d'Égypte, mais en terre comme celles des Sereer. Ces derniers qui ont fui l'islamisation ont, en effet, continué à ériger des pyramides : le toit de la case du défunt était recouvert de terre et affectait ainsi la forme d'une pyramide conique qui, avec le temps, devenait un simple tumulus. Et des tumuli, on en a trouvé au Fuuta » (A.M. Lam, *De l'origine égyptienne des Peuls*, Paris, Présence Africaine, Khepera, 1993, p. 279).

Dans l'Ancien Monde, la pyramide est une invention proprement égyptienne, africaine.

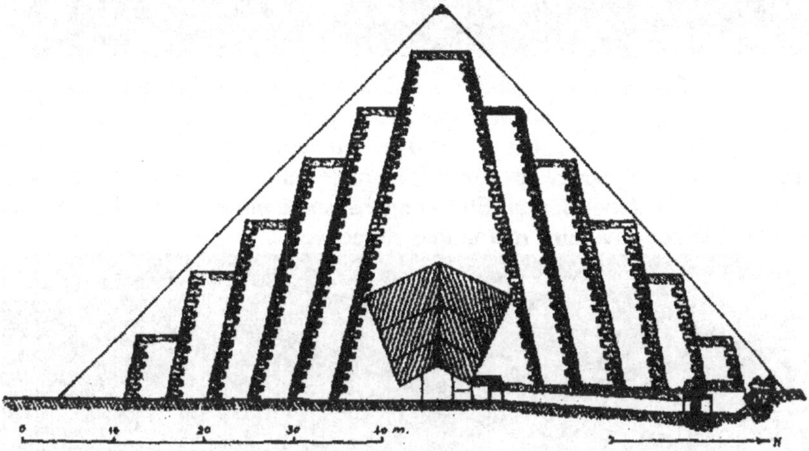

Figure 82 : Coupe de la Pyramide de Sahoura (d'après L. Borchardt). La Pyramide de Sahoura, roi de la Ve dynastie (règne : 2442 - 2430 av. notre ère), se trouve à Abousir, au nord de Saqqara. Ce monument devait avoir à l'origine environ 48 m de haut sur une base de 78 m ; l'angle de pente était d'environ 50°36'. Le massif intérieur est construit en gradins avec des blocs de calcaire jaune local. Mais il avait été revêtu d'un épais parement lisse en calcaire blanc de Tourah.

Figure 83 : Pyramides à Gebel Barkal (Groupe nord). Période méroïtique, Ier siècle av. notre ère. Soudan, Nubie : le Royaume de Kouch, période méroïtique (vers 300 av. notre ère – vers 350 de notre ère). Le nom de la reine Nawidemak a été trouvé dans ces pyramides. La reine Nawidemak fut enterrée dans la Pyramide n° 6 à Gebel Barkal. Elle a régné avant le milieu du Ier siècle av. notre ère. Elle fut une souveraine méroïtique très active.

Figure 84 : Mosquée-Université de Sankoré en forme de pyramide (côté Sud-Est). Construite au XVe siècle, entièrement reconstruite au XVIIe siècle. Tombouctou, Mali. Cliché I.F.A.N. – C. 52.937. La *pyramide* est une géométrie et une architecture proprement africaines : les pyramides d'Égypte, les pyramides de Nubie (Soudan), les pyramides du Sahel (cases-obus du Tchad, mosquées et universités du Mali médiéval, etc.).

Figure 85 : Palais d'Abomey : tombeau du roi Guézo.
La forme pyramidale de cette tombe royale est nette, notamment le remarquable *pyramidion* qui domine tout le tombeau.
Les tombes mésopotamiennes et grecques royales trouvées ne sont pas pyramidales, encore moins avec un pyramidion au sommet. Le roi Guézo (1818-1858) est l'un des plus célèbres souverains du Danhomè (Dahomey) dans la première moitié du XIXe siècle. *Traditio traditionis* !
Source : P. Mercier, *Civilisations du Bénin*, Paris, Société Continentale d'Éditions Modernes Illustrées, 1962, p. 76.

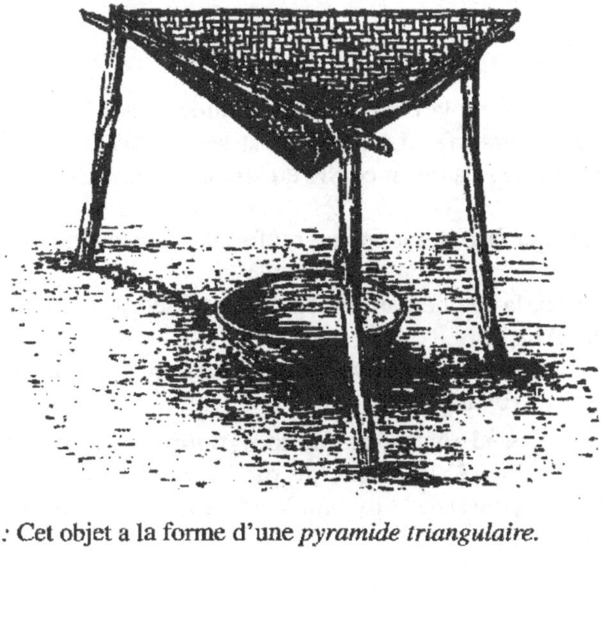

Figure 86 : Cet objet a la forme d'une *pyramide triangulaire.*

Il s'agit d'un entonnoir fabriqué par des artisans au nord du Mozambique, en passant par les étapes suivantes :
a) construction d'un *carré* (une natte ayant cette forme) ;
b) intervention de bandelettes verticales et horizontales de façon que la natte se transforme en un « panier » dont le centre va vers le bas et devient le sommet de l'entonnoir ;
c) rectification des deux arêtes pour garantir un rebord stable ;
d) finalement, l'entonnoir prend la forme d'une *pyramide triangulaire.*
La démonstration complète est fournie par Paulus Gerdes, *L'ethnomathématique comme nouveau domaine de recherche en Afrique,* Maputo, Mozambique, Institut Supérieur de Pédagogie, 1993, pp. 32-33. Voir la figure de la page 32, ici reproduite (figure 86).

2. *Définition mathématique.* Une pyramide est un polyèdre limité par un polygone plan et par des triangles qui ont un sommet commun extérieur au plan du polygone.

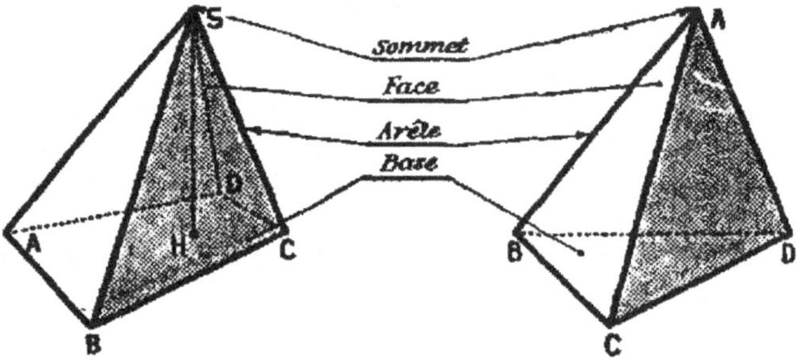

Figure 87 : Pyramide.

Le polygone ABCD est la *base* de la pyramide. Les triangles SAB, SBC... sont les *faces latérales.* Le point S est le *sommet.* Les segments SA, SB... sont les *arêtes.* La distance SH du sommet à la base est la *hauteur.*

3. La mathématique babylonienne ne renferme aucune description de la pyramide.

Tout au contraire, la mathématique égyptienne décrit fort complètement la pyramide. Ainsi :

mr, mer, pyramide, forme géométrique de la *tombe* royale

wḫ3 ṯbwt, base de la pyramide : là où se trouve *(wḫ3)* la plante de pied, la semelle, la sandale *(ṯbwt)* de la pyramide, c'est-à-dire la *base* de celle-ci.

pri m ws, peri em ous, hauteur de la pyramide : cela qui monte *(pri)* en tant que *(m)* ouverture *(ws)* et envergure de la base au sommet.

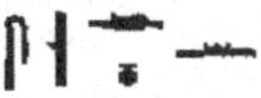

ṣkd, seḳed, seqed, pente de la pyramide : inclinaison, pente raide, flanc, pente de l'*arête* de la pyramide.

4. *La pyramide régulière.* Une pyramide est dite régulière lorsque :

1) sa base est un polygone régulier convexe ;

2) le pied de la hauteur coïncide avec le centre de la base. Les arêtes latérales d'une pyramide régulière sont égales. Les faces latérales SAB, SBC... sont des triangles isocèles égaux.

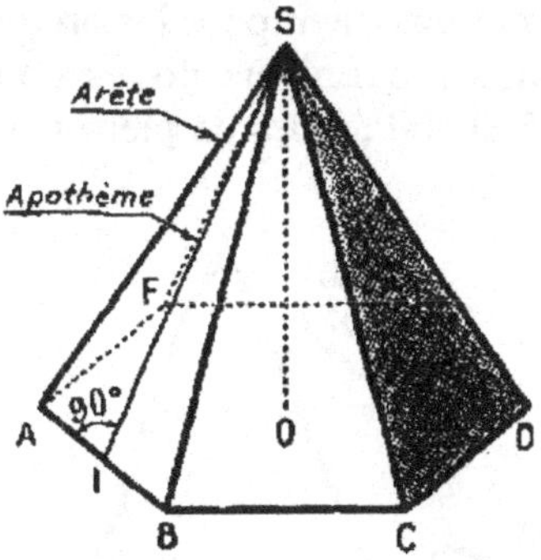

Figure 88 : Pyramide régulière.

Les obliques SA, SB, SC... s'écartent également du pied O de la perpendiculaire SO : elles sont égales, d'où l'égalité des arêtes latérales.

Comme les faces latérales SAB, SBC, SCD... sont des triangles isocèles égaux, ces triangles ont donc même hauteur. La hauteur SI de l'un de ces triangles isocèles est l'*apothème* de la pyramide régulière.

5. *Hérodote et la Grande Pyramide de Khoufou* (Chéops, Khéops) Hérodote (vers 484 - vers 420 av. notre ère), né à Hallicarnasse (Asie Mineure), historien grec surnommé « le Père de l'Histoire », a visité l'Égypte.

Il relate que la construction de la pyramide de Khoufou a duré vingt ans. Voici comment Hérodote décrit la pyramide en question : « Elle est carrée ; elle a de tous les côtés un front de huit pléthres, et une égale hauteur ; elle est de pierre polie, exactement jointe ; aucun bloc n'y a moins de trente pieds. » (Hérodote, II, 124).

Hérodote décrit ainsi une pyramide régulière à base carrée (*tò tetrágōnon*, « le carré »). De tous les côtés *(pantachē)*, un front *(tò métōpon*, « la face » d'un édifice) est de huit pléthres *(oktō pléthra)*.

La Grande Pyramide de Khoufou a une base carrée de 230,35 m de côté. Par « front », il faut entendre « surface ». Le pléthre carré vaut près de 900 m^2. Donc chaque face latérale mesure, d'après Hérodote, 7 200 m^2 environ (900 x 8). Nous savons que le volume approximatif de la Grande Pyramide est de 2 600 000 m^3.

Un pied grec, en tant que mesure de longueur, vaut près de 0,30 m. Donc 30 pieds valent 9 mètres. D'après Hérodote, aucun bloc de pierre de la Grande Pyramide n'a moins de 9 mètres. Le poids probable de la Grande Pyramide est de l'ordre de 7 500 000 tonnes.

Les faces latérales ont même hauteur (*hýpsos íson*, « hauteur égale »). Ce sont au demeurant des triangles isocèles égaux.

Les Anciens Grecs considéraient la Grande Pyramide comme une des Sept Merveilles du Monde.

Et c'est toujours un étonnement pour les architectes et les ingénieurs modernes de penser aux moyens employés pour construire un chef-d'œuvre de près de 7 500 000 tonnes de pierres, vers 2650 av. notre ère.

Figure 89 : Schéma d'une pyramide dans un problème de géométrie (*Papyrus Rhind*, problème n° 58), vers 1650 av. notre ère : socle et pyramidion sont marqués. La hauteur est de 93 1/3 coudées, et la base 140 coudées. La *skd* (pente d'inclinaison) demandée est de 5 palmes 1 doigt.

Description de la figure 90 :

– La chambre souterraine, une grotte au niveau du sol, est dans l'axe de la pyramide.

– L'entrée de la pyramide est placée à peu près au douzième de la hauteur à partir du sol.

– La chambre funéraire de la reine (à ce que l'on pense habituellement) est au sixième de la hauteur en montant, et dans l'axe de la pyramide.

– La chambre funéraire du roi Khoufou (Chéops) est hors de l'axe et au tiers de la hauteur.

– Plus près du sommet, au-dessus de la chambre du roi, cinq chambres basses, parallèles, dont la fonction principale était de préserver la chambre du roi de l'écrasement, en cas de secousse sismique.

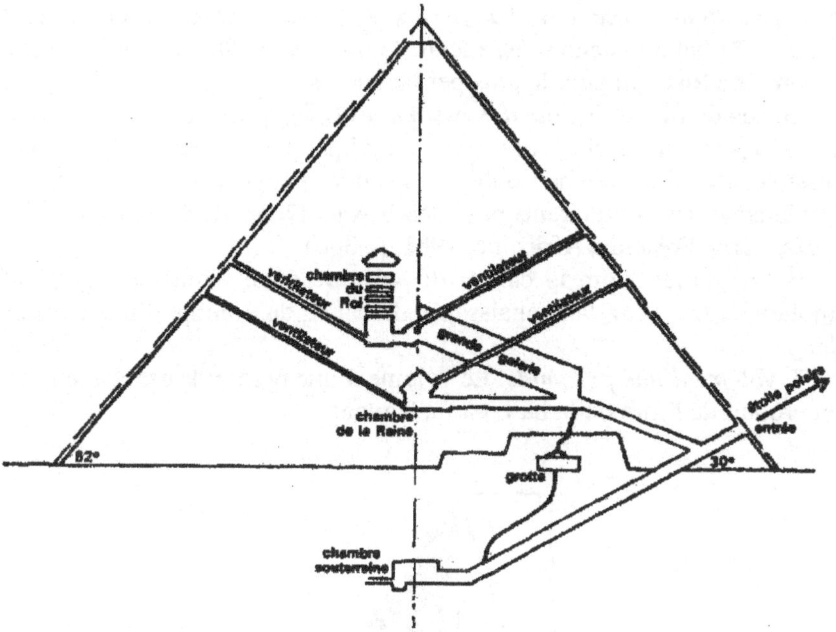

Figure 90 : Coupe de la Grande Pyramide.

– La chambre du roi contient un sarcophage de granit rouge, sans couvercle, plus large que le couloir d'accès : sa longueur intérieure est de 1,97 m.

– Un système d'aération (des canalisations) relie la chambre du roi à l'air libre.

– « Les Égyptiens ont possédé le génie de la mécanique d'architecture » (Jean-Louis Bernard, *Aux Origines de l'Égypte,* Paris, Robert Laffont, 1976, pp. 95-96).

6. *Tronc de pyramide.* Un *tronc de pyramide* est la portion de pyramide comprise entre la base et la section par un plan parallèle à la base.

Un tronc de pyramide est régulier quand il est obtenu en coupant une pyramide régulière par un plan parallèle à sa base.

Ses bases sont des *polygones réguliers.* Ses faces latérales sont des *trapèzes isocèles.* La hauteur de l'un d'eux est l'*apothème* du tronc.

Les bases du tronc sont semblables. La distance des bases est la hauteur du tronc.

Les mathématiciens égyptiens avaient une parfaite connaissance de toutes ces caractéristiques du tronc de pyramide puisqu'ils calculaient, consciemment et savamment, un problème aussi difficile que le volume d'une pyramide tronquée.

Il est assez incongru de dire que les Égyptiens savaient seulement calculer *le volume d'une pyramide tronquée* et non *le volume d'une pyramide,* ce qui n'aurait aucun sens, aucune logique en mathématiques puisque, encore une fois, qui peut le plus peut le moins.

En sus de *la matérialité des pyramides* d'Égypte, « le hasard a voulu que l'expression la plus complexe analytiquement parlant, la plus inaccessible, ait été sauvée de l'oubli par les rares papyrus qui ont survécu au vandalisme des conquérants ». (Cheikh Anta Diop, *Civilisation ou Barbarie,* Paris, Présence Africaine, 1981, p. 300).

Il est évident que le calcul du volume d'un tronc de pyramide implique, *ipso facto,* la connaissance du calcul du volume d'une pyramide.

7. *Volume d'une pyramide.* Le volume d'une pyramide est égal au tiers du produit de l'aire de la base par la hauteur :

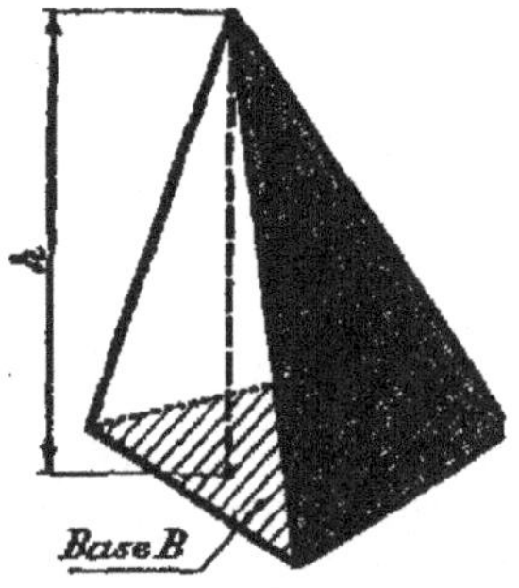

Figure 91 : Volume d'une pyramide.

$V = \frac{h}{3} a^2$. Ou encore (c'est la même chose) :

$$V = \frac{B \times h}{3}$$

Le *volume d'un tronc de pyramide* est égal à la somme des volumes de trois pyramides ayant pour hauteur commune la hauteur du tronc et pour bases respectives la grande base, la petite base et la moyenne proportionnelle entre les deux bases :

$$V = \frac{1}{3} Bh + \frac{1}{3} bh + \frac{1}{3} \sqrt{Bb} \times h$$

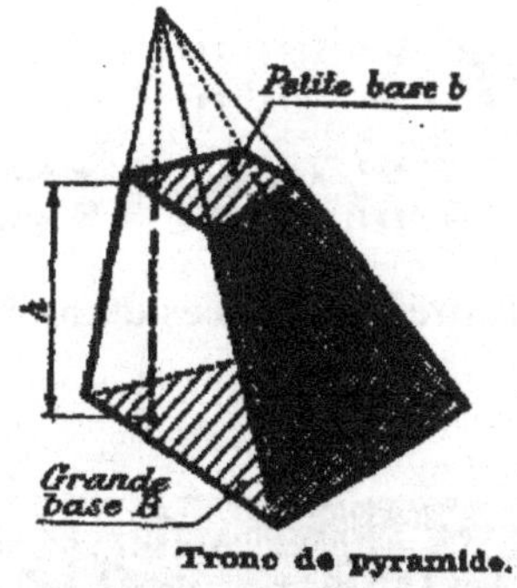

Figure 92 : Volume d'un tronc de pyramide.

D'où la formule :

$$V = \frac{h}{3} (B + b + \sqrt{Bb})$$

Ou encore (ce qui revient au même) :

$$V = \frac{h}{3} (a^2 + ab + b^2).$$

8. *Le problème n° 14 du Papyrus de Moscou, relatif au calcul du volume d'une pyramide tronquée :*

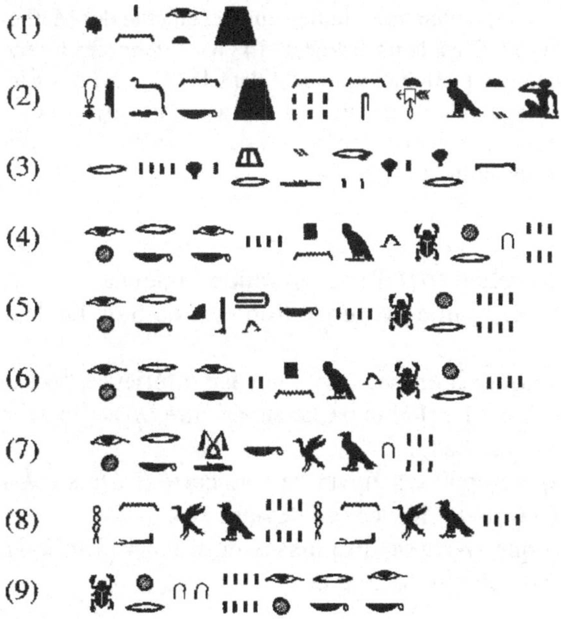

(10) 

(11) 

(12) 

Le scribe a précisément illustré les données du problème avec la figure d'une pyramide tronquée.

Figure 93 : Calcul du volume d'un tronc de pyramide, en Égypte, vers 1850 av. notre ère. Les faits sont là. Un tel problème peut-il relever de l'« empirisme » ? Comment ?
Source : W.W. Struve, *Mathematischer Papyrus des Staatlichen Museums der Schönen Künste in Moskau,* in « Quellen und Studien zur Geschichte der Mathematik... », Berlin, Part A, 1, 1930. C'est le problème n° 14 : les 7 dernières lignes.
La « pyramide » apparaît en Grèce mathématiquement dans le Livre XI des *Éléments* d'Euclide, c'est-à-dire vers 300 av. notre ère. En Égypte, la « pyramide » est mathématiquement inventée et étudiée, et réalisée dans l'architecture, dès l'Ancien Empire (2780-2280 av. notre ère).

Traduction :

(1) Exemple *(tp)* de *(n)* calcul *(ỉrt)* d'une pyramide tronquée.
(2) Si on te dit *(mi ḏd n.k)* : une pyramide tronquée de 6 de hauteur (*n* 6 *n stwty*).
(3) De 4 *(r 4)* à *(ḥr)* ce qui est en bas (*ẖry* : la base inférieure, soit la grande base) et de 2 *(r 2)* à *(ḥr)* la partie supérieure (*ḥrw* : la base supérieure, soit la petite base).
(4) Tu feras en sorte que tu puisses élever ce 4 au carré *(ỉri.ḫr.k ỉr.k 4 pn mi)*. Résultat 16 (*ḫpr-ḫr* 16 : ce qui devient 16).
(5) Tu feras en sorte que *(ỉri.ḫr.k)* tu puisses doubler 4 *(k3b.k 4)*. Résultat 8 (*ḫpr-ḫr 8* : ce qui devient 8).

(6) Tu feras en sorte que *(ỉrỉ.ḫr.k)* tu puisses élever ce 2 au carré *(ỉrỉ.k 2 pn mỉ)*. Résultat 4 (*ḫpr-ḫr 4 :* ce qui devient 4).

(7) Tu feras en sorte que *(ỉrỉ.ḫr.k)* tu puisses additionner *(dmḏ.k)* ce 16 *(p3 16)*.

(8) Avec ce 8 et avec ce 4 *(ḥnꜥ p3 8 ḥnꜥ p3 4)*.

(9) Résultat 28 (*ḫpr-ḫr 28 :* ce qui devient 28). (Ensuite) tu feras en sorte que *(ỉrỉ.ḫr.k)* tu puisses calculer *(ỉrỉ.k)*

(10) 1/3 *(r-3)* de *(n)* 6. Résultat 2 (*ḫpr-ḫr 2 :* ce qui devient 2). (Puis) tu feras en sorte que *(ỉrỉ.ḫr.k)*

(11) Tu puisses calculer 28 *(ỉrỉ.k 28)* deux fois *(sp 2)*. Résultat 56 (*ḫpr-ḫr 56* : ce qui devient 56).

(12) Vois ! *(mk)* C'est (effectivement) 56 *(ny-sw 56)*. Tu as trouvé juste (*gm.k nfr* : tu as bien trouvé, ta réponse est merveilleuse).

9. Précisons certaines *notions mathématiques,* telles qu'elles apparaissent dans le texte égyptien même.

Le signe n'est pas un déterminatif. Le signe complet pour « pyramide » est , *mr*. Le signe est celui de la « pyramide tronquée».

En conformité avec le parallélisme des formes, l'expression « pyramide tronquée » devait se dire : *ḥkt nt mr,* « une portion de pyramide », « une pyramide tronquée » comme on a : *ḥkt nt 3ḥt,* « une portion de plan ». Il s'agit bien de la section par un plan parallèle à la base.

Le mot *stwty, setouty,* signifie : « hauteur » du tronc de la pyramide, c'est-à-dire la distance des bases du tronc. C'est l'*apothème* du tronc.

Les bases du tronc sont semblables. La grande base s'appelle *ẖry,* c'est-à-dire la base inférieure, la base du dessous du tronc de la pyramide. La petite base a pour nom : *ḥry*, c'est-à-dire la base qui est au-dessus, la base supérieure. Gillings traduit bien par « the base » et « the top ». L'expression X *ỉrỉ.ḫr X pn mỉ* signifie : « mettre au carré ce X ». L'ensemble est à translitérer *mỉ* (X , *ỉrỉ X mỉ,* « élever X au carré »). L'expression idiomatique est assez connue.

Il faut également translitérer ainsi : *k3b* ; ce verbe signifie effectivement « doubler » (la quantité).

En traduisant *ḫpr-ḫr* par « résultat » nous nous conformons à une règle de la grammaire (Gardiner, *Egyptian Grammar,* § 431) : *ḫpr.ḫr m 4,* « il deviendra 4 », c'est-à-dire « 4 sera le résultat ».

L'expression  *iri sp, iri sep,* signifie : « multiplier » : *iri 28 sp 2,* c'est « multiplier 28 par 2 », 28 fois *(sp)* 2.

10. Après ces remarques d'ordre philologique, voyons à présent *comment le scribe a résolu ce problème,* vers 1850 av. notre ère.

On a affaire à un tronc de pyramide de base carrée, de hauteur 6 (hauteur du tronc), de grande base 4 et de petite base 2 de côté respectivement. Soit : $a = 4$, $b = 2$ et $h = 6$.

Le scribe commence par calculer a^2, soit 16, puis ab, soit $4 \times 2 = 8$. Il élève ensuite b au carré, soit 4. Il ajoute $a^2 + ab + b^2$, soit 28.

Il prend le tiers de h : $\frac{6 \times 1}{3} = 2$.

Il multiplie le tiers de h(h/3) par $a^2 + ab + b^2$, ce qui donne 56 comme volume du tronc de la pyramide.

Le scribe emploie une méthode de calcul qui revient à l'application rigoureuse et exacte de la formule mathématique du volume du tronc de pyramide à base carrée :

$V = \frac{h}{3}(a^2 + ab + b^2)$ ou *h* est la hauteur du tronc de pyramide (6), *a* et *b* les côtés des bases inférieure et supérieure (4 et 2) du tronc de pyramide.

Le calcul est complexe. Quand Thalès de Milet (vers 640-vers 546 av. notre ère) « découvre » que *tout diamètre partage le cercle en deux* (proposition qu'il a d'ailleurs apprise en Égypte où les cercles étaient divisés en secteurs égaux sur les monuments), il est consacré comme le représentant, dans l'histoire scientifique de l'esprit humain, d'une nouvelle forme de rationalité en mathématiques. C'est un pur génie. Quand le mathématicien égyptien trouve, tout seul, pour la première fois dans l'histoire de l'humanité, vers 1850 av. notre ère, la formule exacte du volume du tronc de pyramide carrée, il ne s'agit que de « hasard », d'« empirisme », d'« enfantillage », d'« esprit pratique anti-scientifique », de « prémathématiques », voire de « niaiseries intellectuelles ». On mesure alors la force des préjugés et le manque total d'objectivité de la part de certains historiens de l'histoire des mathématiques. C'est à un puissant savant de l'Antiquité grecque comme Aristote qu'il faut sans cesse revenir : l'Égypte seule est le berceau des sciences mathématiques, c'est-à-dire le pays où ces sciences furent établies pour la première fois, et de belle façon.

La communauté scientifique internationale le sait, mais les scléroses dues aux préjugés, les *a-priori* culturels, les distorsions de la vérité historique entretenues de manière assez étrange par l'éducation, l'école, ont souvent guidé et faussé la lecture du passé humain.

11. *Évaluation et calcul de l'angle d'inclinaison de la pyramide.* Les mathématiciens et architectes égyptiens appelaient 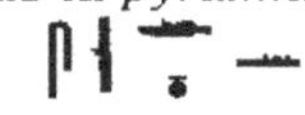 *skd,*

seḳed, seqed, l'angle formé par la pente (l'arête) et la base de la pyramide. Cet angle est déterminé par le rapport de la base horizontale de la pyramide à sa hauteur. Il s'agit d'un angle aigu. Les Égyptiens savaient évaluer et calculer la grandeur de cet angle. L'évaluation de cet angle était exprimée en palmes. En langage moderne, le calcul du mathématicien égyptien revenait à mesurer la *cotangente* de l'angle formé par l'arête et la base de la pyramide.

Le *Papyrus Rhind* contient cinq problèmes relatifs au calcul de la *seqed.* Tous ces problèmes (nos 56 à 60) sont accompagnés d'une figure de pyramide tracée par le scribe. L'énoncé principal de ces problèmes est souvent le suivant, comme le début du problème n° 56 :

(1) 

(2) 

(3) 

(4) 

Traduction :

(1) Exemple de calcul *(tp n nis).* Une pyramide *(mr)*
(2) (dont) la base *(wḫ3 ṯbwt)* a 360 (de côté) et
(3) 250 quant à *(m)* sa hauteur *(pri m ws n.f :* la hauteur à elle).
(4) Tu fais en sorte que *(rdi.k)* je connaisse *(rḫ.i)* sa pente *(sḳd.f).*

Le scribe demande à l'élève, dans ce problème, de lui faire savoir quelle sera la pente d'inclinaison d'une pyramide dont la base est de 360 de côté et la hauteur de 250 :

 *nis,* « calcul, problème »

 *mr,* « pyramide »

 *wḫ3 ṯbwt,* « base »

 *pri m ws,* « hauteur »

 *sḳd,* « angle de pente », « angle d'inclinaison »

 *rḫ,* « savoir » avec la raison, par le calcul.

Il s'agit donc de connaissance scientifique, et non d'une quelconque opinion en la matière. La raison est impliquée, de bout en bout, dans ce genre de connaissance. Il est question de savoir par le calcul, par le raisonnement. La démarche exigée est totalement intellectuelle, scientifique, rationnelle. Le déterminatif du verbe  *rḫ*, est un sémanthème qui se rapporte aux activités abstraites et intellectuelles de l'esprit humain.

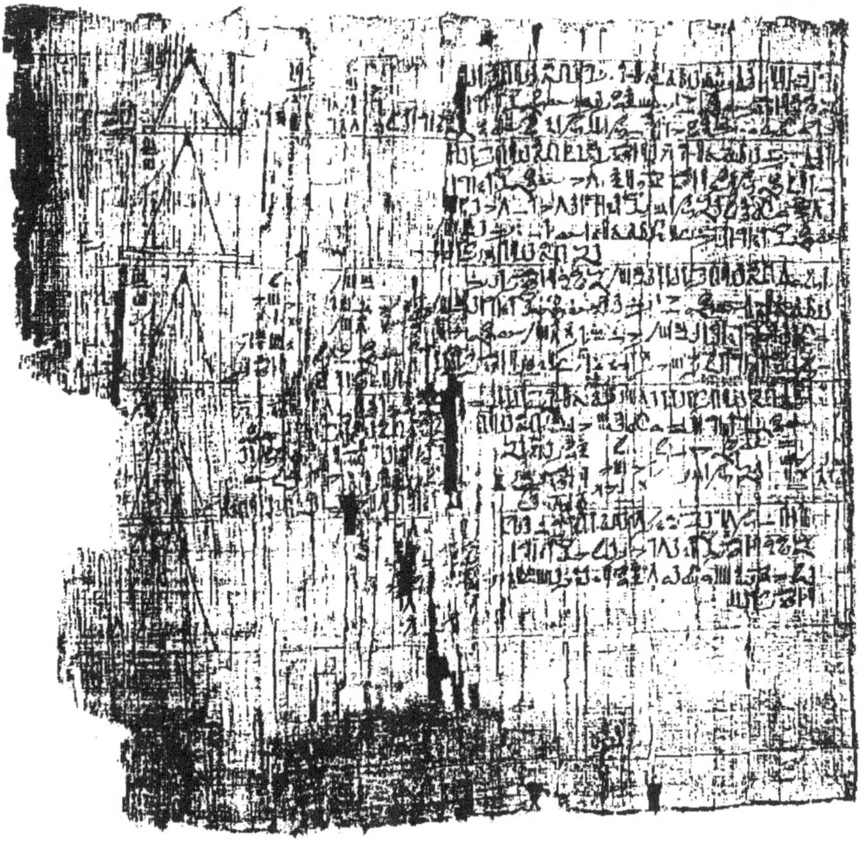

Figure 94 : Papyrus Rhind (vers 1650 av. notre ère).

Ces cinq problèmes portent sur la *trigonométrie,* avec les figures tracées par le scribe lui-même. C'est le tout premier document, dans l'histoire des mathématiques, traitant de trigonométrie.

De haut en bas : problèmes nos 56, 57, 58 et 59 traitent des *pentes* de pyramide, c'est-à-dire des *angles* formés par l'arête et la base de la pyramide. Ce sont des *angles aigus* dont les Égyptiens savaient parfaitement calculer les *cotangentes*. Le problème n° 60 traite de l'angle d'inclinaison d'un *cône (iwn).*

 *sḳd, seked,* – angle de pente de la pyramide *(mr)*
– angle d'inclinaison de l'arête de la pyramide
– angle d'inclinaison d'un cône *(ỉwn)*.

La pente *(sḳd)* d'une pyramide *(mr)* sachant sa base *(wẖ3 ṯbwt)* et sa hauteur *(pri m ws)* se calcule en prenant la moitié de la base (*gs n* 360) qui est divisée *(w3ḥ tp m gmt)* par la hauteur (250) et multipliée *(w3ḥ tp m)* par 7. Donc la formule utilisée par le scribe est :

$$\text{sḳd} = \frac{a/2 \times 7}{h}$$

Le scribe trouve pour la pente *(sḳd)* 5 + 1/25 palmes. Le scribe a effectivement calculé la cotangente de l'angle en question :

$$\cot \alpha = 180/250 = 1/2 + 1/5 + 1/50$$

Il multiplie ce résultat par 7 pour l'exprimer en palmes car 1 coudée = 7 palmes.

Donc :

$\cot \alpha = 7 \times (1/2 + 1/5 + 1/50) = 5$ palmes 1/25.

Ce résultat a la valeur d'un angle. En effet :

$\cot \alpha = 180/250 = 0{,}72$

Soit $\alpha = 54°24$

Ou $\alpha = 54°14'46''$.

La valeur de l'angle d'inclinaison du problème n° 56 du Papyrus Rhind correspond par conséquent à un angle de : 54°14'46".

Dans le problème n° 57 du Papyrus Rhind, la base est donnée *(wẖ3 ṯbwt)* : 140, et la pente *(sḳd)* = 5 palmes et 1 doigt. Quelle est la hauteur de la pyramide ? On l'obtient en divisant 7 par la *sḳd* et en multipliant le résultat obtenu par la demi-base. On a donc :

$$h = \frac{7}{\text{sḳd}} \times a/2.$$

Si le scribe exprime la valeur de la *sḳd* en coudées, puis en palmes, c'est que la *sḳd* est égale à la différence de la longueur des côtés inférieur et supérieur d'une pierre de taille d'une hauteur de 1 coudée sur la face d'une pyramide.

J.-Ph. Lauer souligne ainsi l'importance de l'angle de pente dans la construction monumentale égyptienne : « Les architectes égyptiens surent ainsi utiliser avec art et maîtrise toute une gamme de pentes très nuancées et déterminées par des rapports simples, tant pour les murs de façade des temples et des mastabas que pour les pyramides où l'angle d'inclinaison constituait le facteur essentiel, puisqu'il commandait la hauteur même de l'édifice ainsi que ses proportions par rapport à la base choisie. » (J.-Ph. Lauer, *Observations sur les Pyramides,* Le Caire, IFAO, 1960, p. 97).

Les Égyptiens connaissaient tout de la pyramide, forme géométrique et architecturale qu'ils ont les premiers inventée dans l'histoire de l'humanité :

– l'angle d'inclinaison de l'arête de la pyramide *(skd)* ;
– l'angle de pente de la pyramide, c'est-à-dire celui de son apothème ;
– les tangentes et cotangentes de ces angles respectifs ;
– le volume de la pyramide ;
– le volume du tronc de la pyramide de base carrée ;
– l'apothème du tronc *(stwty)* de pyramide ;
– la hauteur de la pyramide *(pri m ws)* ;
– la base de la pyramide *(wh3 tbwt)* ;
– la base inférieure du tronc de la pyramide *(hry)* : grande base ;
– la base supérieure du tronc de la pyramide *(hry)* : petite base.

Aucun peuple de l'Antiquité mésopotamienne ou méditerranéenne n'a eu une si haute et exacte connaissance de la pyramide en dehors du peuple de l'Égypte pharaonique. La première pyramide européenne, en verre, n'a été construite en France qu'à la fin du XXe siècle : « la Pyramide du Louvre ». Mais le concept même de « pyramide » est pharaonique.

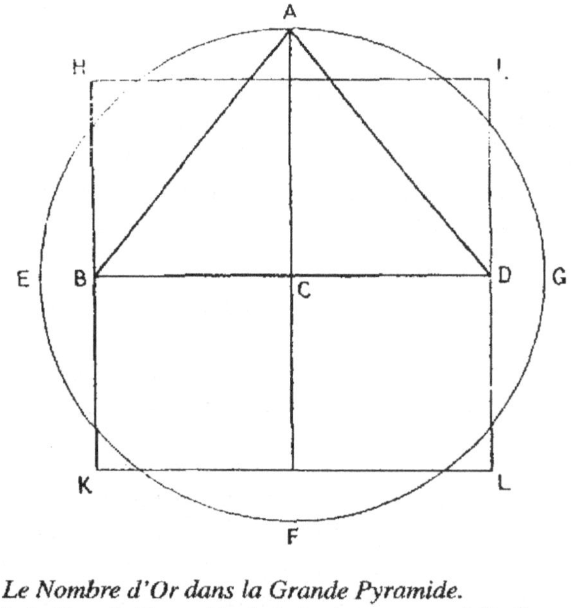

Figure 95 : Le Nombre d'Or dans la Grande Pyramide.
La hauteur de la Grande Pyramide était égale au rayon AC, d'une circonférence, AEFG, de même longueur que le périmètre, HKLI, de la base.

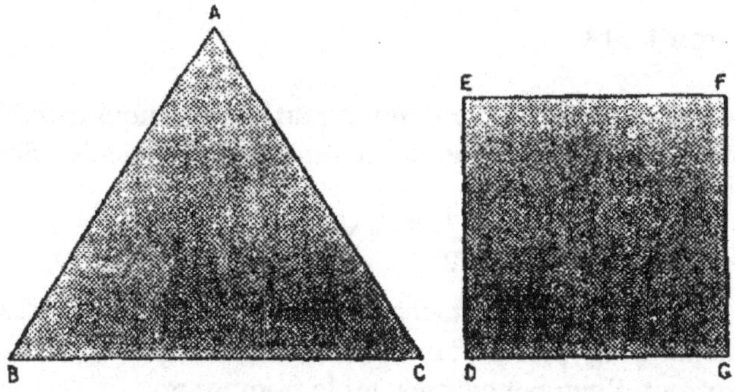

Figure 95 bis : Le Nombre d'Or dans la Grande Pyramide.
La surface ABC, d'une des faces triangulaires de la Grande Pyramide était égale, à l'origine, au carré de la hauteur, DEFG, de l'édifice.

Pour toutes ces figures, se reporter au beau livre, épuisé, de E.M. Antoniadi, *L'Astronomie égyptienne,* Paris, Gauthier-Villars, 1934, préface de H. Deslandres, membre de l'Institut, pp. 140-141.

J.-Ph. Lauer : « Il existe à la pyramide de Khéops une égalité remarquable entre le carré construit sur la hauteur verticale et la surface de chacune des faces triangulaires, où découle précisément la qualité de *section d'or.* » (J.-Ph. Lauer, *A propos des pyramides,* in « Bulletin de la Société Française d'Égyptologie », n° 2, octobre 1949, p. 53. Souligné dans le texte).

Il convient de préciser, une fois de plus, ceci : quand en géométrie par exemple, on étudie une grandeur, on la compare, on la mesure, on peut dire qu'on se retrouve tout à fait dans les mathématiques pures. Étudier une pyramide, savoir distinguer la pyramide entière du tronc de pyramide, calculer le volume du tronc de pyramide, savoir mesurer l'angle d'inclinaison de la pyramide par rapport à la base et à la hauteur de la pyramide, savoir trouver la hauteur de la pyramide par rapport à la base et à l'angle d'inclinaison de la pyramide, tracer les figures nécessaires pour faire supporter concrètement l'abstraction démonstrative du raisonnement, il est assez arrogant d'affirmer et d'écrire que toute cette géométrie égyptienne ne donne que des « recettes » plus ou moins approximatives (André Pichot, *La naissance de la science. 1. Mésopotamie, Égypte,* Paris, Gallimard, 1991, p. 260).

12. *La Grande Pyramide de Khoufou (Chéops) et le Nombre d'Or.* L'expression *nombre d'or* désigne soit une grandeur physique (astronomique), soit une grandeur arithmétique à laquelle sont attribuées certaines propriétés esthétiques.

Le *nombre d'or* est un nombre irrationnel dont la valeur exacte est : $\frac{\sqrt{5}+1}{2}$, soit environ 1,618.

Cette proportion est considérée comme particulièrement esthétique. On désigne le *nombre d'or* par la lettre grecque *phi* majuscule, alors on écrit :

$$\Phi = \frac{1}{2}(1 + \sqrt{5}).$$

Des figures géométriques se rattachant au *nombre d'or* sont présentes dans les monuments d'Égypte. Certaines de ces figures sont très voisines des figures où entrent d'autres nombres, tel le nombre π.

D'après le meilleur connaisseur scientifique des pyramides égyptiennes, Jean-Philippe Lauer, le rapport du demi-périmètre de base à la hauteur de la Grande Pyramide est égal à : $\frac{22}{7} = 3{,}1428$, soit une valeur rapprochée de $\pi = 3{,}1416$.

Par ailleurs, le rapport de l'apothème au demi-côté de base de la Grande Pyramide donne le *nombre d'or* :

$$\Phi = \frac{1+\sqrt{5}}{2} = 1{,}618.$$

Le *credo* est que les Égyptiens ont, dans la Grande Pyramide de Khoufou (Chéops), fait usage du nombre d'or sans le savoir.

Or l'Art de Géométrie est né en Égypte. Mais, sans esprit de polémique, tout le monde reconnaît et admet la présence du *triangle rectangle* dans la Grande Pyramide : c'est le *triangle égyptien*. Les longueurs des trois côtés forment une progression géométrique de raison égale à $\sqrt{\Phi}$. La forme de ce rectangle est donc telle que le rapport de la diagonale au petit côté est égal au *nombre d'or*.

C'est peut-être seul le Grand Architecte de l'Univers qui peut utiliser *inconsciemment* le nombre d'or dans ses Œuvres, mais pas nous, les humains, surtout pas ceux-là mêmes qui ont inventé la Géométrie.

Léonard de Vinci (1452-1519) et Albert Dürer (1471-1528) ont conféré *consciemment* des effets esthétiques à leurs œuvres par la Géométrie du Nombre d'Or. C'est admis et enseigné. De même, Phidias (mort vers 431 av. notre ère) a employé *consciemment* dans la construction du Parthénon le rectangle définissable par le rapport du nombre d'or entre sa diagonale et la diagonale de la moitié qui est devenu le « Rectangle Parthénon ». Il n'y a que les Égyptiens et les Nubiens qui ont utilisé de *façon inconsciente* le nombre d'or dans la construction de la Grande Pyramide (vers 2650 av. notre ère), du Temple d'Amada, en Nubie (vers 1500 av. notre ère). Les parois du Sanctuaire de la Barque sacrée du Temple d'Amada sont des triangles rectangles 1,618 et son sol un rectangle doré 1/0,382. Le rectangle 1,618 est tel que le rapport du grand côté au petit côté est égal au nombre d'or. Le seul tort des Égyptiens est d'avoir inventé, les premiers, la géométrie du nombre d'or. Et c'est devenu péché, consciemment, pour les exégètes occidentaux.

13. ***Mesure de la hauteur de la pyramide en Égypte par Thalès : un texte confirme que Thalès apprit le procédé des prêtres du pays.***

1. *Thalès de Milet* (vers 640 - vers 546 av. notre ère). Thalès de Milet, fondateur de la première école mathématique grecque, en Ionie, Asie Mineure, est considéré, de ce fait, comme le créateur de la géométrie, en Occident.

Il porta le nom de « sage » au temps où Damasias était archonte d'Athènes (vers 582 av. notre ère), dix ans après l'archontat de Solon (640-558 av. notre ère).

2. *Thalès* ne suivit les leçons d'aucun maître, sauf *en Égypte* : « Il n'eut pas de maître, si ce n'est qu'étant allé en Égypte il y fréquenta les prêtres. » (Jean-Paul Dumont, *Les écoles présocratiques,* Paris, Gallimard, 1991, p. 13).

Le texte grec est plus explicite : « Il s'instruisit *(epaideúthē)* en Égypte *(en Aigúptō)* sous la direction *(hupò)* des prêtres *(tōn hiereōn).* » (V. Diels, 1, A3). Le verbe grec *paideúō* signifie : « former, éduquer » ; il est dérivé du mot *paīs* qui répond au français « enfant ». Le mot exprime l'enfance et la jeunesse. Thalès était encore dans l'enfance scientifique lorsqu'il se rendit en Égypte pour y être formé, éduqué, instruit, sous l'autorité directe des prêtres du pays. Le texte grec ne veut pas dire autre chose.

Diogène Laërce rapporte : « A ce que déclare Pamphile, il fut le premier, après avoir été, en géométrie, l'élève des Égyptiens, à avoir inscrit dans un cercle le triangle rectangle, et sacrifia un bœuf en l'honneur de sa découverte. » (Jean-Paul Dumont, *op. cit.*, p. 12).

Thalès apprit donc des Égyptiens la géométrie, lui qui ne suivit les leçons d'aucun maître, sauf en Égypte où il s'instruisit sous la direction des prêtres.

3. *Comment Thalès mesura, en Égypte, les Pyramides :*

a) *Témoignage de Diogène Laërce* (historien grec du IIIe siècle de notre ère) :

« Hiéronyme dit qu'il (Thalès) mesura les Pyramides en calculant le rapport entre leur ombre et celle de notre corps. » (Diogène Laërce, *Vie, Doctrines et Sentences des Philosophes illustres,* traduction, notice et notes par Robert Genaille, Paris, Garnier-Flammarion, 1965, p. 53).

Thalès mesura les pyramides, en observant leur ombre au moment où elle est égale à la nôtre *(hóte hemin isomegéthēs esti).*

b) *Témoignage de Plutarque* (historien grec, vers 45 - vers 125 de notre ère) :

« Dressant seulement à plomb un bâton au bout de l'ombre de la pyramide, et se faisant deux triangles avec la ligne que fait le rayon du Soleil touchant aux deux extrémités, tu montras qu'il y avait telle proportion de la hauteur de la pyramide à celle du bâton, comme il y a de la longueur de l'ombre de l'un à l'ombre de l'autre. » (Plutarque, *Le Banquet des Sept Sages*, 2, § 147 : J.-P. Dumont, *op. cit.*, p. 29).

Il faut comprendre que le triangle formé par la pyramide et son ombre est semblable à celui formé par le bâton et son ombre. Dans ces deux triangles, la longueur de l'ombre est proportionnelle à la hauteur de l'objet.

c) *Pline l'Ancien* (naturaliste romain, auteur d'une encyclopédie de la science dans l'Antiquité, né en 23, mort en 79 de notre ère) :

« Thalès de Milet a trouvé une méthode pour mesurer la hauteur (des pyramides), en mesurant leur ombre à l'heure où elle est régulièrement égale à son objet. » (Pline, *Histoire naturelle,* XXXVI, 82).

On peut par conséquent se représenter le procédé, surtout à partir du texte de Plutarque.

4. *Procédé utilisé par Thalès pour mesurer les pyramides.*

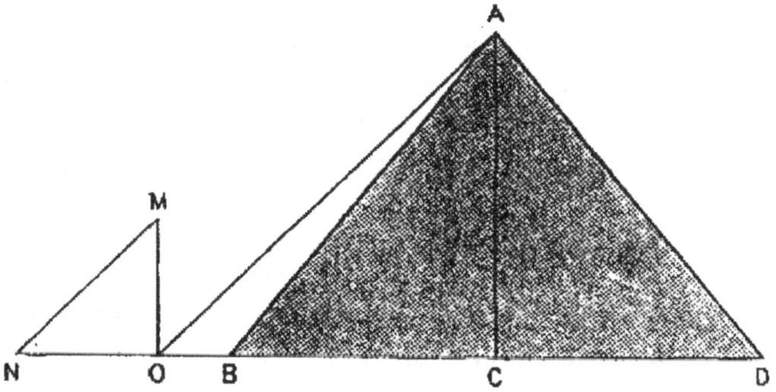

Figure 96 : Thalès et les Pyramides d'Égypte.
Mesure de la hauteur des Pyramides par Thalès de Milet.

Soit ABD la Pyramide et OB son ombre à midi vrai. Thalès a placé son bâton MO à l'extrémité de l'ombre, en O, et a mesuré la longueur ON de cette dernière ombre. Puis, connaissant, par les façades est ou ouest du monument, la distance OC au centre de la Pyramide, la similitude des triangles MON et ACO lui a fourni les rapports :

$$\frac{NO}{OM} = \frac{OC}{CA} \text{ ; d'où } CA = \frac{OM \times OC}{NO}.$$

Si Thalès avait déterminé la hauteur de la Pyramide par un Soleil élevé de 45°, il n'avait eu qu'à mesurer CO, ce qui lui donnait immédiatement la hauteur cherchée.

C'est le fameux théorème des proportions. Dans les triangles équiangles*(isogōnia)*, comme le sont les triangles MON et ACO, les côtés autour des angles égaux sont homologues (Euclide, livre VI, proposition 4).

Thalès avait appris cela des prêtres d'Égypte. Le même passage de Plutarque (*Le Banquet des Sept Sages,* § 147 A), lu en entier, le confirme très nettement.

Le procédé utilisé par Thalès n'est qu'une variante du calcul de la *seked* de la pyramide, – ce qui était une banalité pour les géomètres égyptiens.

5. *Thalès, le roi Amasis et l'Égyptien*

Thalès a mesuré la hauteur de la Pyramide d'après son ombre, sans instrument. C'est fort méritoire.

Le roi d'Égypte Amasis de la XXVIe dynastie saïte (570-526 av. notre ère), ami de Thalès, est heureux du travail et des études de l'élève grec dans la Vallée du Nil.

C'est un Égyptien qui explique à Thalès lui-même sa propre « découverte ». Ce qui signifie que l'Égyptien connaissait parfaitement le procédé géométrique employé par Thalès.

Voici l'explication de l'Égyptien à Thalès : « Il (le roi d'Égypte Amasis) t'admira pour d'autres raisons, mais il fut surtout ravi de te voir mesurer (la hauteur) de la pyramide sans aucune difficulté, sans l'aide d'aucun instrument, en plantant ton bâton à l'extrémité de l'ombre portée par la pyramide ; car deux triangles ayant été ainsi formés par les rayons tangents (du soleil) tu démontras que le rapport d'une ombre à l'autre était celui de la hauteur de la pyramide à celle du bâton. » (Plutarque, *Le Banquet des Sept Sages,* § 147 A).

C'est un *Neilóksenos* qui parle à Thalès. C'est donc un non-Grec, un étranger originaire du pays du Nil, donc un Égyptien authentique qui explique à Thalès lui-même comment Thalès s'y était pris pour mesurer la hauteur de la pyramide d'après son ombre.

Cette explication de l'Égyptien à Thalès met en évidence le théorème même des proportions.

Le procédé du Milésien n'était donc pas entièrement nouveau en Égypte, puisque c'est un mathématicien égyptien qui l'explique à Thalès lui-même, suite à l'étonnement du roi Amasis qui n'était pas, lui, un mathématicien.

Le texte de Plutarque souligne, il est vrai, l'étonnement du roi. Mais ce même texte ne rapporte pas moins la démonstration de l'Égyptien. L'habitude est d'escamoter le passage de Plutarque pour ne louer que le Milésien.

XXV

Cône

1. *Pyramide et cône.* Les Égyptiens assimilaient un cône (latin *conus,* emprunté au grec *kōnos,* « pomme de pin ») à une pyramide : le problème n° 60 du *Papyrus Rhind* demande en effet de calculer la pente d'inclinaison *(sḳd)* d'un cône, connaissant sa base et sa hauteur, exactement comme s'il s'agissait de l'angle de pente d'une pyramide.

2. *Épannelage du cône.* Une pyramide régulière dont on double indéfiniment le nombre des faces prend la forme d'un cône. Ce procédé de construction s'appelle l'*épannelage du cône.*

Or les Égyptiens connaissaient parfaitement la pyramide régulière à base carrée. Ils se sont certainement rendus compte qu'en doublant indéfiniment le nombre des faces de la pyramide, l'une des pyramides ainsi engendrées pouvait, avec une approximation suffisante, être considérée comme un cône.

Sinon, on ne voit pas pour quelle raison géométrique les Égyptiens assimilaient-ils un cône à une pyramide.

Pour appliquer au cône la formule de l'inclinaison des pentes de la pyramide, il fallait percevoir un certain rapport géométrique entre le cône et la pyramide. Les auteurs n'ont jamais souligné ce rapport qui, pourtant, paraît évident.

3. Le problème n° 60 se présente ainsi :

Traduction :

(1) Un cône *(iwn)* de *(n)* 15 coudées(*mḥ* 15) quant à *(m)* sa base *(snṯt.f),*

(2) 30 quant à *(m)* sa hauteur *(ḳ3y.f)* en montant *(n-ḥrw* : « vers le haut ».

(3) Puisses-tu faire en sorte que *(dỉ.k)* je connaisse *(rḫ.ỉ)* son angle d'inclinaison *(sḳd)*.

Le vocabulaire est le suivant :

ỉwn, « pilier », « colonne » ; ici *cône,* conformément à la figure tracée par le scribe pour illustrer le problème : cette figure est une forme géométrique pyramidale, mais qui n'est pas une pyramide, sinon le scribe aurait écrit *mr,* « pyramide », comme partout ailleurs lorsqu'il s'agit de « pyramide ». On peut traduire par : « pilier cônique ». Mais les piliers égyptiens sont tous verticaux, y compris le pilier d'ante qui est traité comme un pan de muraille et construit contre le massif incliné du pylone (dans les grands temples du Nouvel Empire).

snṯt, « base », « fondation », « soubassement »

ḳ3y, « hauteur » ; *ḳ3t,* « hauteur » ; *ḳ3w,* « hauteur »

sḳd, « inclinaison », « angle d'inclinaison », « pente »

En calculant par la méthode habituelle la *sḳd,* la pyramide serait trop pointue : base de 15 coudées pour une hauteur de 30 coudées, ce qui représente un angle de plus de 77°, impossible à utiliser pour la construction.

La base *(snṯt)* est en fait le cercle qui forme précisément la base du cône : la mesure de cette base est le diamètre *(snṯt)* du cercle.

Le sommet est bien indiqué dans le texte :  *n-ḥrw,* « en montant », « vers la pointe », « vers le sommet » ; *ḥrw,* « sommet ».

La distance du sommet à la base est la hauteur du cône :  *Ḳ3y, kay, kayi,* « hauteur ».

Nous avons la *base* (cercle), le *sommet* et la *hauteur* du cône *(ỉwn)*.

Le scribe calcule le rayon de base : 15/2 = 7 1/2. Il multiplie par 4 ce résultat, ce qui donne 30 : 7 1/2 x 4 = 30. C'est l'apothème *(stwty)* du cône. Le scribe utilise cette mesure *(stwty)* pour trouver la pente *(sḳd)*.

Il faut donc incliner de 4 pour que la pente soit à sa place : « son inclinaison *(stwty)* est ainsi 4. Ceci est à la place de sa pente *(sḳd)* ».

Pour cette hauteur, on doit reculer le côté d'une coudée pour que la *sḳd* soit à sa place : 15/2 x 4 = 30/30 = 1 coudée.

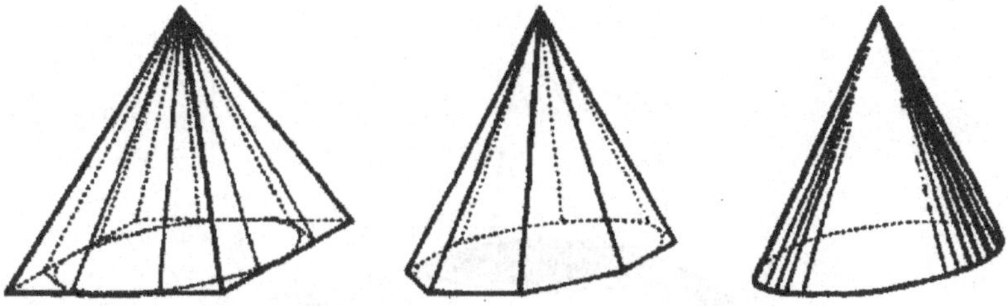

Figure 97 : Épannelage d'un cône.

En doublant indéfiniment le nombre des faces d'une pyramide régulière, celle-ci prend la forme d'un cône = *mr,* « pyramide », et *iwn,* « cône », en langue pharaonique.

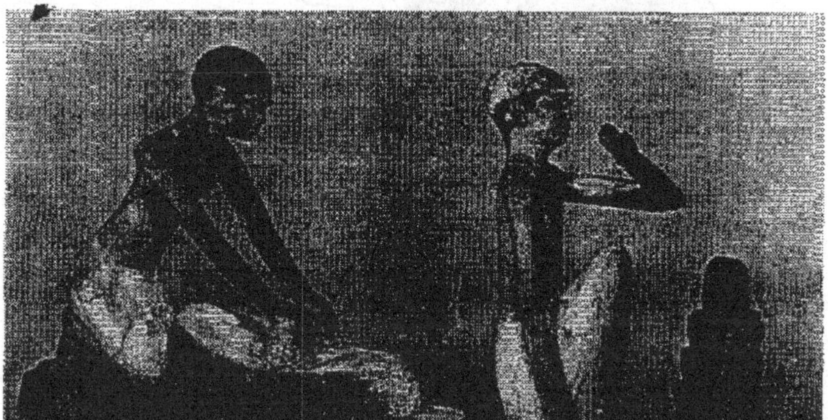

Figure 98 : Four conique.
Broyage du grain pour fabriquer le pain. Modèle de scène domestique du Moyen Empire (2052-1778 av. notre ère).
Le pain est cuit dans un *four conique*. L'un des domestiques est en train d'activer le feu, de le contrôler, pour que le pain soit bien cuit. L'idée « cône » existe, et devient un *four conique* dans la matérialité des faits.
Hauteur : 42 cm. British Museum (n° 45197).

Figure 99 : Lady with an unguent cone.

Dame portant un *cône* à onguent. Tombe de Menna (Thèbes, n° 69). Milieu XVIIIe dynastie.
Menna occupait la fonction de scribe des champs (contrôle des limites des champs, vérification des bornes). Haut responsable du *cadastre,* il commandait plusieurs scribes lors de l'inspection des champs. Tout était pesé, vérifié, et enregistré.
La coiffure longue tombant dans le dos et sur la gorge est agrémentée d'un bandeau multicolore de fleurs : un *cône* à onguent (graisse parfumée) est fixé au sommet. La chaleur le faisait fondre lentement, inondant d'effluves rares la tête et les épaules, rendant la peau onctueuse et les habits collants.

Figure 100 : Scribes portant cônes sur la tête : bas-relief de la tombe de Khaemhat (Thèbes, n° 57). XVIIIe dynastie, règne d'Aménophis III (1408-1372 av. notre ère).

Dans les tombes civiles de Thèbes, au Nouvel Empire (1567-1805 av. notre ère), on peut dénombrer 65 scribes : scribes royaux, des dépêches, scribes-comptables, scribes des champs, des chevaux, scribes des écrits divins, du trésor, du sceau divin, de tous les monuments de l'État d'Amon, scribes des recrues, scribes de la table du maître du Double Pays (de l'Égypte), scribes de la « place de la Vérité ».

Figure 101 : Cône funéraire en terre cuite ayant appartenu à Mentouemhat, quatrième prophète d'Amon et scribe du temple, maire de Thèbes et gouverneur de Haute Égypte (vers 664 av. notre ère). Musée égyptien de Turin, inventaire Cat. 3423.
Hauteur : 23,5 cm ; diamètre du cercle qui forme la base du cône : 8,5 cm.

Figure 102 : Grande Tour conique de Zimbabwe.
Elle est en pierres appareillées. La forme conique tronquée est caractéristique de l'architecture africaine.

Géométrie et architecture (figure 102) : l'idée « forme conique tronquée » est devenue dans la matérialité cette grande tour conique de Zimbabwe. On ne peut pas construire un tel monument architectural par « empirisme », à la lumière obscure de quelques « recettes ». La mesure, le calcul, la géométrie, le plan, et même l'astronomie sont exigés. Il faut des géomètres, des architectes, des maîtres maçons, des équipes nombreuses de maçons, des surveillants du chantier, des instruments de précision, des échafaudages, etc. Sinon, il ne s'agit plus d'une œuvre humaine, mais d'une création divine soudaine.

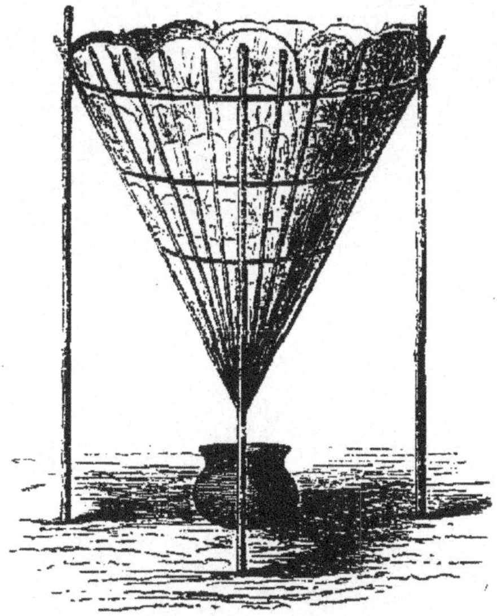

Figure 103 : Filtre conique.
Filtre pour la fabrication du sel. Cet objet a la forme d'un *cône*.

V.L. Cameron décrit ainsi cet objet : « Un châssis en forme d'entonnoir, composé de baguettes reliées entre elles par des cerceaux, est attaché à quatre ou cinq pieux, et tapissé intérieurement avec de grandes feuilles. Au fond est un coussinet d'herbe qui sert de filtre. On emplit cet entonnoir de terre saline, sur laquelle on verse de l'eau bouillante ; le sel est dissous, et tombe avec l'eau dans un vase de terre ou dans une gourde. L'eau est ensuite évaporée ; et le résidu est mis en *pains coniques* d'environ trois livres. Ce produit est avidement recherché par des tribus qui n'ont pas de sel dans leur pays, et on l'exporte à de longues distances. » (Le Ct V.L. Cameron, *A travers l'Afrique. Voyage de Zanzibar à Benguela,* trad. de l'anglais par H. Loreau, Paris, Hachette, 1878, pp. 323-324. Souligné par nous. Pour la figure ici reproduite, voir p. 323.).

XXVI

Obélisque

1. *L'obélisque.* L'obélisque (grec *obeliskos,* « broche à rôtir ») se dit en égyptien même : 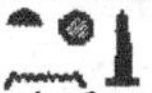 , *ṯhn, tekhen.* Le déterminatif est comme celui d'une pyramide, mais le pyramidion est marqué  .

C'est une figure géométrique et architecturale proprement égyptienne. Il n'y a pas d'obélisques dans les civilisations mésopotamiennes, hittite, grecque, romaine, européenne. Les obélisques qui se dressent aujourd'hui sur les places des grandes capitales d'Europe et d'Amérique viennent d'Égypte, d'Afrique.

2. Tous *les grands obélisques* datènt des périodes où l'Égypte atteignit l'apogée de sa puissance et de sa richesse, donc sous les XIIe, XVIIIe et XIXe dynasties.

3. *Pyramide et obélisque.* L'obélisque est un bloc de pierre (granit rose d'Assouan), quadrangulaire à sa base, dont les faces montent en se rétrécissant peu à peu pour se terminer par une pointe en forme de pyramide, appelée habituellement « pyramidion » (petite pyramide).

Entre ces deux figures géométriques et architecturales, la pyramide et l'obélisque, il y a une communauté d'origine : le mot  *bnbn, benben,* la pierre sacrée de On (*Iwnw,* « On », Héliopolis, la ville du dieu-soleil Ra), s'applique également à l'obélisque et à la pyramide. Au demeurant, le pyramidion se dit : 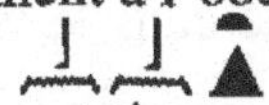 *bnbnt, benben.t,* « pyramidion » (extrémité de l'obélisque), « petite pyramide ».

Si la pyramide a passé dans le domaine de l'architecture funéraire (en tant que tombe royale pour servir d'escalier à la montée de Pharaon au ciel, auprès de son père *Rā*), l'obélisque est resté un symbole solaire, apparaissant pour la première fois dans les temples de la Ve dynastie (vers 2450 av. notre ère, avec le Pharaon Ouserkaf). L'obélisque formait alors le centre de l'édifice sacré. A partir du Moyen Empire (2052-1778 av. notre ère), l'obélisque n'est plus le centre du temple.

4. Les *dimensions* des grands obélisques sont très variables. Les chiffres relevés sur quelques-uns de ces monuments donnent ainsi une idée de leur taille :

– *Obélisque d'Héliopolis,* Sésostris I (1971-1928) : hauteur 20,27 m, épaisseur à la base 1,84 m, naissance du pyramidion 1,21 m.

– *Obélisque de Karnak,* Thoutmosis I (1530-1520 av. notre ère) : hauteur 19,60 m, épaisseur à la base 1,84 m, naissance du pyramidion 1,65 m.

– *Obélisque de Karnak,* Hatchepsout (1504-1483 av. notre ère) : hauteur 29,50 m, épaisseur à la base, 2,46 m, naissance du pyramidion 1,80 m.

– *Obélisque de Karnak,* Thoutmosis III (1504-1450 av. notre ère) : hauteur 37,77 m, épaisseur à la base 3,15 m.

– *Obélisque de Louqsor,* Ramsès II (1301-1235 av. notre ère) : hauteur 25,03 m, épaisseur à la base 2,50 m.

Les difficultés d'extraction et de transport, pour ces blocs qui pesaient des centaines de tonnes, n'ont pas échappé aux Égyptiens qui formulaient des problèmes pratiques à ce sujet.

5. *Papyrus Anastasi I, 14, 8-16, 5* présente un problème pratique relatif au transport d'un obélisque :

« Un obélisque vient d'être achevé... Son fût (*ỉwn n ẖnt,* « le pilier de face ») est de 110 coudées de haut, 10 coudées de base et 7 coudées à son extrémité. Le fruit est d'une coudée et un doigt. Son pyramidon *(bnbnt)* a une coudée de haut, son fruit est de 2 doigts. Compte le nombre d'hommes nécessaires au halage et envoie-les à la montagne rouge. »

Nous sommes au temps de Thoutmosis III (1504-1450 av. notre ère). Les 110 coudées de hauteur font à peu près 57 mètres. La montagne rouge désigne la carrière du Gebel el-Ahmar près du Caire. Il faut à peu près 1 170 hommes pour assurer le transport de l'obélisque en question. Le scribe n'a pas fait le calcul.

Les obélisques étaient entièrement terminés, ciselés et polis dans la carrière (voir la dédicace des obélisques de la reine Hatchepsout).

On chargeait les blocs sur des traîneaux en bois, et par des *routes dallées,* aménagées à cet effet, on les amenait au bord du Nil. De gros chalands les transportaient ensuite dans le voisinage immédiat de l'endroit où ils devaient être utilisés.

Le bateau sur lequel étaient placés bout à bout les deux obélisques de la reine Hatchepsout destinés au temple de Karnak, devait avoir plus de 80 mètres de long. Il était remorqué et convoyé par plus de 30 barques chargées de rameurs. Le chaland, sans mâts, était dirigé par 4 solides gouvernails. Les barques chargées de rameurs étaient munies chacune d'un petit mâtereau de halage.

Sur l'eau, plusieurs forces agissaient à la fois pour le déplacement des bateaux : la poussée d'Archimède, la puissance du vent, la puissance de la crue du Nil qui élève naturellement le niveau d'eau, l'énergie humaine des rameurs et des hâleurs.

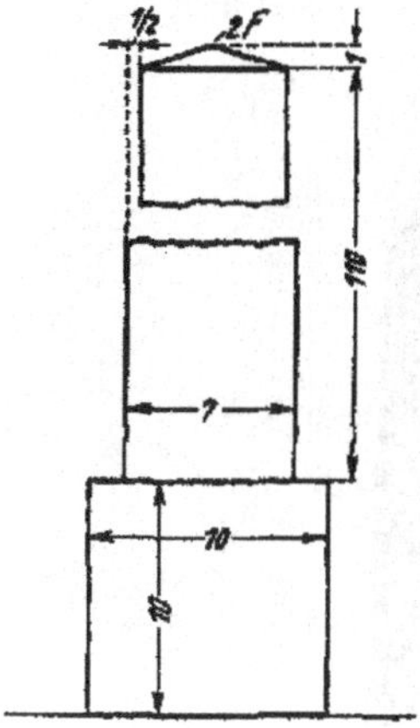

Figure 104 : L'*obélisque* d'après les données mathématiques du *Papyrus Anastasi I* (14,8 - 16,5) : Otto Neugebauer, *Die Geometrie der ägyptischen mathematischen Texte,* in « Quellen und Studien... », Berlin, 1931, p. 441.

6. *Obélisque et culture.* Dans la lumière éblouissante et magique du ciel égyptien, l'*obélisque,* pierre levée comme une flamme, dominait l'aire vibrante du temple, la rampe, le portique, la résidence royale, les palmiers, les champs verdoyants ou dorés, le Nil prodigieux.

L'*obélisque* jaillissait donc de l'azur comme un rayon pétrifié du dieu Rā lui-même, le bienfaiteur de l'humanité.

La partie essentielle de l'obélisque fut le *pyramidion* terminal, d'or ou métal doré. Ses faces en forme de *triangle isocèle* symbolisaient le *triangle* lumineux des rayons tombant du soleil sur la terre.

En effet, les Égyptiens représentaient par un *triangle isocèle* la lumière zodiacale divinisée.

Pline l'Ancien (23 - 79 de notre ère), naturaliste et esprit encyclopédique, se fait l'écho de cette tradition égyptienne sur le caractère solaire de l'*obélisque* : l'Obélisque, consacré au soleil, était fait à l'image de ses rayons (Pline l'Ancien, *Histoire naturelle,* XXXVI, 14, 1 : « Obeliscos vocantes, Solis numini sacratos. Radiorum ejus argumentum in effigie est et ita significatur nomine AEgyptio. »).

Il existe une inscription de Thoutmosis III (1504-1450 av. notre ère) qui offre des pains et de la bière à des obélisques. La consécration au dieu solaire Rā des obélisques s'appelait : « faire lever Rā ». C'était signe de vie, de renaissance, de dynamisme cosmique.

Les obélisques qui ornent les grandes places des capitales, en Europe et en Amérique (USA), ont été ainsi arrachés à leur contexte socioculturel et rituélique originel.

Figure 105 : Obélisques de Thoutmosis et de la reine Hatchepsout.
Obélisques en granit rouge de Thoutmosis I (1530-1520 av. notre ère) et de la reine Hatchepsout (1504 - 1483 av. notre ère), fille de Thoutmosis I. Ces deux obélisques se tiennent encore debout devant le IVe et le Ve pylônes dans le temple d'Amon à Karnak. Étant érigés par paires, on devrait avoir quatre obélisques.

Figure 106 : L'*obélisque* de la reine Hatchepsout (1504-1483 av. notre ère), de 30 m de haut, pèse environ 323 tonnes. Les hiéroglyphes gravés en creux sont d'une précision et d'une finesse extraordinaires. Entre l'extraction dans les carrières d'Assouan (Aswan) jusqu'à l'érection à Karnak (Thèbes), il s'écoula un délai de sept mois seulement. Le pyramidion est recouvert d'or. Le texte de cet obélisque encore debout précise que Karnak est la région de lumière sur terre.

Figure 107 : Pyramidion *(bnbnt)* de Ramose, Deir el-Medina (vers 1300 av. notre ère). Les faces latérales, qui sont des *triangles*, sont fort bien tracées.

Figure 108 : Stèle du scribe Seti (XIXe dynastie : vers 1312 av. notre ère), comptable des bœufs d'Amon. Les thèmes représentés sont : l'adoration à Osiris, l'offrande funéraire des parents, la procession des membres de la famille. Cette stèle est parfaite de composition, de dessin et de gravure. Elle se termine par un *pyramidion,* symbole du rayon solaire sacré comme l'obélisque.

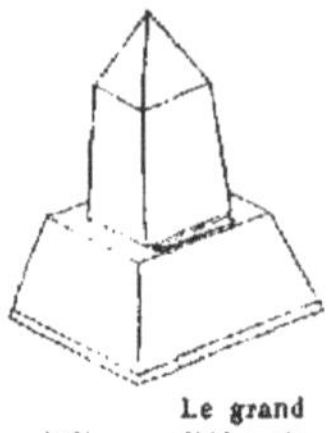

Le grand obélisque d'Abousir (reconstitution de M. Borchardt).

Figure 109 : Ci-contre : Le Grand Obélisque d'Abousir, aujourd'hui complètement détruit. L'obélisque apparaît en Égypte pour la première fois dans les temples de la Ve dynastie (2450-2310 av. notre ère). Sur un énorme socle de maçonnerie, dans l'intérieur duquel était aménagée une rampe menant à la *terrasse,* donc une sorte d'*escalier,* se dressait ce gigantesque obélisque d'Abousir, construit en gros blocs de calcaire. La pointe dominait le désert environnant d'une cinquantaine de mètres à peu près. Le dieu n'est plus enfermé dans un naos (le sanctuaire avec le tabernacle de granit), mais, ici, il plane au-dessus du temple, visible de loin, comme *le soleil* lui-même. Symbole solaire par excellence, l'obélisque est par conséquent, en lui-même, tout un *système du monde,* œuvre du dieu Soleil-Râ.

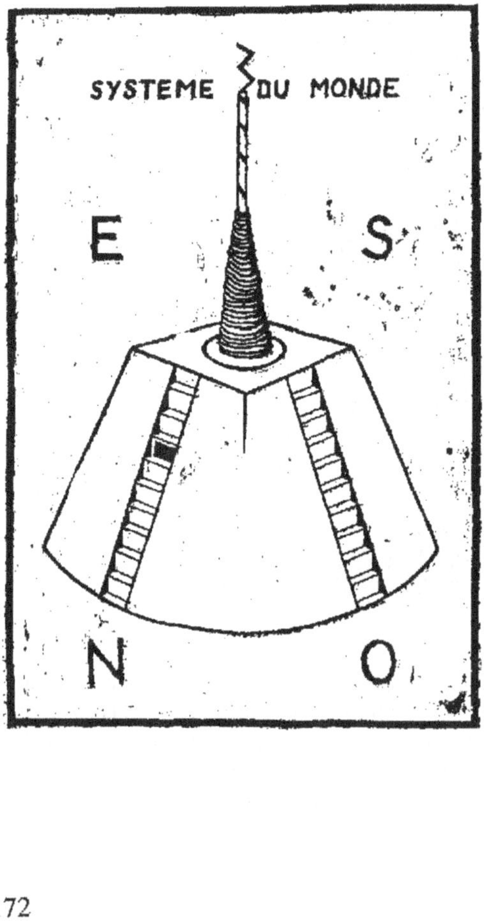

Figure 110 : Ci-contre : l'édifice sacré qui représente le *système du monde chez les Dogon du Mali.* La base représente *le soleil,* la *terrasse* carrée rappelle le ciel ; un cercle, au centre de la terrasse, figurait la lune. Dans l'épaisseur de cette armature fut aménagé, à partir du centre de chaque côté du carré, un *escalier* de 10 degrés orientés vers l'un des points cardinaux. Chaque escalier extérieur (il y en a quatre en tout) supportait une catégorie d'êtres et était en rapport avec une constellation : escalier septentrional-les Pléiades – hommes et poissons ; escalier méridional-Baudrier d'Orion – animaux domestiques ; escalier oriental-Vénus-oiseaux ; escalier occidental – étoile « à grande queue » – animaux sauvages. Au centre du cercle, s'élève un *obélisque.* C'est une même vision du monde, dans l'Égypte ancienne et au Mali précolonial. Voir M. Griaule, *Dieu d'eau,* Paris, 1948, p. 40 et sv.

Figure 111 : Stèle-Obélisque d'Axoum (Aksum), Éthiopie. Le décor est en façade de palais et le sommet cintré. La forme générale et le rapport proportionnel entre la hauteur et la largeur à la base rappellent les obélisques égyptiens. Entre les hauteurs de Beta Giorgis et de Maï-Ooho, les Axoumites ont dressé de tels monolithes de granit (IIIe et IVe siècles). Une stèle-obélisque, restée debout, mesure 23 m. La plus haute atteignait 33 m. L'idée égyptienne de l'obélisque a dû inspirer la technique des stèles-obélisques d'Éthiopie.

OPA ORANYAN AT IFE.

Figure 112 : Obélisque yoruba, Ife, Nigeria.
Le pyramidion est marqué. Ces obélisques monolithes sont appelés tantôt *Orunmila*, tantôt *Opa Oranyan*. Ils sont considérés comme des symboles du dieu Ra vivant. Toujours le soleil. Il existait trois de ces obélisques à Ife, vers 1910 : R.E. Dennett, *Nigerian Studies or The Religious and political system of the Yoruba*, Londres, MacMillan & Co, 1910, chapitre II, pp. 17-27 : « Creation and the Sacred Stones at Ife » ; pour la figure reproduite, voir p. 24.

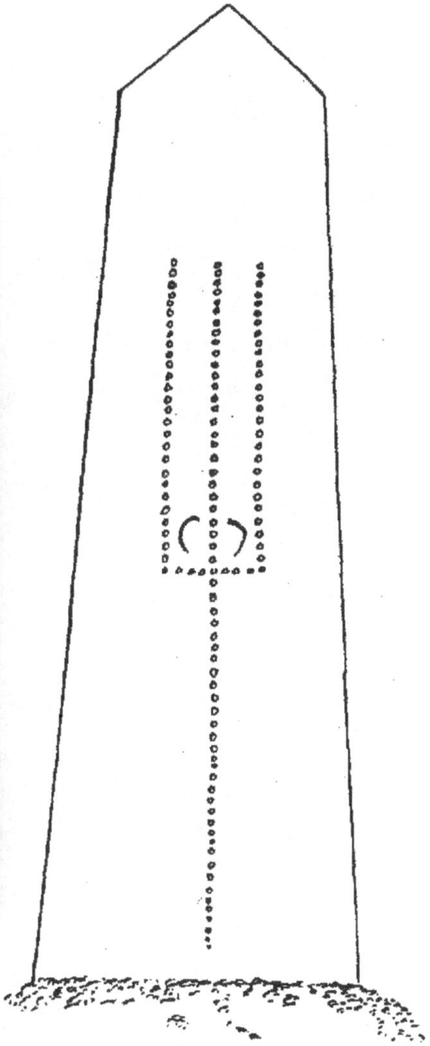

ỌRANYAN.

Figure 113 : Obélisque yoruba : il y en avait trois à Esule, au nord de Benin, au pays Kukuruku ; encore trois à Iaiu ; trois à Ife, etc. Ils représentaient sans doute une triade divine. Le mot *oranyan* se compose comme suit : *o-ra(n)-ya(n)*, et signifie : « le vivant Ra ».

Une locution yoruba bien connue : *O le koko, o duro gboin bi Opa Oranyan,* se comprend ainsi : « C'est aussi fort ou aussi durable, et ça se tient debout aussi fermement que l'obélisque de Ra vivant. »

En Égypte et au pays yoruba (Ile Ife), les obélisques étaient en pierre. Sur toute cette question, voir J. Olumide Lucas, *The Religion of the Yoruba,* Lagos, C.M.S. Bookshop, 1948, pp. 304-310.

XXVII

Rampe

1. *Une rampe*. Une *rampe* est une inclinaison, une pente de bas en haut, debout, le long de : c'est une espèce d'échelle oblique.

La *rampe* égyptienne était un ouvrage composite en pente, en plan incliné à hauteur d'appui servant dans la construction de grands édifices (pyramides, temples, etc.) à la place des échafaudages de bois, matériau rare en Égypte.

Pour confectionner *rampes* et talus, les Égyptiens utilisaient une alternance d'assises de briques crues séchées et de lits de troncs de palmiers, de palmes, de roseaux ou de tressages.

2. Plusieurs formes de rampes ont été imaginées par les égyptologues et architectes modernes dans la construction des pyramides :

– la *rampe droite* (Jean-Philippe Lauer) dont la largeur serait proportionnelle à celle des assises, avec ce raisonnement que la quantité de pierre à monter diminue au fur et à mesure que la section de la pyramide se rétrécit ;

– la *rampe hélicoïdale* (Museum de Boston, Wheeler, Georges Goyon, etc.) : plusieurs rampes étaient enroulées autour du massif à construire au fur et à mesure de l'avancement des travaux ; puis on procédait à l'envers pour la finition ;

– la *rampe couvrante* (Flinders Petrie) : l'ensemble de la pyramide était enveloppé dans un immense tas de remblais sur lequel on aurait pu cheminer partout.

Ce ne sont que des hypothèses plus ou moins vraisemblables.

3. Des *traces archéologiques* de rampes ont été néanmoins retrouvées en Égypte : traces de rampe de construction relevées à l'est de la pyramide de Meïdoum, une partie de rampe qui subsiste du côté intérieur du premier pylône inachevé de Karnak (fig. 115), etc.

4. *La technique de construction de la rampe* en briques crues est attestée dans les textes égyptiens eux-mêmes. C'est notamment le cas avec le

Papyrus Anastasi I, 14, 2-14, 8, datant du Nouvel Empire (1567-1085 av. notre ère) :

« On construira une rampe de 730 coudées de long et de 55 coudées de large, contenant 120 compartiments remplis de bois et de roseaux, et s'élevant à 60 coudées de haut du côté supérieur (du côté du sommet : *ḥr ḏ3ḏ3.f,* "vers sa tête"), de 30 coudées au milieu (*ḥr-íb.f,* "à son cœur", "à son milieu"). Sa chaussée a 5 coudées... Chaque compartiment a 30 coudées, et 7 coudées de large. Combien faut-il de briques ? ».

Une brique rectangulaire au Nouvel Empire a ces dimensions obtenues jadis par Flinders Petrie : 0,184 x 0,81 ; 0,148 x 0,72 (Gustave Jéquier, *Manuel d'Archéologie égyptienne. Les éléments de l'architecture,* Paris, A. Picard, 1924, p. 15).

On peut déterminer la surface totale de la rampe, puis celle des compartiments de briques qui sont également au nombre 120, alternant les 120 compartiments de bois et de roseaux. La surface de chaque compartiment de briques peut être déterminée. Dès lors, on calcule le nombre de briques dans chaque compartiment qui est de 116 briques. Le nombre total des briques dans la rampe est donc de : 13 920 briques. Le scribe n'a pas, ici aussi, fait le calcul.

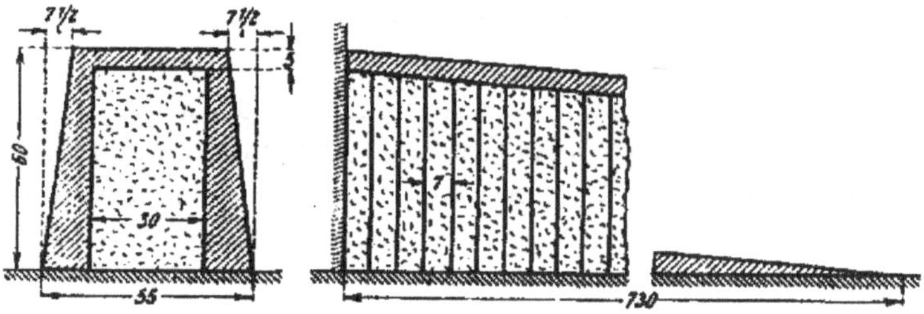

Figure 114 : La rampe d'après les données mathématiques *du Papyrus Anastasi I* (14,2-14,8) : Otto Neugebauer, *Die Geometrie der ägyptischen mathematischen Texte, op. cit.* (1931), p. 442.

Figure 115 : Rampe ou échafaudage de brique crue partiellement conservé sur la face orientale du premier pylône du grand temple de Karnak.
La rampe était employée pour la construction des édifices. Des indices certains de l'emploi de rampes existent à toutes les époques, depuis l'Ancien Empire (2780-2280 av. notre ère).
Source : I.E.S. Edwards, *The Pyramids of Egypt,* Penguin Books, édit. de 1987 (1re édit., 1947), planche 62.

Ruines du palais du roi Agadja, effondrées depuis (Abomey).

Figure 116 : Le roi Agadja fut un grand conquérant connu des voyageurs du XVIIIe siècle sous le nom de « Troudo ». Il atteignit la mer, de façon à s'assurer les bénéfices du commerce avec les Européens. En 1727, il ordonna de mesurer les dimensions de son royaume vers le sud, depuis le palais du Danhomè (Dahomey) jusqu'à la plage de Ouidah : on trouva « 23 502 bambous ». Le palais d'Agadja a dû être un immense édifice au vu des ruines qui en restent. *Rampes* ou *échelles* ont dû être nécessaires.
Source : P. Mercier, *Civilisations du Bénin,* Paris, Société Continentale d'Éditions Modernes Illustrées, 1962, p. 75.

Figure 117 : Échelle : un relief de la tombe de Kaemheset (Kaemhesit), à Saqqara, et datant de la Ve dynastie (2450-2290 av. notre ère).
Cette échelle est un *escalier portatif,* composé de deux montants reliés entre eux par des barreaux transversaux. En effet, deux *roues fixées* aux pieds de l'échelle permettaient le déplacement aisé de celle-ci.
L'échelle de Kaemheset est un appareil roulant, un escalier qui roule aisément sur des roues. C'est un escalier portatif roulant. La roue était connue en Égypte dès l'Ancien Empire.
Source : S. Clarke et R. Engelbach, *Ancient Egyptian Masonry. The Building Craft,* Londres, Humphrey Milford, 1930, fig. 83.

XXVIII

Cylindre

1. *Un Cylindre.* Un *cylindre* (latin *cylindrus,* emprunté au grec *kúlindros,* « rouleau », dérivé de *kulíndō,* « rouler », « être roulé ») circulaire droit est le *solide* engendré par la rotation d'un rectangle autour de l'un de ses côtés. Dans son intention de renouveler le vocabulaire, Girard Desargues (1593-1662) appelle « rouleau » un solide cylindrique ou conique.

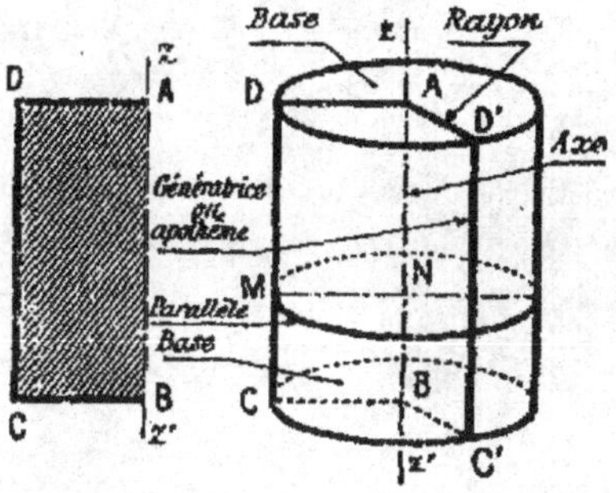

Figure 118 : Cylindre.

Le rectangle ABCD, tournant autour de AB, engendre un cylindre : cylindre de révolution ou cylindre circulaire droit.

Le côté fixe AB est l'*axe* du cylindre.

Les côtés AD et BC engendrent des *cercles égaux* dont les plans sont perpendiculaires à l'axe AB.

Ces cercles sont les *bases,* leur distance est la *hauteur* du cylindre.

2. En langage mathématique égyptien, le *cylindre circulaire* droit se dit : *š3ʿ dbn, shaâ deben ;* littéralement : un contenant droit *(shaâ)* circulaire *(deben).*

Traduire *š3^{c} dbn, shaâ deben,* par : « un grenier rond », c'est commettre un grotesque contresens. Où est le mot "grenier" dans l'expression *š3^{c} dbn* ?

Dans la langue pharaonique, le mot pour « grenier » est : *šnwt, shenout* (Gardiner, *Egyptian Grammar,* p. 498, p. 595).

Figure 119 : Modèle de grenier (šnwt, shenout) datant du Moyen Empire (2052-1778 av. notre ère). Largeur : 44 cm. British Museum (n° 2463).

Différentes espèces de céréales étaient stockées dans des silos séparés. Chaque silo avait une porte coulissante près du niveau du sol. Au sommet de l'escalier, un gardien surveille le grain disponible, tandis qu'un domestique est en train de moudre le grain dans la cour.

Quand on traduit *š3c dbn, shaâ deben,* par « grenier rond », au lieu de *cylindre circulaire droit,* on commet un contresens manifeste. En quoi ce modèle de grenier est-il un « grenier rond » ? Un grenier typique égyptien se révèle être un ensemble assez complexe comportant des *silos,* une *cour,* un *escalier,* une structure servant d'*observatoire* pour le contrôle du grain.

Figure 120 : Cour avec greniers et tas (meules de forme conique) de blé.
Source : Heinrich Schäfer, *Principles of Egyptian Art,* édité par Emma Brunner-Traut, traduit par John Baines, avec une introduction par E.H. Gombrich, Oxford, Griffith Institute, 1986, p. 136.

On peut voir sur cette figure que les *greniers* semblent être « cylindriques ». Ils se chargent par le haut (par des ouvertures rectangulaires) à l'aide d'une échelle et se vident par le bas.

En réalité, ces *greniers* ne sont pas cylindriques : « The actual granaries were dome-shaped. » (Gardiner, *Egyptian Grammar,* p. 498). *Traduction :* « Les greniers étaient en fait *en forme de dôme.* » (Souligné par nous).

C'est-à-dire que les *greniers* étaient en forme de *demi-sphère,* en *forme cylindro-sphérique.* Les *greniers* égyptiens n'étaient donc pas des réservoirs ou des contenants proprement cylindriques : ils n'étaient pas des *cylindres* au sens géométrique et mathématique du terme. Soyons rigoureux.

Remarquons également que l'*échelle* existe en Égypte depuis l'Ancien Empire, et le mot en égyptien n'a rien de sémitique :

ancien égyptien	: *m3ḳt, maqet, maket,* « échelle »
hébreu	: *sullām,* « échelle »
arabe	: *sullamu*^{n}, « échelle »
arabe dialectal libanais	: *sẹllom,* « échelle »

Types de greniers africains en dehors de la Vallée du Nil. Ils appartiennent au peuple *Senoufo* (ou Siena) qui occupe un territoire que se partagent aujourd'hui la Côte-d'Ivoire, le Mali et le Burkina Faso.

Grenier cylindrique | Grenier ovoïde | Grenier rectangulaire

Figure 121 : Tous les trois types de greniers sont recouverts d'un *toit conique.* Ils sont indépendants des habitations. On y conserve les céréales : riz, mil, sorgho, ignames. On enlève le toit pour puiser dans le grenier. Parfois une *ouverture rectangulaire* est pratiquée un peu au-dessous du toit.
Les greniers des trois types sont construits, comme les cases, en briquettes crues ou en argile molle non façonnée et sont crépis à l'intérieur et à l'extérieur. Ils sont séparés du sol par de grosses pierres sur lesquelles ils reposent : trois pierres pour les *greniers cylindriques et ovoïdes,* quatre pour les *greniers rectangulaires.* Presque tous les greniers portent sur une ou plusieurs de leurs faces des figures en relief, parfois coloriées. Les greniers cylindriques et rectangulaires varient en hauteur de 1 à 3 mètres et parfois plus. Quelques-uns sont de véritables tours, un peu plus étroites au sommet qu'à la base. Les greniers qui dépassent la hauteur d'homme sont pourvus d'*une échelle.*
Voir Maurice Delafosse, *Le peuple Siéna ou Sénoufo,* in « Revue des Études Ethnographiques et Sociologiques » (Paris), n° 2, février 1908, pp. 89-90, et planche V.

Figure 121 bis : Grenier.
Ci-contre *grenier dogon :* Marcel Griaule, *Dieu d'eau,* Paris, Éditions du Chêne, 1948, p. 53.

Figure 122 : Récipient à kohl en faïence.
Hauteur : 5 cm. Nouvel Empire, XVIIIᵉ dynastie.
Caire n° : JE 31244 = CG 3979.
Les pots ou tubes à kohl remontent à l'Ancien Empire (2780-2280 av. notre ère). Ils furent en vogue seulement au Nouvel Empire (1567-1085 av. notre ère). Le kohl est un fard noir pour les yeux.
Ce récipient est un contenant *(š3ʿ)* circulaire *(dbn),* c'est-à-dire un *solide cylindrique,* un *cylindre,* un « rouleau » pour parler comme G. Desargues, mathématicien français, né à Lyon (1593-1662), qui étudia la géométrie pure, la perspective et la coupe des pierres.
Le *cylindre* est là, concrètement : les cercles égaux dont les plans sont perpendiculaires à l'axe qui passe par leurs centres respectifs sont les *bases,* et leur distance est la *hauteur* du cylindre.

Les corrections ci-après sont donc nécessaires :

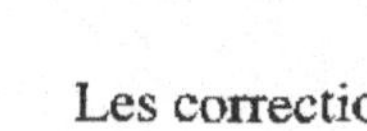

š3ʿ dbn, shaâ deben, « cylindre circulaire droit », et non : « grenier à base ronde ». Où est le mot « grenier » ? Où est le mot « base » ?

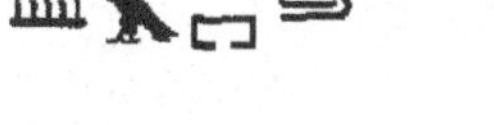

š3ʿ ỉfd, shaâ ỉfed, « prisme droit », ou « cube », ou encore « parallélépipède rectangle » selon les cas, mais jamais : « grenier carré ». Où est le mot « grenier » ?

š3ᶜ, shaâ, « espace », « volume », et non : « grenier à blé ». Où est le mot « grenier » ? Encore moins : « volume de blé ».

šnwt, shenout, « grenier » (« granary » en anglais).

L'habitude de traduire par « grenier carré », « grenier rectangle », « grenier rond », « grenier à base ronde », etc., trahit un préjugé collectif assez répandu : les mathématiques égyptiennes sont « pratiques », « concrètes », « vulgaires », etc., nullement « abstraites », « intellectuelles », « scientifiques ». Du coup, la terminologie mathématique ne peut, dès lors, qu'être tout autant « empirique », « concrète », « sale », etc.

En agriculture, le mot *rayon* signifie : *« sillon qu'on trace en labourant ».* Mais en mathématiques, ce sens concret disparaît lorsqu'on dit que *le rayon est la moitié du diamètre*. Le mot akkadien *pirku* signifie : *« flèche ».* Les mathématiciens babyloniens emploient ce mot avec le sens de : *rayon.* Les spécialistes des mathématiques babyloniennes s'élèvent ainsi du « concret » à l'« abstrait ». C'est un effort inoui, impossible, pour les esprits des spécialistes des mathématiques égyptiennes. Il faut détruire un tel *diktat* qui n'a aucun fondement philologique.

3. *Volume du cylindre.* Le volume d'un cylindre est égal au produit de l'aire de la base par la hauteur.

Volume = πR^2H

Or la *base* est un *cercle.* Le calcul de l'aire du cercle s'impose :

aire du cercle en fonction du rayon : $S = \dfrac{2\pi R \times R}{2} = \pi R^2$.

Si *d* est le diamètre, $R = \dfrac{d}{2}$, donc : $S = \pi\left(\dfrac{d}{2}\right)^2 = \dfrac{\pi d^2}{4}$.

4. Les Égyptiens savaient calculer parfaitement le volume du cylindre (Papyrus Rhind, problème n° 41) :

(1) 

(2) 

(3) 

(4) 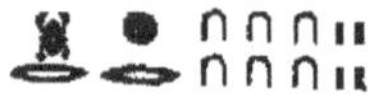

Traduction :

(1) Exemple de calcul *(tp n irt)* (du volume) d'un cylindre circulaire droit *(š3^c dbn)* de 9 de diamètre, et de 10 de hauteur.
(2) Tu soustrais un 1/9 de 9. Il reste 8 *(ḫb.ḫr.k 1/9 n 9 m ḏ3t 8)*.
(3) Multiplie 8 fois 8 *(w3ḥ tp m 8 r sp 8)*.
(4) Résultat 64 *(ḫpr.ḫr 64)*.

Dans cette première partie du problème, le scribe calcule la surface ou *l'aire de la base du cylindre,* base qui est un cercle : il soustrait 1/9 du diamètre qui est 9 et élève au carré ce qui reste, c'est-à-dire 8. C'est l'aire de la base du cylindre : 64.

Le scribe a appliqué rigoureusement la formule de l'aire du cercle, à savoir :

$$S = \frac{\pi d^2}{4} = \frac{\pi 9^2}{4} = 64.$$

La valeur de π étant : 3,1605.

Dans la seconde partie du problème, le scribe calcule tout aussi exactement le volume du cylindre en coudées-cubiques :

(5) 

(6) 

Traduction :

(5) Tu multiplies 64 par 10 *(ỉrỉ.ḫr.k w3ḥ tp m 64 r sp 10)*.
(6) Son résultat (son volume) est 640 (coudées-cubiques).

La multiplication de l'*aire du cercle* qui est la base du cylindre par la *hauteur* du cylindre donne le *volume du cylindre* en coudées-cubiques.

Le scribe a appliqué rigoureusement la formule du volume du cylindre : *le volume d'un cylindre est égal au produit de l'aire de la base par la hauteur.* C'est mathématique, c'est rigoureux, c'est abstrait.

Dans la troisième partie du problème, le scribe transforme le volume en coudées-cubiques en 100 quadruple hekat (« boisseaux »). Tout ceci se passe 1000 ans avant la naissance du premier mathématicien grec, Thalès (vers 640 - vers 546 av. notre ère).

5. *Taille d'un fût de colonne et géométrie.* La colonne est une figure de l'espace et, comme telle, elle relève de la géométrie. Son mode (forme et méthode) de génération peut donc être expliqué par la géométrie.

La forme de la matière brute première est un bloc de pierre vertical. Il faut dégager dans ce bloc la surface cylindrique de la colonne.

Or le tailleur de pierre, dans l'Égypte antique, procédait par équarrissage, c'est-à-dire qu'il taillait à angle droit. (I.E.S. Edwards, *The Pyramids of Egypt,* Penguin Books, édit. de 1985, pl. 59).

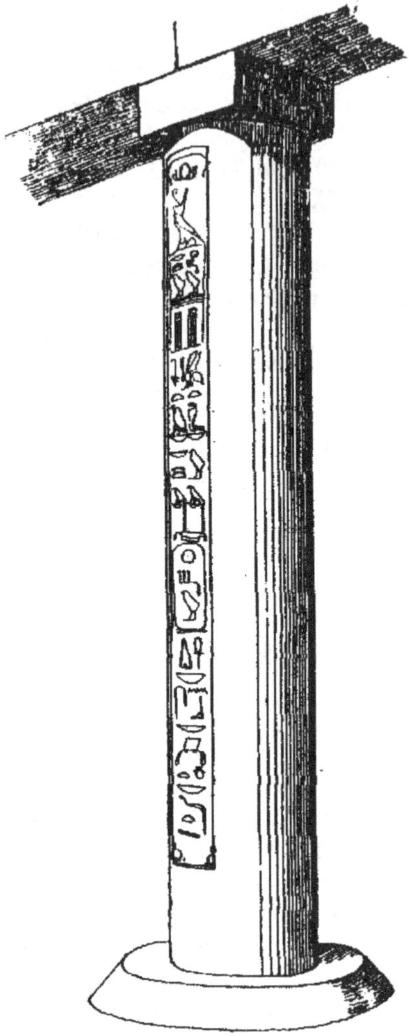

Figure 123 : Colonne cylindrique de l'Ancien Empire (d'après Borchardt, *Grabdenkmal des Königs. Sahu Re,* I, pl. XI).

Le Pharaon Sahoura (2442-2430 av. notre ère) est le second souverain de la Ve dynastie. Il était le petit-fils de Menkaoura (Mycerinus, Mykérinos). La forme géométrique cylindrique était connue en Égypte dans l'architecture de pierre dès l'Ancien Empire.

C'est un fût cylindrique, nu, sans aucune saillie. Sous la Ve dynastie, le diamètre est exactement le même aux deux extrémités. Sous les Ramessides, il y a, de bas en haut, une très légère diminution. La colonne cylindrique est aussi plus élancée sous l'Ancien Empire (6 1/2 diamètres environ de la base à l'architrave).

Le *cylindre* est là. Il n'est pas question de « grenier cylindrique » pour désigner cette figure géométrique et architecturale.

Pour dégager dans un bloc de pierre vertical un fût cylindrique de colonne, le tailleur traçait par conséquent sur la face supérieure du bloc, en position horizontale, un cercle le long duquel il abattait la pierre verticalement.

Géométriquement, cela revient à considérer que le cylindre droit à base circulaire est engendré par le déplacement d'une droite parallèlement à elle-même, le long d'un cercle situé dans un plan perpendiculaire. Le cylindre est ainsi engendré par deux génératrices, la droite verticale et le cercle. Le cercle est la courbe directrice, car c'est lui qui dirige le mouvement de la droite. Le cylindre peut aussi être engendré par le déplacement du cercle le long de la droite, parallèlement à lui-même.

Ces modes géométriques de génération appartiennent au cylindre droit à base circulaire, telles les colonnes cylindriques de l'Ancien Empire : le diamètre est exactement le même aux deux extrémités (fig. 123). D'autres surfaces cylindriques autres que les colonnes cylindriques peuvent aussi être engendrées par le déplacement d'une droite parallèlement à elle-même, le long d'une courbe quelconque. C'est le cas par exemple des surfaces coniques, les conoïdes, les surfaces de révolution, les enveloppes de familles de surfaces à un paramètre, telles que considérées par Gaspard Monge (1746-1818), créateur de la géométrie descriptive.

Les Égyptiens, en obtenant la surface cylindrique de la colonne, mettaient pour ainsi dire en pratique, concrètement, une certaine géométrie descriptive sûre d'elle-même : il faut l'idée du mode de génération du cylindre à partir d'un bloc de pierre pour parvenir à un fût cylindrique de colonne.

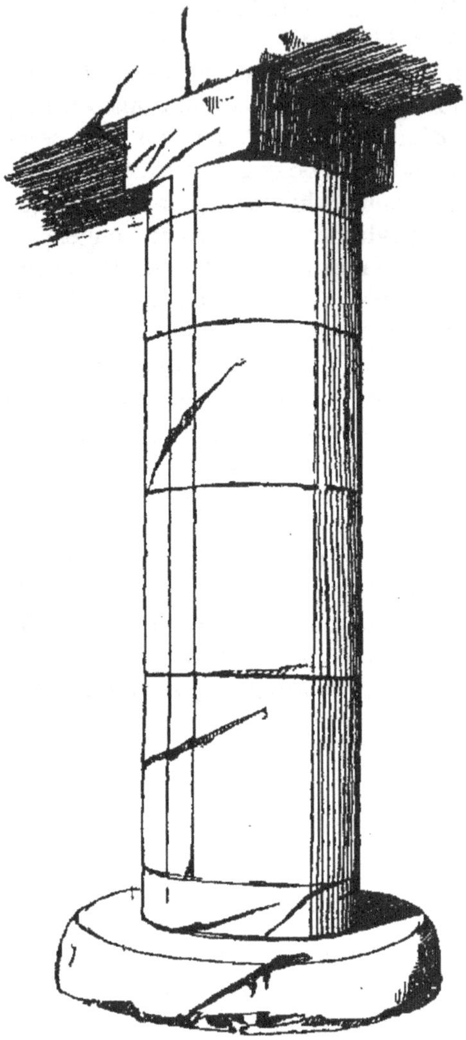

Figure 124 : Colonne cylindrique du Nouvel Empire (temple de Seti I à Abydos).
Séti I (1312-1300 environ av. notre ère), second roi de la XIXe dynastie, était le fils de Ramsès I et le père de Ramsès II. Sous son règne, l'art du relief égyptien atteignit un de ses sommets. La base de cette colonne au fût cylindrique est un disque épais, renflé sur la tranche (5 1/2 diamètres environ pour la colonne).

Figure 125 : Colonnes à 8 et à 16 pans, du Moyen Empire (d'après Newberry, *Beni Hasan,* I, pl. IV, V).

Ces colonnes cannelées ne sont pas cylindriques. La colonne cannelée est *polygonale*. Elle n'apparaît dans les monuments égyptiens qu'à partir du Moyen Empire (2052-1778 av. notre ère). A Deir el-Bahari, il existe un *modèle octogonal* de cette colonne cannelée (temple funéraire de Mentouhotep, XIe dynastie), employé à côté des *piliers carrés*. Les *colonnes octogonales,* à pans rectilignes, dans l'un des tombeaux de Beni-Hassan, sont conservées sur toute leur hauteur, qui est égale à près de cinq fois le diamètre à la base. La diminution progressive jusqu'au sommet est de 1/9 environ. Tous ces faits architecturaux sont révélateurs d'une géométrie avancée. Les cannelures sont tout à fait plates ou légèrement concaves. L'*ordre dorique* grec, c'est la colonne égyptienne à 16 faces.

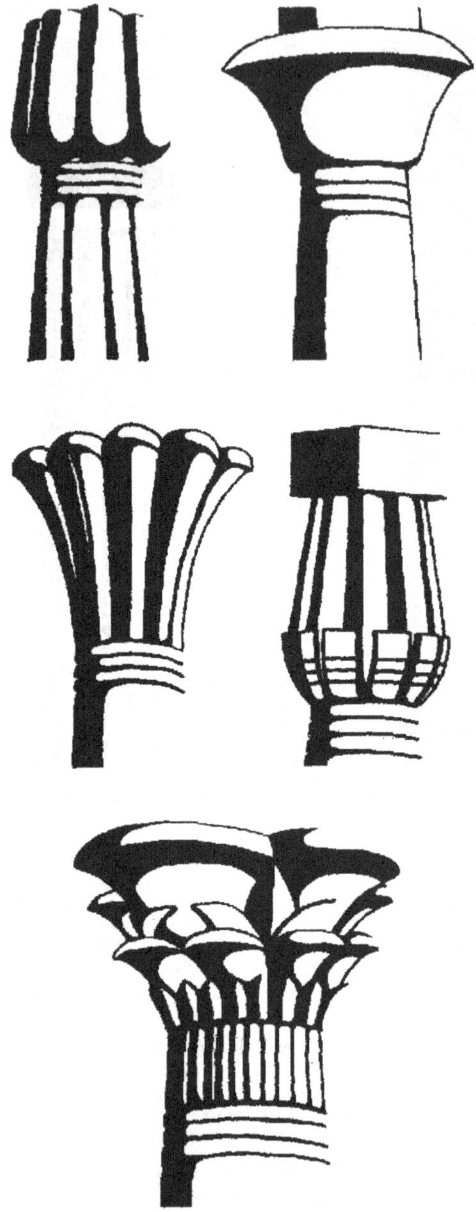

Figure 126 : Chapiteaux des colonnes égyptiennes.
Différents types de chapiteaux.
Le tracé géométrique est parfait et harmonieux.
La colonne est une invention de l'architecture égyptienne.
Le souci de « faire vrai » selon la *Maât,* l'harmonie cosmique, donne aux œuvres égyptiennes un charme persistant.

XXIX

Volume du parallélépipède rectangle

1. Le *volume* est la portion de l'*espace* comprise à l'intérieur de la surface d'un solide. Il s'agit du contenu d'un contenant : la capacité de contenance d'un tel contenant.

2. *Le volume du parallélépipède rectangle.* Le volume d'un parallélépipède rectangle est égal au produit de ses trois dimensions :

$$V = a \times b \times c.$$

3. Les Égyptiens avaient une compréhension géométrique précise de la notion de *volume*. C'est ce que souligne par exemple l'expression suivante :

 *h33t r.f* où nous avons le verbe *h3i* (), « descendre », et le nom *r* (), « bouche » : l'espace occupé par une matière qui descend dans la bouche (l'estomac) d'un solide, c'est-à-dire le *contenu* d'un contenant, son (, *f*) contenu, son *volume,* sa contenance.

4. Les Égyptiens calculaient parfaitement le *volume d'un parallélépipède rectangle* (problème n° 44 du Papyrus Rhind) :

(1) 

(2) 

(3) 

(4) 

(5) 

(6) 

Traduction :

(1) Exemple de calcul *(tp n nis)* (du volume) d'un parallélépipède rectangle *(š3ᶜ ifd).*

(2) de *(n)* longueur *(3w .f)* 10, de largeur 10 (*sḫw.f 10* : « sa largeur 10 ») et de hauteur 10 (*ḳ3w.f 10* : « sa hauteur 10 »).

(3) Quel est le volume (*ptr h33t r.f* : « quoi son contenu ? ») en (*m*, « quant à ») blé *(sšrw)* ?

(4) Multiplie 10 fois 10 *(w3ḥ m 10 sp 10)*. Résultat 100 (*ḫpr.ḫr.f m 100)*.

(5) Multiplie 100 fois 10 *(w3ḥ tp m 100 sp 10)*.

(6) Résultat 1 000 (*ḫpr.ḫr.f m 1 000)*.

La terminologie mathématique est précise, rigoureuse :

 *tp*, « exemple », « modèle »

 *nis*, « calcul », « problème »

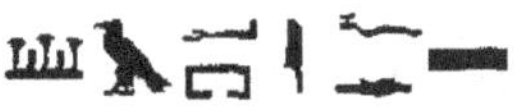 *š3ʿ ifd*, « parallélépipède rectangle » (et non « grenier carré »)

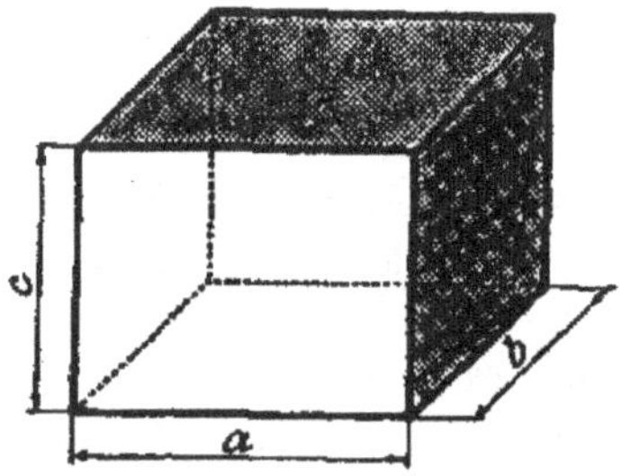

Figure 127 : Parallélépipède rectangle (shaâ ifed, en égyptien).

V = a x b x c (le produit des trois dimensions)

 *3w, aou,* « longueur » (espace)

 (déterm. ) *sḫw, sekhou,* « largeur »

 *ḳ3w, kaou, qaou,* « hauteur »

 *ptr,* « quoi ? », « quel ? » (ne pas translitérer « ptry »)

 *h33t r.f, haat-er.ef,* « son contenu », « son volume ».

Le calcul géométrique du scribe concerne en effet le volume d'un parallélépipède rectangle qui est égal au produit de ses trois dimensions :

V = L x l x h = 10 x 10 x 10 = 1 000 coudées au cube.

Ce résultat purement géométrique est transformé par le scribe, dans la suite du calcul, en boisseaux (3/2 x 1 000 = 1 500 boisseaux) et finalement en 100-quadruple de hekat (1/20 x 1 500 = 75).

Quand on traduit : « un grenier carré » au lieu de « parallélépipède rectangle » dont il s'agit précisément de calculer le volume, on rend volontairement confuses les données mathématiques égyptiennes, pour imprégner dans les esprits des lecteurs cette impérative idée de l'« empirisme » géométrique égyptien.

Cependant, la « vraie » science ne calcule pas autrement que le mathématicien égyptien le volume d'un parallélépipède rectangle. Dès lors, qui est « empirique » : la « vraie » science ou la science égyptienne ? Dans toute l'humanité, depuis les temps préhistoriques les plus reculés, la perception scientifique de la nature n'utilise que le même cerveau humain. Les résultats et les acquis peuvent varier, mais la démarche scientifique reste égale à elle-même. Les neurones sont les mêmes.

5. *Volume du cube*. Un cube (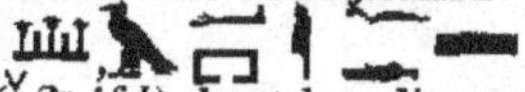 *š3ʿ ifd, shaâ ifed*) est un parallélépipède rectangle *(š3ʿ ifd)* dont les dimensions sont égales.

Or, ici (le même problème n° 44 du Papyrus Rhind), nous avons 10 pour toutes les dimensions : longueur, largeur et hauteur. Ce problème concerne aussi le *volume du cube*.

Le volume d'un cube est égal au cube du nombre qui mesure son arête :

$V = a \times a \times a = a^3$.

Donc, $V = 10 \times 10 \times 10 = 1\,000$ coudées cubiques.

C'est la réponse du scribe. Il est clair que les Égyptiens savaient calculer le volume du cube.

XXX

Transformation de la coudée cubique en khar

1. Comment le scribe transformait-il, mathématiquement, la *coudée cubique* en *khar* (« sac ») qui est le multiple 4 du quadruple du *hekat* (« boisseau ») ? Quel rapport mathématique liait la coudée cubique et le *khar* ?

2. Dans les fragments du Papyrus mathématique de Kahun, le problème KIV, 3, col. 13 et 14 (voir étude de Schack-Schackenburg, in « Miscellen. Zeitschrift für AEgyptische Sprache », 37, 1899, pp. 78-79) se présente tout juste comme un ensemble de calculs. Ainsi :

Texte

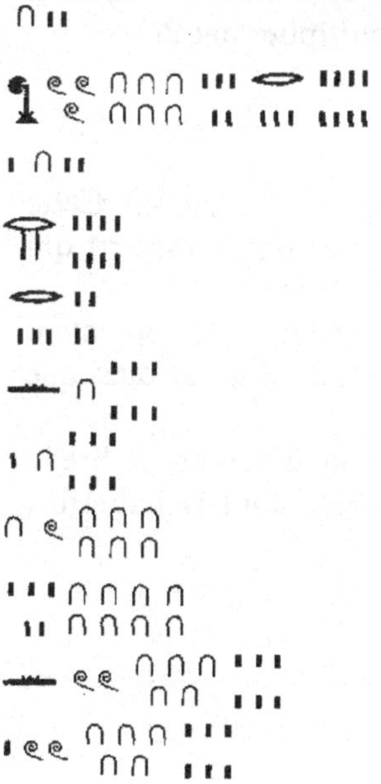

Traduction	
12	
1365 1/3	8
1	12
2/3	8
1/3	4
Somme *(dmḏ)*	16
1	16
10	160
5	80
Somme *(dmḏ)*	256
1	256

	2	512
	4	1 024
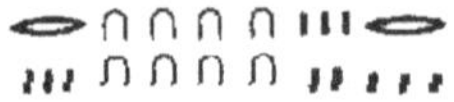	1/3	85 1/3
	Somme *(dmḏ)*	1 365 1/3

3. Ce calcul équivaut à :

(1 + 1/3) x 12 = 16

16 x 16 = 256

5 1/3 x 256 = 1 365 1/3.

C'est effectivement le nombre inscrit dans le cercle dessiné sur le papyrus par le scribe lui-même.

4. Le but est de calculer le *volume d'un cylindre* dont le diamètre est de 12 coudées et la hauteur, de 8 coudées. Le scribe développe, de façon fort originale, une technique mathématique particulière pour transformer les coudées cubiques obtenues en *khar*. L'*esprit mathématique* du scribe se révèle ici de façon tout à fait géniale.

5. Le volume du cylindre en *coudées cubiques* est obtenu ainsi :

1) Aire de la base (qui est un cercle) :

$$S = \pi \frac{d^2}{4} = \frac{\pi\ 12^2}{4} = 113\ 2/3 + 1/9 \text{ } \textit{coudées carrées}$$

2) Volume du cylindre (aire de la base par la hauteur) :

V = (113 2/3 + 1/9) x 8 = 910 1/6 + 1/18 *coudées cubiques*.

6. *Transformation en khar.* Le *khar* valant 2/3 de coudée cubique, il suffit de diviser 910 1/6 + 1/18 par 2/3, ou de le multiplier par 2/3 :

1	910 1/6 + 1/18
1/2	455 1/9
Total	1 365 1/3 *khar*.

Le scribe multiplie le nombre 12 (le diamètre) par 1 1/3 ou 4/3. Cette fraction 4/3 est le produit de 8/9 par 3/2, c'est-à-dire par le rapport qui lie la coudée cubique et le *khar*.

7. L'ingéniosité de l'esprit mathématique du scribe est que son calcul peut passer pour la multiplication de 256 par 5 1/3 tout aussi bien que pour la division de 1 365 1/3 par 256 :

Sachant que la fraction 4/3 est le produit de 8/9 par 3/2, c'est-à-dire le rapport qui lie la coudée cubique et le *khar,* et calculant la hauteur : 2/3 h = 8 x 2/3 = 5 1/3, nous aurons :

1) V = 256 x 5 1/3 = 1 365 1/3 *khar*

2) 1 365 1/3 : 256 = 5 1/3

$$V = \left(\frac{4}{3} \times 12\right)^2 \times 5\ 1/3 = 1\ 365\ 1/3 \text{ } \textit{khar}.$$

XXXI

Volume d'un tronc de cône

1. *Un cône circulaire droit.* Un cône circulaire droit ou de révolution est le solide engendré par la révolution d'un *triangle rectangle* autour d'un des côtés de l'angle droit.

2. Les Égyptiens connaissaient la figure géométrique *cône* qu'ils appelaient 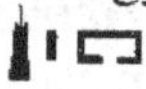 *iwn, ioun.* Des cônes à parfum sont portés sur les têtes lors des banquets.

Les Égyptiens calculaient l'inclinaison de la pente d'un cône (pilier conique) qu'ils assimilaient à la pyramide (problème n° 60 du Papyrus Rhind, vers 1650 av. notre ère).

3. *Un tronc de cône circulaire droit.* Un tronc de cône circulaire droit (ou de révolution) est le solide engendré par la rotation d'un *trapèze rectangle* autour du côté perpendiculaire aux bases.

Un tronc de pyramide régulier peut être inscrit dans un tronc de cône.

4. *L'invention de l'horloge à eau ou clepsydre.* La clepsydre est la plus vieille horloge du monde. Elle fut inventée par les Égyptiens au début de la XVIIIe dynastie par l'astronome Amenemhat, qui a créé ce « splendide instrument en l'honneur du roi Aménophis Ier... » (inscription relevée dans sa tombe thébaine).

La clepsydre n'est rien d'autre, pour ce qui est de sa forme géométrique, qu'*une vasque de forme tronconique,* c'est-à-dire un *tronc de cône* renversé (la grande base est en haut, et la petite en bas).

La *clepsydre de Karnak* d'Aménophis III (1408-1372 av. notre ère) se trouve au Musée du Caire (n° 37 525). Elle est en albâtre. Le *volume* du vase tronconique est tel qu'il devait contenir de l'eau pour son écoulement durant toute la nuit.

Les Égyptiens savaient calculer un tel volume, c'est-à-dire le *volume d'un tronc de cône.*

5. *Volume du tronc de cône.* Le *volume d'un cône* est égal au tiers du produit de l'aire de la base par la hauteur : R rayon de base, H hauteur,

$$V = \frac{\pi R^2 H}{3}.$$

Le *volume d'un tronc de cône* est égal à la somme des volumes de trois cônes ayant pour hauteur commune la hauteur du tronc et pour bases respectives la grande base, la petite base et la proportionnelle entre les deux bases du tronc : R et R' rayons de base, H hauteur,

$$V = \frac{\pi R^2 H}{3} + \frac{\pi R'^2 H}{3} + \frac{\sqrt{\pi R^2 \times R'^2 \times H}}{3}$$

$$V = \frac{\pi H}{3}(R^2 + R'^2 + R R').$$

6. Otto Neugebauer a traité un problème relatif au volume d'une clepsydre. Le texte grec qui date du IIIe siècle a été trouvé précisément en Égypte, à l'ouest de la Vallée du Nil, à Oxyrhynchos, ville de la déesse Tefnout : *Auslaufuhren,* pp. 439-441 de son étude *Die Geometrie der ägyptischen mathematischen Texte,* in « Quellen und Studien zur Geschichte der Mathematik... », Berlin, sept. 1931.

De telles connaissances existaient bien avant l'arrivée des Grecs en Égypte. C'est la profonde conviction d'un érudit comme Neugebauer : « Da erhaltene Exemplare solcher Auslaufuhren bis in das NR zurückreichen und meist genau die in dem Oxyrrhynchos-Papyrus verlangten Abmessungen tragen, darf man wohl auch die ganze "Theorie" als vorgriechisch werten. » (O. Neugebauer, *op. cit.,* p. 439).

Traduction : « Puisque les exemplaires existants remontent jusqu'au Nouvel Empire et que la plupart des cas sont des horloges avec graduations précises dans le Papyrus d'Oxyrrhynchos, on est en droit de dire que toute la "théorie" existe avant celle des Grecs. »

Les Grecs ne sont pas les inventeurs de la clepsydre. Ils n'ont connu un tel instrument que grâce à l'Égypte.

7. Les données du problème sont les suivantes : le récipient tronconique a 24 doigts pour la grande base, 12 doigts pour la petite base, et 18 doigts pour la hauteur (O. Neugebauer, *op. cit.,* p. 439).

La figure ci-après, tracée par Neugebauer à partir des données du papyrus d'Oxyrrhynchos, est une illustration du problème.

8. Ces données de mesure correspondent tout à fait aux normes égyptiennes pour la clepsydre.

En effet, les Égyptiens avaient choisi comme dimensions caractéristiques, dès le Nouvel Empire (1567-1085 av. notre ère), une hauteur (H) de 18 doigts, un rayon à la base (r) de 12 doigts et un rayon au sommet

(R) de 24 doigts. Le papyrus grec d'Oxyrrhynchos recopie textuellement les dimensions caractéristiques égyptiennes qui sont des dimensions « harmonieuses ».

La reprise par le document grec des mesures « classiques » de l'Égypte traditionnelle prouve bien que la « théorie » était connue en Égypte avant les Grecs : Otto Neugebauer a raison.

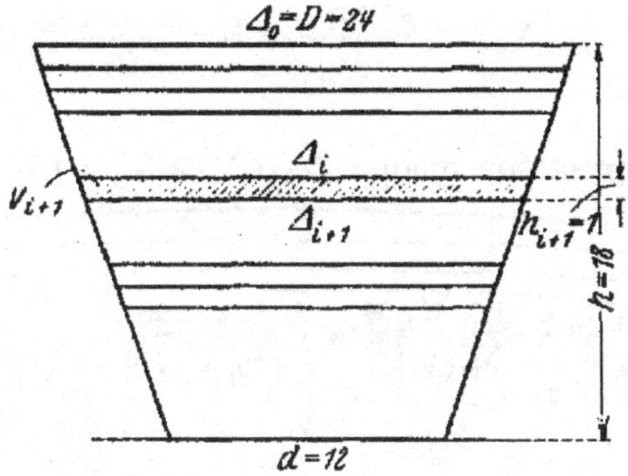

Figure 128 : Calcul du volume d'un tronc de cône (renversé).

9. *Volume de tout le récipient tronconique.* Le problème, complexe, revient à analyser l'écoulement de l'eau dans une clepsydre. Les Égyptiens, avant les Grecs, divisaient les nuits en douze parties. Pour eux, les hauteurs d'eau égales correspondaient à des temps égaux. Les différentes graduations à l'intérieur de l'horloge à eau correspondaient aux volumes fractionnés de l'eau qui devait s'écouler toute la nuit. Chacun des écoulements devait correspondre à une heure. Mais l'écoulement de l'eau devient irrégulier lorsque le niveau de l'eau est trop bas : il reste encore de l'eau dans le récipient tronconique lorsque la mesure cesse. Les Égyptiens décoraient cette partie basse avec de grands hiéroglyphes signifiant « vie » *(ankh)* et « stabilité » *(ḏdt)*.

Pour la grande base 24, la petite base 12, et la hauteur 18, le volume du tronc de cône en question peut être trouvé :

$$V = \frac{\pi H}{3} (R^2 + R'^2 + RR')$$

$$V = \frac{\pi \times 18}{3} (144 + 36 + 72) = 4\,747{,}68.$$

C'est-à-dire que les trois cônes ont chacun le volume suivant :

cône $_1$ (grande base 24) : $V_1 = \frac{\pi R^2 H}{3} = \frac{\pi\ 144 \times 18}{3} = 2\ 712,96$

cône $_2$ (petite base 12) : $V_2 = \frac{\pi R'^2 H}{3} = \frac{\pi\ 36 \times 18}{3} = 678,24$

cône $_3$ ($V_1 \times V_2$) : $V_3 = \frac{\pi R^2 R'^2}{3} \times H = \frac{\pi\ 144 \times 36}{3} \times 18 = 13\ 564$

Volume total du récipient tronconique : $V_1 + V_2 + V_3 = 4\ 747,68$.

Figure 129 : Clepsydre ou horloge à eau de Karnak. Musée du Caire (n° 37 525). Hauteur extérieure : 0,35 ; hauteur intérieure : 0,326 ; diamètre supérieur extérieur : 0,49 ; diamètre inférieur maximum : 0,02.
Matériaux : albâtre, pâle de verre opaque bleu turquoise, cornaline. Cette clepsydre provient de Thèbes-Est, Temple de Karnak, Cachette, et date de la fin de la XVIIIe dynastie (règne du Pharaon Aménophis III : 1408-1372 av. notre ère). Le récipient est de forme tronconique. C'est un *tronc de cône*. Le problème technologique à résoudre était la connaissance du *volume du récipient* pour pouvoir opérer un ajutage latéral placé à la base et qui permettait de produire un jet continu, régulier et de faible débit afin que l'écoulement de l'eau contenue dans le récipient puisse avoir lieu de façon précise.
L'idée « tronc de cône » existe au préalable, et devient technologiquement une « clepsydre » ou « horloge à eau ». Le cerveau fonctionne ainsi.

10. *Calcul de la vitesse de l'eau s'écoulant de l'orifice de la clepsydre.* En 1920, Ludwig Borchardt avait établi que la vitesse (v) de l'écoulement de l'eau à partir de l'orifice de la clepsydre était donnée par la formule suivante :

$$v = \sqrt{2gh}$$

où g est l'accélération due à la pesanteur (9,81 m/s) et h la hauteur de l'eau au-dessus de l'orifice.

Une telle équation n'est seulement correcte que si la longueur de l'orifice est très courte.

Le mot pour *clepsydre* ou *horloge à eau* est : *dbḥ, debeh* (épitaphe d'Amenemhat, astronome, début XVIIIe dynastie). Le déterminatif indique bien le vase tronconique.

L'étude de L. Borchardt : *Die Altägyptische Zeitmessung,* dans l'ouvrage édité par E. von Bassermann-Jordan, *Die Geschichte der Zeitmessung und der Uhren,* Berlin, Walter de Gruyter, vol. I, 1920.

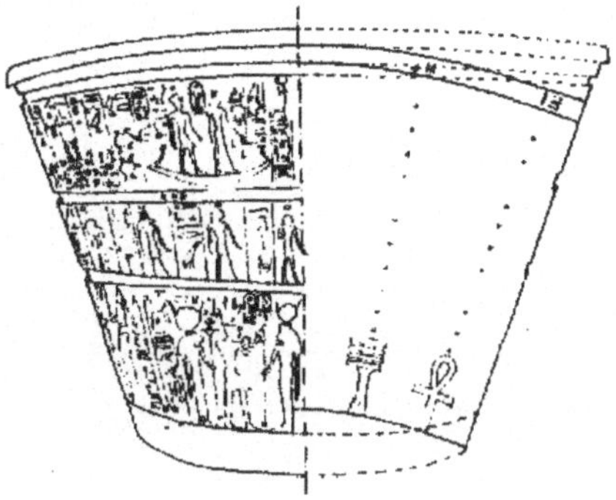

Figure 130 : Dessin d'une clepsydre (paroi extérieure, paroi intérieure). *Ci-contre :* Clepsydre ou horloge à eau d'Aménophis III (1408-1372 av. notre ère). Les parois de l'intérieur de cet instrument de mesure sont divisées en 12 sections (les mois de l'année), avec 11 entailles (les 12 heures de la nuit) dont la durée variait selon les saisons. C'est un vase *tronconique* muni d'un petit trou au fond (l'orifice). L'eau en coulant lentement mesurait les heures soit nocturnes, soit diurnes, selon les saisons (Dessin de Laura Donatelli, égyptologue, Turin, Italie).

XXXII

Surface d'une demi-sphère

1. *Une sphère.* Une *sphère* (grec *sphaîra*, « boule ») est un corps solide limité par une surface courbe dont tous les points sont à une égale distance, appelée *rayon*, d'un point intérieur appelé *centre* : les sections planes d'une sphère sont des *cercles*.

Autrement dit, une *sphère* est le solide engendré par la rotation d'un demi-cercle autour de son diamètre.

2. *Une demi-sphère.* La *demi-sphère* (hémisphère) est la moitié de la sphère.

3. *Aire d'une sphère.* L'*aire d'une sphère* s'obtient en multipliant par quatre fois le carré du rayon :

$$S = 4 \pi R^2$$

Autrement dit, l'aire d'une sphère est égale à quatre fois l'aire d'un grand cercle (le grand cercle de la sphère, soit la courbe plane obtenue par tout plan qui passe par le centre d'une sphère en la coupant).

4. *Aire d'une demi-sphère.* L'*aire d'une demi-sphère* est la moitié de l'aire d'une sphère :

$$S = \frac{\pi 4 R^2}{2} = 2 \pi R^2$$

Le géomètre égyptien a trouvé vers 1850 av. notre ère, c'est-à-dire bien longtemps avant Archimède (vers 287 - 212 av. notre ère), une formule aussi difficile que celle du calcul de la surface d'une demi-sphère. Quoi qu'il en soit de la gloire du savant grec né à Syracuse, en Sicile, il est clair qu'Archimède a eu des précurseurs dans la Vallée du Nil, même si l'histoire officielle et orientée camoufle la vérité historique à l'aide de stériles arguties « critiques ». Les faits égyptiens sont là, indestructibles.

5. Les Égyptiens ont tracé, dessiné, fabriqué des *boules*, c'est-à-dire des sphères, des surfaces sphériques.

C'est par exemple le signe hiéroglyphique O_{24}  , « boule », d'après la liste des signes de Gardiner (*Egyptian Grammar*, p. 530).

Une statuette en bronze du roi Thoutmosis IV (1425 - 1408 av. notre ère), à genoux, en train de faire une offrande à une divinité montre que le roi tient dans chaque paume de la main une *boule* (fig. 131).

Ce sont des vases liturgiques sphériques faits de métal, sans pied ni anse, et destinés aux oblations d'eau.

L'expression *ímyw swḥt* signifie : « Ceux qui sont dans l'Œuf » (*Textes des Sarcophages*, I, 167). Il s'agit de l'Œuf primordial, au commencement de la création démiurgique. Le caneton (Gardiner signe G_{47}) est clos, enfermé dans un corps solide limité par une surface courbe.

Le mot « œuf » lui-même reçoit un déterminatif (Gardiner signe H_8) qui est caractéristique *swḥt*, « œuf ».

Il faut rappeler aussi que le mot *ínr*, « pierre », « roc », « bloc » (de pierre) signifie également : « coque », c'est-à-dire l'enveloppe solide et dure de l'œuf, de forme ovoïde comme l'œuf lui-même. Ainsi :

Traduction : « Quand le poussin est dans son œuf *(swḥt)* et pépie dans *(m)* la coquille *(ínr)* » (Grand Hymne à Aton d'Akhenaton, XVIIIe dynastie).

On ne peut pas traduire : « Quand le poussin pépie dans la pierre *(ínr)* », mais bien « dans la coquille *(ínr)* », soit la coque vide de l'œuf. La faculté qu'a un mot de présenter plusieurs sens s'appelle : *polysémie*. C'est ici le cas : *ínr*, « pierre », et « coquille, coque », selon les contextes d'emploi. Tout est affaire de point de vue.

La suggestion de l'image jouant, on peut parfaitement concevoir la *coquille* comme l'*œuf* lui-même, et assimiler la *coquille* ou l'*œuf* à une *sphère*, un solide à la surface courbe, ovoïde. Rien de choquant.

6. Le signe hiéroglyphique (Gardiner V_{30}) est à la fois un idéogramme et un phonogramme :

a) *idéogramme* (signe-idée : le signe signifie immédiatement l'objet dessiné) : ou bien (*Textes des Pyramides*, 557), *nbt*, « panier en osier », « corbeille » : le dessin le montre immédiatement.

b) *phonogramme* (signe-son : seul le son émis compte, et il peut exprimer divers contenus sémantiques) : *nb*, variation à l'Ancien Empire , *nb*, « seigneur, maître » ; *nb*, « chaque », « tout ».

L'écriture et la langue égyptiennes sont ainsi. Il faut les considérer comme telles.

7. Or le panier égyptien *nbt*, *nebet*, a nettement la forme d'une demi-sphère. Cela saute aux yeux.

Figure 131 : Le roi Thoutmosis IV (1425 - 1408 av. notre ère) tient deux vases sphériques pour accomplir une libation, rituellement. Les deux vases liturgiques sont comme des boules, *des sphères* : ils sont *en métal*. British Museum, Londres (n° EA 64564). L'attitude du corps du Pharaon est une pose égyptienne qui remonte au moins à la VIe dynastie (2290 - 2157 av. notre ère).

S'élevant du concret *(panier)* à l'abstrait *(demi-sphère)*, les mathématiciens égyptiens ont donné au mot 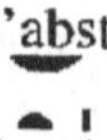 *nbt*, « panier », un contenu géométrique, mathématique de « demi-sphère », *nbt*. Rien de blâmable en cela. C'est une affaire de simple convention, dans l'Antiquité comme de nos jours.

De même, dans les mathématiques babyloniennes, le mot *kippatu* n'est pas à prendre dans son sens concret de « *anneau* », mais au sens bien géométrique et mathématique de « *cercle* ». On commente les faits en dehors de la convention des Babyloniens si, dans leurs mathématiques, le mot *kippatu* n'est retenu qu'avec son sens concret. La paresse intellectuelle doit donc être vaincue pour prendre ce mot dans son sens abstrait, scientifique, mathématique.

8. Si l'on s'écarte de la convention mathématique égyptienne, alors on est prêt à commettre les plus monstrueux contresens :

a) 

Traduction (sens concret) : « Un panier est la moitié d'une pierre » *(nbt gs n i͗nr)*. Ce qui n'a, évidemment, aucun sens, ni dans le concret, ni dans la géométrie.

b) 

Traduction (sens mathématique) : « Une demi-sphère est la moitié d'une sphère » *(nbt gs n i͗nr)*. Ce qui s'entend et se comprend fort bien en géométrie.

Les mathématiciens égyptiens ne pouvaient tout de même pas demander à leurs élèves avancés de calculer la surface d'un panier qui soit la moitié *(gs)* d'un bloc de pierre. Les mots « concrets » retenus par les exégètes modernes des mathématiques égyptiennes : « panier », « élément *nbt* en forme de corbeille », pour *nbt*, et « pierre », « œuf », « objet rond », pour *inr*, rendent encore plus obscurs les textes scientifiques égyptiens. Si le préjugé auquel on obéit (inconsciemment) était éliminé, les choses seraient plus limpides. Quel est cet « objet rond » dont la « corbeille » peut être la moitié ?

Il faut mettre au compte de la mauvaise intelligence du vocabulaire mathématique pharaonique toutes les interprétations erronées qui ont été fournies par divers auteurs à propos du problème n° 10 du Papyrus de Moscou qui traite précisément de l'aire d'une demi-sphère, vers 1850 avant notre ère.

Tout plan qui passe par le centre O d'une sphère (O, R) coupe celle-ci selon une courbe plane : c'et le grand cercle de la sphère.

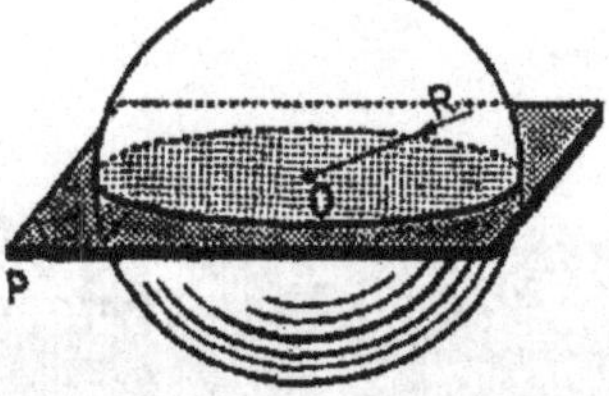

Figure 132 : Section plane d'une sphère.

L'aire d'une sphère est égale à quatre fois l'aire d'un grand cercle. Et l'aire d'une demi-sphère est égale à la moitié de l'aire d'une sphère. Les Égyptiens appelaient le « grand cercle de la sphère », soit la section plane qui est une courbe plane par le terme technique ʿḏ, *âdj*, dont le déterminatif est celui des idées, des abstractions intellectuelles.

8. Voici le problème n° 10 du Papyrus de Moscou traitant de la *surface d'une demi-sphère* (vers 1850 av. notre ère) :

(1) 

(2) 

(3) 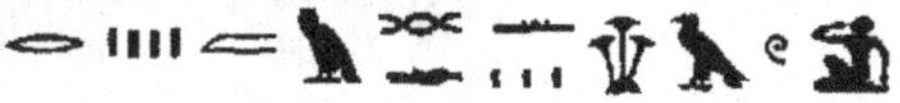

(4) 

(5) 

(6) 

(7) 

(8) 

(9) 

(10) 

(11) 

(12) 

(13) 

(14) 

Figure 133 : Papyrus de Moscou (problème n° 10).

Les 6 premières lignes du texte hiératique du problème n° 10 du Papyrus de Moscou relatif à l'aire d'une demi-sphère. La ligne 6 contient l'expression , *gs pw n inr*, « c'est la moitié *(gs pw)* d'une *(n)* sphère *(inr)* ».

Le mot *inr*, « coquille, coque », est à prendre ici au sens technique de : « sphère ». Le « panier » *(nbt)* ne peut pas être la moitié *(gs)* d'un œuf *(inr)* ou d'une pierre » *(inr)*. Le vrai sens est : « La demi-sphère *(nbt)* est la moitié *(gs)* d'une *(n)* sphère *(inr)* ».

Le texte est très mathématique, géométrique : à la ligne 3, il est question de la *section plane* (*ʿḏ, âdj*) de la *sphère (nbt)* qui est le *grand cercle de la sphère* dont le texte donne précisément le diamètre *(tp-r)*.

Traduction :

(1) Exemple *(tp)* de *(n)* calcul *(irt)* [de la surface] d'une demi-sphère *(nbt)*.

(2) Si on te dit *(mỉ ḏd n.k)* : une demi-sphère *(nbt)* avec *(m)* un diamètre *(tp-r)*
(3) de *(r)* 4 1/2 dans *(m)* la section plane *(ʿḏ)*.
(4) Peux-tu faire en sorte que *(ḥ3w dỉ.k)* je connaisse *(rḫ.ỉ)* sa surface *(3ḥt.s)* ? Tu feras en sorte *(ỉr-ḫr.k)*
(5) de calculer *(ỉr.k* : « que tu puisses calculer ») le 1/9 de *(n)* 9 à cause de cela que *(ḥr ntt ỉr* : « car ») la demi-sphère *(nbt)*
(6) C'est la moitié *(gs pw)* d'une *(n)* sphère *(ỉnr)*. Le résultat est 1 *(ḫpr-ḫr)*.
(7) Tu feras en sorte *(ỉr-ḫr.k)* que tu puisses calculer *(ỉr.k)* le reste *(ḏ3t)* c'est-à-dire *(m)* 8.
(8) Tu feras en sorte que *(ỉr-ḫr.k)* tu puisses calculer *(ỉr.k)* le 1/9 de *(n)* 8.
(9) Le résultat *(ḫpr-ḫr)* est 2/3 + 1/6 + 1/18. Tu feras en sorte que *(ỉr-ḫr.k)*
(10) Tu puisses calculer *(ỉr.k)* le reste *(ḏ3t)* de ce *(nt p3)* 8 après *(r-3)* [avoir soustrait].
(11) Ce *(p3)* 2/3 + 1/6 + 1/18. Le résultat *(ḫpr-ḫr)* est 7 + 1/9.
(12) (Alors) tu feras en sorte que *(ỉr-ḫr.k)* tu puisses multiplier (ỉr.k) 7 + 1/9 fois (sp) 4 1/2.
(13) Le résultat *(ḫpr-ḫr)* est 32. Voilà *(mk)* sa surface (*3ḥt.s pw* : « c'est sa surface »).
(14) Tu as trouvé *(gm.k)* parfaitement *(nfr)*.

9. Le vocabulaire technique se présente comme suit :

 *tp*, « exemple », « méthode », « exercice » (mathématique)

 ỉrt, « calcul », « problème » (mathématique)

 *nbt*, « demi-sphère » (littéralement : « panier », « corbeille »)

 *tp-r*, « diamètre » (d'un cercle)

 *gs*, « moitié »

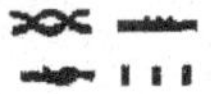 *ʿḏ*, *âdj*, « section plane » (d'une sphère) (littéralement : « tranche », « bord », « rebord », « marge »)

 *3ḥt*, « aire », « surface »

 *ỉr*, *ỉrỉ*, « calculer », « résoudre » (un problème mathématique)

 *ỉnr*, « sphère » (littéralement : « coquille », « coque »). Le déterminatif ○ (Lefebvre, *Gram-*

maire de l'égyptien classique : Z_{11a}) souligne la forme circulaire de la sphère

d3t, « reste », « balance »

hpr-hr, « résultat » (Gardiner, *Egyptian Grammar*, § 431)

r-s3, « après » ; après avoir soustrait (Gardiner, *Egyp. Grammar*, § 178)

ir, iri... sp, « multiplier X... par », « multiplier X... fois »

gm.k, « tu as trouvé », « ta réponse » ;  *nfr, nefer*, « merveilleux », « correct », « parfait »

10. Le scribe procède ainsi :

$9 \times 1/9 = 1$
$9 - 1 = 8$
$8/9 = 2/3 + 1/6 = 1/18$
$8 - 8/9 = 8 - (2/3 + 1/6 + 1/18) = 7 + 1/9$
$(7 + 1/9) \times (4 + 1/2) = 32$. C'est la surface demandée.

11. La réponse du scribe est exactement la même, avec la formule du calcul de l'aire d'une demi-sphère :

$S = 2 \pi R^2 = 2 \pi (2 + 1/4)^2 = 32$
le rayon (R) étant : $4 + 1/2 : 2 = 2 + 1/4$
et le $\pi = 3{,}16$ (valeur égyptienne).

12. S'il était question de l'aire d'un demi-cercle, la réponse aurait été 8, et non 32 comme c'est le cas.

Il s'agit donc bien de l'aire d'une demi-sphère.
L'aire du cercle :
$S = \pi (2 + 1/4)^2 = 16$
L'aire de la sphère (aire cercle x 4) :
$S = 16 \times 4 = 64$
L'aire de la demi-sphère :
$S = 64/2 = 32$

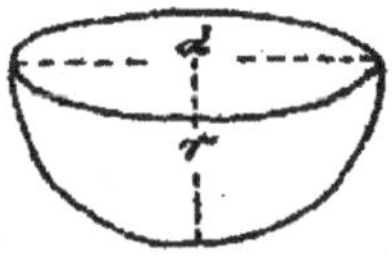

Figure 133 bis : La demi-sphère *(nbt)*.
Nbt, soit la demi-sphère :
d = 4 + 1/2
r = d/2 = 2 + 1/4

Figure 134 : Jeune fille tenant dans sa main gauche un pot à onguent en forme de *demi-sphère*. Peinture murale d'une tombe thébaine (XVIIIe dynastie). Autrefois dans la Collection de Benzion, Caire.

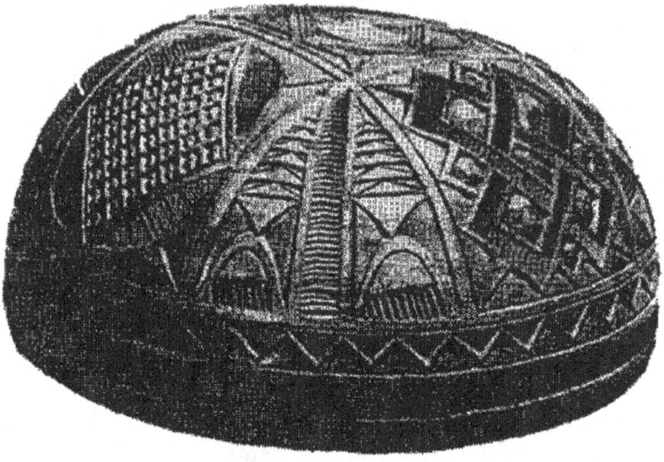

Figure 135 : Calebasse gravée provenant d'Ilorin, culture yoruba, Nigeria.

La calebasse est employée en tant que mesure standard et objet de beauté, avec tous ses motifs géométriques fort variés et originaux. Ce document se trouve actuellement au British Museum, Londres.

Cette calebasse n'est pas un demi-cylindre, mais bien une *demi-sphère* (hémisphère). Voilà pourquoi, avec raison, Cheikh Anta Diop a posé cette correspondance géométrique :

nbt = panier = calebasse = demi-sphère

Ainsi la réalité africaine permet de comprendre adéquatement le mot mathématique *nbt* tel qu'il apparaît dans le problème n° 10 du Papyrus de Moscou (vers 1850 av. notre ère). Les Égyptiens ont calculé la surface d'une *demi-sphère*.

XXXIII

Quadrature du cercle : Archimède et l'Égypte

1. L'un des grands problèmes de la mathématique grecque fut la *quadrature du cercle.* Mais ce problème fut attaqué, pour la première fois dans l'histoire des mathématiques, par les géomètres d'Égypte.

Richard J. Gillings n'en pense pas moins : « But his method allows him to find a square nearly equal to a circle, so that we can credit A'h-mosè with being the first authentic circle-squarer in recorded history ! ». (R.J. Gillings, *Mathematics in the time of the Pharaohs,* New York, Dover Publications, 1982, p. 145).

Traduction : « Mais sa méthode lui permet de trouver un carré à peu près égal à un cercle, de sorte que nous pouvons reconnaître que Ahmes passe pour avoir été le premier (géomètre) authentique à inscrire un cercle dans un carré au vu de l'histoire écrite ! ».

A'h-mosè ou Ahmes est le scribe-mathématicien qui a recopié, vers 1650 av. notre ère, le texte mathématique égyptien connu aujourd'hui sous la désignation de « Papyrus Rhind ». De fait, la méthode de chercher le carré du cercle apparaît, pour la première fois dans l'histoire écrite des mathématiques, avec le problème n° 48 de ce papyrus.

Ainsi, bien après les Égyptiens (vers 1650 av. notre ère), et le géomètre Hippocrate de Chios (Ve siècle av. notre ère), Archimède de Syracuse (vers 287-212 av. notre ère) développe tout un programme de recherche dans la perspective de pouvoir faire *la quadrature du cercle.*

2. Archimède commence à s'intéresser aux objets dont les grandeurs – longueur, aire, volume – ont quelque chose à voir avec celles du cercle (sphère, cylindre, cône, spirale).

Dans une deuxième étape, il étudie les figures courbes particulières (paraboles et lunules), dont on peut faire la quadrature.

Enfin, dans une troisième étape, Archimède propose une méthode de calcul pour approcher la mesure du cercle.

3. A l'époque d'Archimède, le gymnase ne laissait que peu de place aux disciplines scientifiques, aux mathématiques et à la géométrie. De plus, Syracuse, la ville natale d'Archimède, ne comportait aucune école de niveau supérieur au gymnase.

Il est évident qu'à cette époque, qui voulait devenir savant allait à Alexandrie... en terre africaine d'Égypte.

Comme autrefois Thalès venant de Milet, ou Pythagore de Samos, Archimède a fait le voyage en Égypte, lui venant de Syracuse, vers le milieu du IIIe siècle av. notre ère. Astronomie, médecine, mathématiques et mécanique, étude de la nature, littérature, grammaire, géographie, florissaient alors à Alexandrie. La bibliothèque du Musée d'Alexandrie avait plus de 500 000 papyrus : tout Homère, la bibliothèque entière d'Aristote, les Tragiques (Sophocle, Euripide, Eschyle), les grandes comédies (Aristophane, etc.), Platon, les récits des voyages, les écrits des poètes, de ceux qui avaient dit comment était le monde (Anaximandre, Anaximène et Aristarque), de ceux qui avaient dit comment étaient les nombres (Pythagore), les Éléments d'Euclide (treize volumes).

Mais, surtout, l'immense héritage pharaonique était encore directement lisible avec des savants comme le prêtre et historien autochtone du IIIe siècle av. notre ère, le célèbre Manéthon, auteur d'une *Histoire d'Égypte* aujourd'hui disparue. Les égyptologues, encore de nos jours, ne font que suivre la chronique manéthonienne des dynasties pharaoniques.

Platon et Aristote, en leur temps, ont célébré les inventions astronomiques, mathématiques, artistiques et linguistiques du génie égyptien.

C'est de Conon, géomètre alexandrin, qu'Archimède apprit une courbe étonnante, faisant plusieurs révolutions autour d'un point dont elle s'écarte un peu plus à chaque tour : la spirale.

Archimède n'avait rien écrit avant son départ en Égypte. C'est de retour à Syracuse, des années plus tard, qu'Archimède rédigea ses traités de mathématiques, en ayant d'ailleurs une pensée pour Conon, lui qui eût été en mesure de comprendre ses écrits et de porter sur eux un jugement autorisé.

4. *La quadrature du cercle en Égypte*. Les faits ci-après le démontrent effectivement.

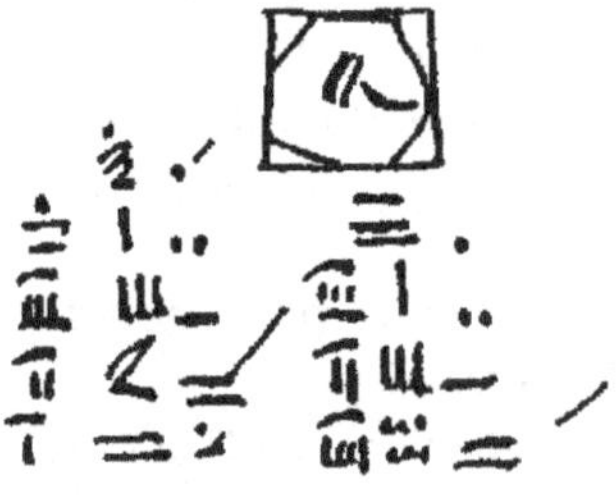

Figure 136 : Quadrature du cercle en Égypte (vers 1650 av. notre ère).

C'est le problème n° 48 du Papyrus Rhind.

Cette figure tracée par le scribe représente un cercle inscrit dans un carré. La valeur du signe à l'intérieur de la figure est 9 : c'est à la fois le côté du carré et le diamètre du cercle. Le côté du carré est égal au diamètre du cercle.

Le scribe calcule la surface du carré : 9 x 9 = 81.

Il calcule ensuite la surface du cercle : 8 x 8 = 64.

Ce qui s'explique : le carré et le cercle ont le côté et le diamètre dans le rapport 8/9. Leurs surfaces sont approximativement égales. Ce dont le cercle dépasse le carré (la partie hachurée) est à peu près égal à ce dont le carré dépasse le cercle (la partie quadrillée). Ainsi :

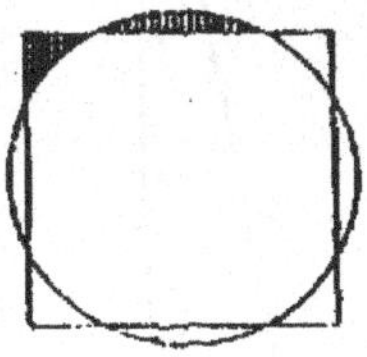

Figure 137 : Les surfaces du carré et du cercle sont à peu près égales.

On peut aussi interpréter les données égyptiennes de cette autre manière. Le cercle est assimilé à un octogone irrégulier dont les dimensions sont indiquées sur la figure ci-dessous (fig. 138) et dont la surface est 63, mais 64 étant préféré à 63 par le scribe parce que c'est un carré parfait. Ainsi :

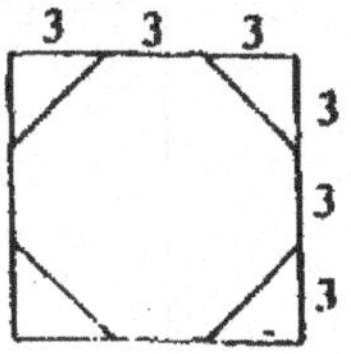

Figure 138 : Le cercle est assimilé à un octogone irrégulier.

La surface du carré est : 9 x 9 = 81. Celle des 4 triangles isocèles qui forment ensemble deux petits carrés de côté 3, est égale à : (3 x 3) x 2 = 18. La surface du cercle est donc : 81 - 18 = 63, 64 étant préféré à 63 parce que c'est un carré parfait.

Au total, les Égyptiens ont comparé le carré et son cercle circonscrit. Ce qui pose le problème de la détermination du rapport du diamètre et du côté. Ils ont vu que le cercle avait une plus grande surface. Ils ont alors cherché le carré qui a une surface à peu près égale à celle du cercle, c'est-à-dire le carré intermédiaire entre le carré circonscrit et le carré inscrit. Ils ont noté le rapport 8/9 dans lequel se trouvent le côté du carré et le diamètre du cercle.

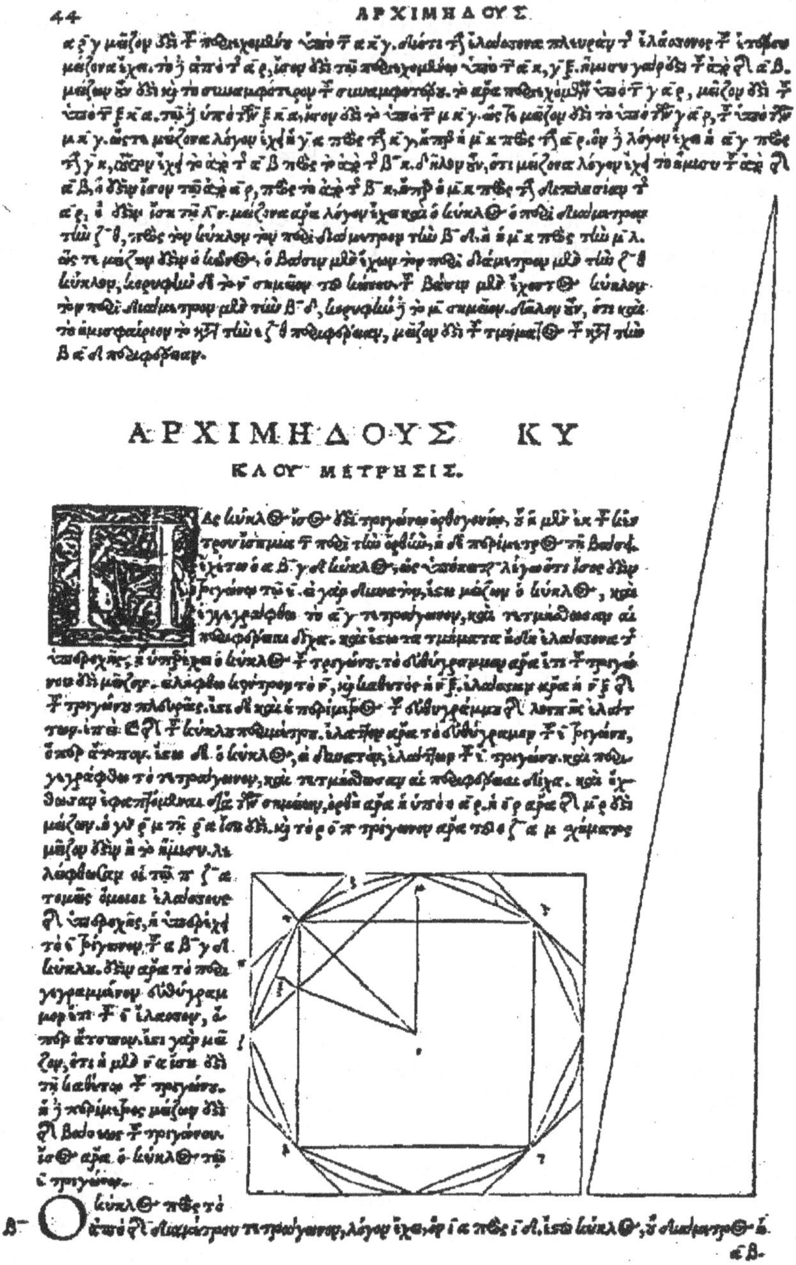

44 ΑΡΧΙΜΗΔΟΥΣ.

ΑΡΧΙΜΗΔΟΥΣ ΚΥΚΛΟΥ ΜΕΤΡΗΣΙΣ.

Figure 139 : Quadrature du cercle par Archimède.

Une certaine compréhension des rapports géométriques s'impose de toute évidence. Il faut également mettre bien en relief la compréhension de la constance de l'égalité des surfaces des cercles et des carrés dont les diamètres et côtés sont dans le rapport 8/9, et cela quelles que soient les dimensions absolues de ces figures. Cette constance est comparable à la constance de *Pi*, du rapport entre la surface et le rayon.

Avec ce rapport de 8/9, c'est donc aux Égyptiens que revient, dans l'histoire des mathématiques, la toute première tentative de résolution de la quadrature du cercle.

5. *La quadrature du cercle par Archimède.* Avant Archimède et après les Égyptiens, Euclide, au Livre XII de ses *Éléments,* a démontré qu'il y a pour tout cercle un rapport constant entre l'aire de ce cercle et l'aire d'un carré dont le côté est le rayon (la moitié du diamètre) du cercle.

C'est dans son traité *La mesure du cercle* qu'Archimède s'est attaqué à la quadrature du cercle (fig. 139).

XXXIV

Cônes, sphères, cylindres : Archimède et l'Égypte

1. Les Égyptiens connaissaient les figures géométriques suivantes : *ỉwn* « cône », *ỉnr* « sphère », et *š3ˁ dbn* « cylindre ». Ils savaient calculer *(ỉri)* la surface *(3ḥt)* d'une demi-sphère *nbt*, le volume *(š3ˁ)* d'un tronc de cône, d'une clepsydre de forme tronconique, enfin le volume d'un cylindre :

ỉwn, ioun, « cône »

sntt, senetet, « base » (du cône)

ḳ3y, kay « hauteur » (du cône)

š3ˁ dbn, shaâ deben, « cylindre circulaire droit »

ỉnr, iner, « sphère ». Le déterminatif ○ est très significatif

nbt, nebet, « demi-sphère », « hémisphère »

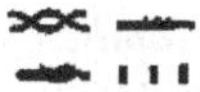
ˁḏ, âdj, « section plane d'une sphère », le grand cercle de la sphère

tp-r, tep-er, « diamètre » (d'un cercle)

3ḥt, ahet, « aire », « surface », « superficie »

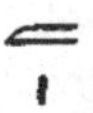
gs, ges, « moitié », « demi » (moitié d'une figure, d'une unité)

š3ˁ, shaâ, « volume »

2. En calculant de façon exacte *la surface de la demi-sphère* vers 1850 av. notre ère (problème n° 10 du Papyrus de Moscou), les Égyptiens ne pouvaient ignorer, par conséquent, la surface de la sphère entière.

Or la formule rigoureuse de la surface de la sphère est identique à la formule qui donne la surface du *cylindre exinscrit à la sphère* et de hauteur égale au diamètre de celle-ci. W.W. Struve pense justement que les Égyptiens n'ont pas manqué d'associer ces deux figures, *la sphère et le cylindre*, pour dégager une méthode générale empirico-théorique d'étude des surfaces courbes et des volumes. (W.W. Struve, *Mathematischer Papyrus des Staatlichen Museums der Schönen Künste in Moskau*, in « Quellen und Studien zur Geschichte der Mathematik... », Berlin, A, I, 1930, p. 180).

Si l'on suit un savant objectif comme W.W. Struve, il est donc probable que les Égyptiens n'ont pas manqué d'établir les rapports en surface et en volume de ces deux corps solides, *la sphère et le cylindre*. Dans le reste de l'Afrique noire profonde et traditionnelle, l'association de la *sphère*, du *cône* et du *cylindre* est courante dans la géométrie architecturale.

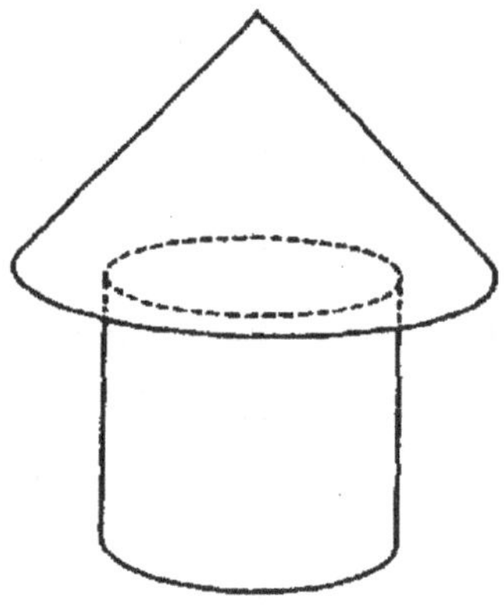

Figure 140 : Maison cône-cylindre en Afrique noire : géométrie et architecture. Le mur cylindrique coupe le toit conique pour former un cercle. Cette figure montre bien l'intersection des lignes. (Claudia Zaslavsky, *Africa counts. Number and Pattern in African Culture*, Westport, Lawrence Hill & C°, édit. de 1979, p. 159, figure 13-5).

3. Dans son traité *De la sphère et du cylindre*, Archimède énonce ainsi l'un de ses plus célèbres résultats géométriques : « Tout cylindre ayant comme base le grand cercle d'une sphère et la hauteur égale au diamètre de la sphère vaut une fois et demie cette sphère ; et son aire, les bases comprises, vaut une fois et demie l'aire de cette sphère. »

Il faut comprendre que pour obtenir le volume et l'aire d'une sphère de volume inconnue inscrite dans un cylindre, il suffit de diviser le volume et l'aire totale du cylindre par 1,5.

Figure 141 : Maison cône-cylindre en Nubie.
Récipient nubien en terre cuite : la forme est celle d'une maison cône-cylindre, forme très répandue en Afrique noire. Culture Kerma (1750-1550 av. notre ère). Hauteur : 106 cm. Couleurs.
Khartoum, Sudan National Museum n° 1119.

Ce résultat d'Archimède prouve que si l'on prend un *cône*, une *sphère* et un *cylindre* de même hauteur et de même diamètre, et si l'on assigne au volume du cône la valeur 1, alors celui de la sphère vaut 2, et celui du cylindre vaut 3. Ces trois figures, le cône, la sphère et le cylindre, forment une « famille » : leur mesure se rapporte à celle du cercle. Ce sont trois figures circulaires. Établissant le rapport entre *sphère* et *cône*, Archimède en vient à la conclusion suivante : la sphère équivaut à quatre fois le cône.

Pour ce qui est du *cylindre,* il a déjà été établi que le cône de même hauteur que le cylindre vaut le tiers de ce dernier. Une sphère de rayon R vaut quatre cônes de hauteur R (et de base égale au grand cercle) : cela équivaut à deux cônes de hauteur 2 R. Inscrivons *la sphère dans le cylindre :* sa hauteur vaut 2 R. Le cylindre vaut trois cônes, la sphère vaut deux cônes : donc le cylindre vaut une fois et demie la sphère, et cela est vrai de leurs surfaces comme de leurs volumes.

Cicéron (106-43 av. notre ère) affirme que la tombe d'Archimède à Syracuse ne portait aucun nom, mais seulement la figure gravée d'*une sphère inscrite dans un cylindre*.

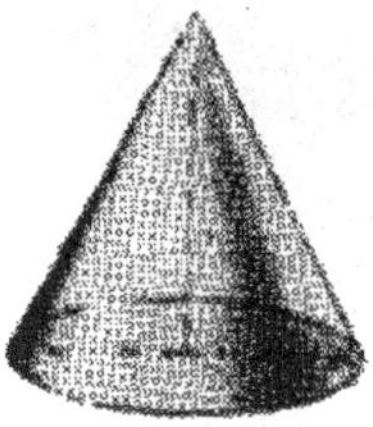

Cône : figure engendrée par la révolution du triangle.

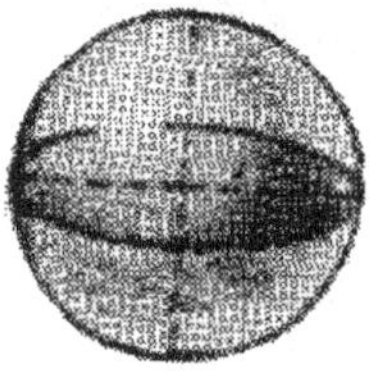

Sphère : figure engendrée par la révolution du cercle.

Cylindre : figure engendrée par la révolution du carré (ou du rectangle).

Figure 142 : Cône, sphère et cylindre : même famille.

Ces trois figures forment une « famille » : elles sont circulaires et leur mesure se rapporte à celle du cercle.

Pour construire le *Traité de la sphère et du cylindre*, Archimède est parti des rapports du cône au cylindre, connus depuis Eudoxe de Cnide, astronome et mathématicien grec (vers 406 - vers 355 av. notre ère), qui a séjourné en Égypte pour ses études : « On rapporte qu'Eudoxe avait suivi les leçons de Chonuphis (*Khnwm-nfr*, "Khnoum est parfait", en égyptien) de Memphis. » (Plutarque, *Isis et Osiris*, 10).

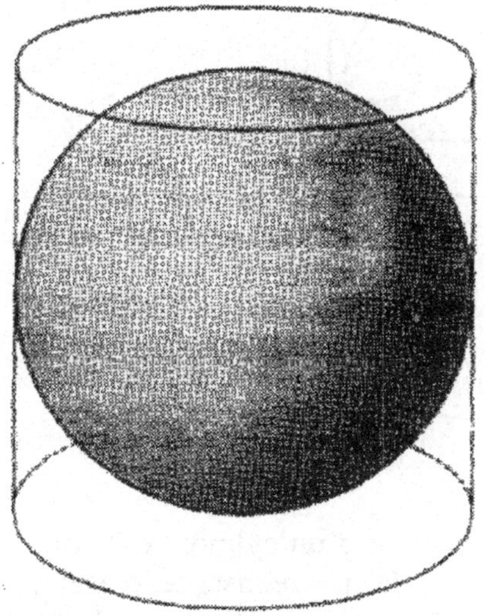

Figure 143 : De la sphère et du cylindre.

Dans son traité qui porte justement ce titre, Archimède établit que le volume de la sphère remplit les deux-tiers du volume du cylindre circonscrit. Sa tombe, rapporte l'histoire, porta comme épitaphe la représentation géométrique correspondant à sa démonstration, puisque le général romain Marcellus combla, dit-on, le vœu d'Archimède le Syracusain. Cicéron dit avoir retrouvé la tombe d'Archimède grâce à cette figure.

Dans son traité *De la sphère et du cylindre*, Archimède donne des rapports de mesures de surfaces courbes par rapport à des surfaces planes. Il détermine la surface de la sphère en fonction du rayon. Il calcule la surface latérale d'un tronc de cône à partir de la surface du cercle base de ce cône ou d'un grand cercle de la sphère.

Avant lui, les Égyptiens ont calculé : le rayon de base du cône qui est un cercle, l'apothème du cône, la pente d'inclinaison d'un cône (problème n° 60 du Papyrus Rhind) ; l'aire de la base d'un cylindre circulaire droit, le volume du cylindre (problème n° 41 du papyrus Rhind) ; la surface d'une demi-sphère (problème n° 10 du papyrus de Moscou). C'est de la stricte géométrie de l'espace qui ne naîtra véritablement en Grèce qu'au temps de Platon.

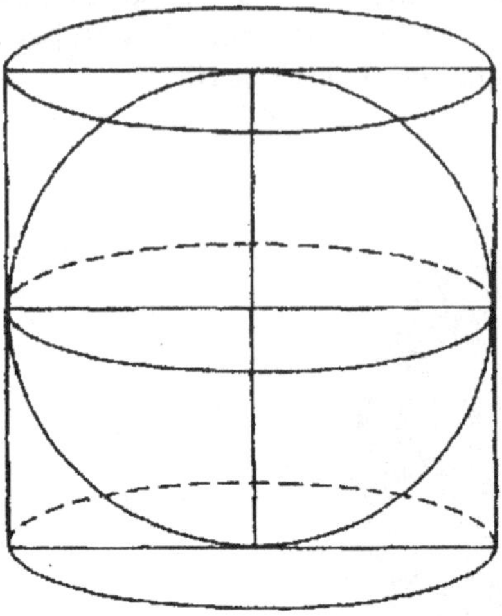

Figure 144 : Cylindre exinscrit à une sphère.

C'est le seul cas où l'égalité entre la hauteur d'un cylindre et le diamètre du cercle de base, qui est aussi celui de la sphère inscrite, présente un intérêt particulier. (Cheikh Anta Diop, *Civilisation ou Barbarie*, Paris, Présence Africaine, 1981, p. 306).

XXXV

Le poids des choses : balances, leviers et géométrie

1. *La statique*. En mathématique, la *statique* (grec *statikos*, « qui concerne l'équilibre ») est la partie de la mécanique qui a pour objet l'équilibre des forces. Elle traite ainsi des forces qui s'exercent (dans et) entre des solides immobiles.

2. *La balance*. La *balance* (latin *bis*, « deux fois », et *lanx*, « bassin ») est un instrument servant à *peser*, formé d'un *fléau* mobile et de plateaux, portant l'un le corps à peser, l'autre les poids marqués.

Peser (latin *pensare*), c'est déterminer, par *comparaison* avec l'unité de masse, la masse, le poids d'un objet : peser, c'est mesurer un poids, la qualité d'un corps pesant.

Le *fléau* est la tige horizontale d'une balance, aux extrémités de laquelle sont suspendus ou fixés les plateaux, c'est-à-dire les disques qui reçoivent les poids ou les matières à peser.

3. Pour effectuer la mesure, il suffit de faire coulisser le curseur ou contrepoids jusqu'au point où le fléau s'immobilise en position horizontale : le poids est donné par la distance qui sépare le curseur ou le contrepoids du pivot vertical. La loi d'Archimède énonce que cette distance est proportionnelle au poids de la charge. Si une charge de six kilos est équilibrée à vingt centimètres du pivot, une charge de trois kilos sera équilibrée à dix centimètres.

Il y a donc un principe de la balance. On ne peut pas construire une balance sans avoir en tête ce principe ou cette théorie de la balance. Après tout, un fléau de balance a une forme géométrique. C'est un segment de droite. Des segments de droites, placés l'un contre l'autre, forment une surface. Cette surface est proportionnelle à un poids. Le pivot est le point d'équilibre, le *centre de gravité*.

4. En inventant *la balance*, symbole de l'équilibre et de l'harmonie constamment associé à l'emblème de la Vérité-Justice-Ordre cosmique

(Maât), les Égyptiens ont évidemment connu le principe géométrique de la balance, longtemps avant la formulation écrite de ce principe par Archimède. Mais le Syracusain n'est pas, tant s'en faut, l'inventeur de la balance.

5. Il va de soi que les Égyptiens ont eu une connaissance précise de la balance, avec toutes les caractéristiques essentielles :

 var.  *mḫ3t, mekhat,* « balance » à pivot, à support.

 var. 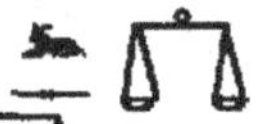 *iwsw, iousou,* « balance » à main.

 var.  *mḫ3t, mekhat,* « balance » : c'est le prototype de *la balance romaine* qui comporte un contrepoids de grandeur connue, un fléau, un pivot, un plateau qui contient la charge à peser.

 *wṯst, wetcheset,* « pivot », « support » de la balance.

 *rmnwy, remenwy,* les « bras » du fléau : les deux bras de la balance qui sont en fait deux segments de droite.

 *ḥnkw, henekou,* « plateau » de la balance.

 *tḫ, tekh,* « peson » de la balance.

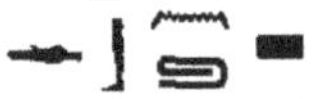 *dbn, deben,* « poids marqué » de la balance.

 *mḫ3, mekha,* « égaliser », « équilibrer », « peser ».

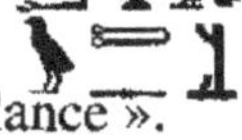 *wṯs, wetches,* « peser », « tenir un objet en équilibre sur une balance ».

 *rdi ḥr gs,* « incliner d'un côté » la balance.

 *nm, nem,* « dévier » en parlant de balance.

Le *fléau,* c'est-à-dire le symbole même de la justice, de l'équité, de l'exactitude, de la vérité, était représenté par la *maât* elle-même :  *m3ᶜt, maât,* « Vérité-Justice-Ordre cosmique transcendant », « Harmonie universelle », « Équilibre parfait du monde ».

En fait, c'est la conception égyptienne de la vérité qui a motivé l'invention de la balance par les géomètres et ingénieurs de la société pharaonique.

Le texte suivant est très explicite (*Le Conte de l'Oasien* ou *Le Paysan éloquent* BI, 166-167). Il date du Moyen Empire (2052-1778 av. notre ère) :

(1) 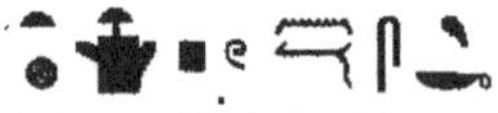

(2) 

(3) 

Traduction :

(1) Ta langue *(ns.k)* est le peson *(tẖ)* (de la balance),
(2) Ton cœur *(ib.k)* est le poids *(dbn)* (de la balance),
(3) Tes deux lèvres *(spty.ky)* sont ses bras *(rmnwy)* (de la balance).

Le peson à contrepoids *(tẖ)* est certes un instrument peu précis, mais commode, pour mesurer un poids. La langue *(ns)* est mobile comme le peson : elle peut bavarder beaucoup comme elle peut aussi garder le silence. Le juste milieu est correct. Le cœur *(ib),* siège des sentiments et des pensées, est ainsi la partie centrale de l'homme qui constitue son poids social et moral : « Ne dis pas de mensonge car tu es grand ; ne sois pas léger, car tu es un homme de poids » (*Le Conte de l'Oasien* B I, 166). L'expression « avoir le cœur sur les lèvres » signifie parfois : être franc. Les bras qui constituent le fléau de la balance doivent être nets, exacts, afin de bien mesurer le poids des choses et des hommes (poids physique et poids moral).

Il existe ainsi une « métaphysique » de la balance dans l'Égypte ancienne. Dès lors, la balance sera utilisée lors du jugement du défunt devant Osiris et ses 42 assesseurs. Ce mythe pharaonique de la pesée des âmes sera repris par maintes mythologies et religions révélées.

6. *Les mesures pondérales égyptiennes* sont :

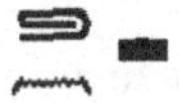 *dbn, deben,* environ 91 grammes (à partir de la XVIIIe dynastie), pour peser toutes sortes de métaux.

 *ḳdt, kite,* poids de 1/10 du *deben,* soit environ 9,1 g.

 *šꜥty, shâty,* poids et valeur de 1/12 du *deben,* soit environ 7,5 g.

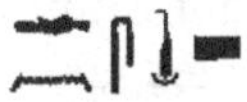 *dns,* « lourd », « pesant ».

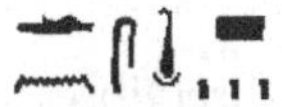 *dnsw,* « poids ».

Figure 145 : Poids marqué en pierre portant le nom du roi Aménophis I (1557-1530 av. notre ère), Djeser-Ka-Râ (« Puissant est le *ka* de Râ »). La valeur est indiquée : 5. Ce poids marqué servait sans doute à peser l'or *(nbw) :* ce mot est également inscrit sur la pierre. Ce document se trouve actuellement au British Museum, Londres.

Les poids à peser l'or du pays *asante* (ashanti), au Ghana, sont universellement connus.

Les Égyptiens utilisaient tantôt une tête de bovidé *(ka)* tantôt des *poids marqués* dans l'un des plateaux de la balance. Le document précédent (fig. 145) en est une preuve concrète.

Figure 146 : Divers poids de balance en diorite, bronze et pierre veinée. Il faut noter le poids de forme *cubique*. Le *poids ovoïdal* est en basalte noir (diamètre maximum : 5,2 cm ; poids : 174 g). Il porte une inscription avec le nom du « prêtre lecteur, Grand des Dix du Sud, prêtre d'Anubis, Hepeti ».
La mesure est indiquée : 10.
L'esprit de précision des Égyptiens, inventeurs de la géométrie de la balance, etc., est toujours étonnant. Marquer les poids est signe d'exactitude, de justice et de vérité. On ne le souligne jamais assez dans la littérature égyptologique moderne. Musée égyptien de Turin (salle VI).

7. *Théorie du levier* . Une barre rigide pouvant basculer autour d'un point fixe, appelé *point d'appui* ou *pivot,* pour remuer, soulever les fardeaux est un *levier.*

Les *bras du levier* sont les distances du point d'appui aux directions des deux forces, la force motrice et la force résistante. Lorsque les bras du levier sont égaux, les poids supposés en équilibre sont aussi égaux. Les poids inégaux s'équilibrent à des distances inégales du point d'appui. Le produit du bras par la force qui agit sur lui s'appelle le *moment statique.* La condition d'équilibre du levier est que les moments statiques des deux forces soient égaux.

8. La *balance,* invention purement égyptienne, est la première application rigoureuse et scientifique de la théorie du levier. Le fléau est un segment de droite AB ; son milieu est 0, soit le pivot central. Ainsi 0A et 0B sont les deux bras de la balance.

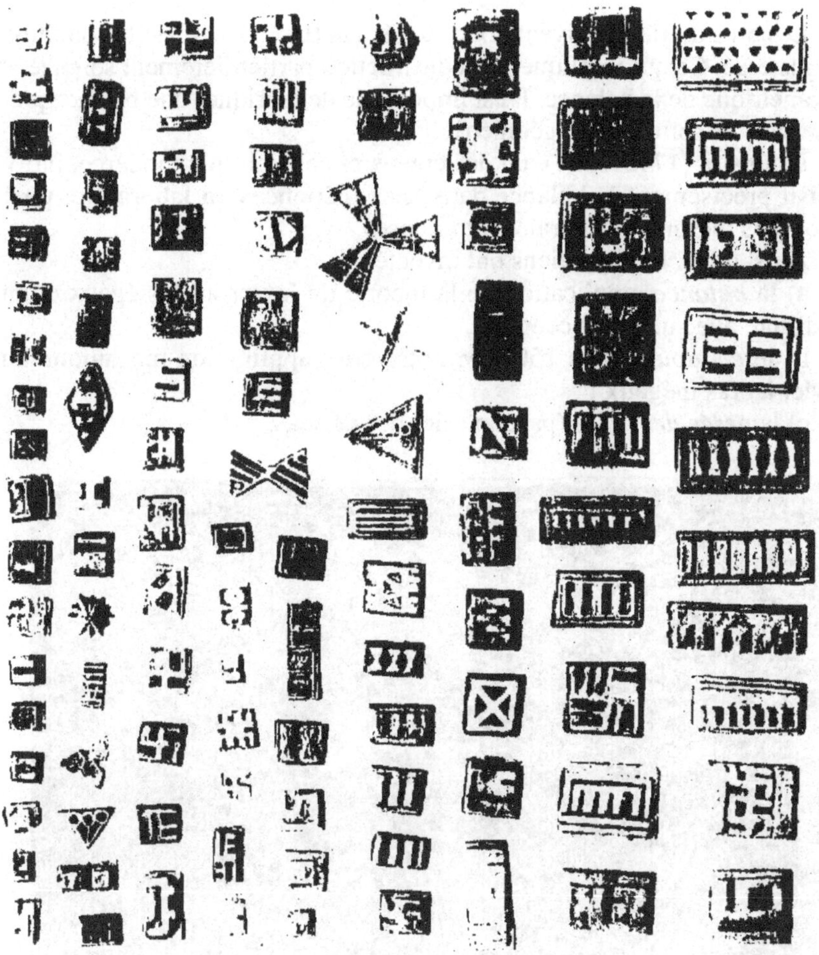

Figure 147 : Poids pour peser l'or, Akan, Ghana. Ils sont en cuivre. Ces poids sont de *tradition stylistique géométrique.* On trouve aussi des poids de tradition figurative.
F. Timothy Garrard a esquissé une chronologie de ces poids : au moins trois millions de ces poids à peser l'or ont été coulés entre 1400 et 1900 dans la région que se partagent aujourd'hui le Ghana et la Côte-d'Ivoire. Les 2/3 de ces poids datent de la dernière période, c'est-à-dire vers 1700-1900. Le Pr Georges Niangoran-Bouah a étudié de manière approfondie ces poids pour peser l'or du pays akan (Asante, Baule, etc.).

Si les deux bras sont égaux, c'est-à-dire si 0A = 0B, les poids P et P' dans l'un et l'autre plateaux sont égaux, donc les masses aussi, c'est-à-dire que la masse du corps pesé (l'or par exemple) est égale à la masse ou aux masses marquées (tête de bœuf, poids marqué, etc.) qui font équilibre dans l'autre plateau.

Les bras du fléau doivent donc être égaux 0A = 0B : c'est la condition de justesse. Ce qui implique une construction particulièrement soignée et géométrique de la balance. Il est impossible de fabriquer une balance précise sans ce soin et cette géométrie.

Lavoisier (1743-1794), un des créateurs de la chimie moderne, introduisit précisément la balance dans les expériences en laboratoire pour avoir des mesures pondérales rigoureuses.

Ainsi donc, les Égyptiens ont inventé :

a) la *balance*, application de la théorie du levier à bras égaux et en équilibre avec un pivot central ;

b) le *chadouf* (vers 1500 av. notre ère), application mécanique du levier à bras inégaux ;

c) la *pesée des âmes* (psychotasie) des défunts.

Figure 148 : Bas-relief du tombeau de Ti à Sâqqarah. Ve dynastie.
Balance égyptienne, Ve dynastie (2450-2290 av. notre ère).
La balance fut inventée en Égypte à cause de la philosophie de la Maât, la Norme universelle. Le surintendant opère, le scribe note.

Figure 149 : Balance égyptienne avec curseurs 1500 ans avant notre ère : « Le manipulateur agit sur des curseurs en position initiale symétrique par rapport au support central, ce qui est une manière de fignoler la pesée. C'est une façon astucieuse de jouer *avec maîtrise* sur la longueur de l'un des bras du levier que constitue la balance, et de déplacer le centre de gravité du système ». (Cheikh Anta Diop, *Civilisation ou Barbarie*, Paris, 1981, p. 307. Texte souligné par l'auteur). La théorie du levier était maîtrisée en Égypte. Ce document le montre visuellement. Les poids pour peser l'or étaient en forme de tête de bœuf, de lion, ou en forme de cône. Il existait aussi des poids marqués, avec valeur chiffrée. L'or pesé, au Nouvel Empire (1567-1085 av. notre ère) était de plusieurs qualités : l' « or de montagne », l'« or pur, bon », l'« or deux fois meilleur », l'« or trois fois meilleur », l'« or de poids », et l'« or bon de Katm », c'est-à-dire des pays d'Asie. L'or de Nubie (Soudan) était également réputé.

Figure 150 : Pesée de l'or destiné aux orfèvres. Fin XVIIIe dynastie.
Scène provenant de la tombe de Nebamon et Ipouky (Thèbes, n° 181), deux maîtres sculpteurs de Pharaon. L'or est placé dans le plateau à gauche. Pour déterminer son poids, l'opérateur, fort concentré, est en train de compenser l'écart entre la position d'équilibre initiale et la position atteinte en comprimant au moment opportun et précis le peson qui devait être certainement à ressort : la mesure du déplacement nécessaire pour comprimer le peson à ressort permet en effet des pesées très précises.
Il convient aussi de savoir que la balance à support (pivot) et à bras horizontaux, avec deux plateaux suspendus aux extrémités, était connue depuis l'Ancien Empire (2780-2280 av. notre ère). La balance était utilisée surtout par les bijoutiers et par les orfèvres pour peser l'or ; plus tard elle fut aussi utilisée pour des échanges commerciaux.

Figure 151 : Pesée de l'or en forme d'anneaux. Deux scribes : l'un exécute l'opération de pesée, tandis que l'autre enregistre le résultat. L'esprit géométrique des Égyptiens : tout mesurer, tout noter en vue de rapports précis à établir pour l'administration centrale ou locale.
Source : Davies, *The Tombs of Menkheperrasonb, Amenmose and Another,* Londres, 1933, planche 11.

Figure 152 : Le Marchand d'Or.
Balance à main, Tombouctou, Mali. C'est la balance égyptienne *iwsw*.
Déjà au temps de Kankan Moussa qui prit le pouvoir en 1307, on se plaignait à Tombouctou de l'usage des faux poids et des fausses mesures, du mélange du cuivre à l'or vierge et à l'argent ; la poudre d'or alourdie par des matières diverses.
Source : Félix Dubois, *Tombouctou la Mystérieuse,* Paris, E. Flammarion, 1897, p. 304.

Figure 153 : Décoration d'un vase grec. Ce genre de vase de style « Sparte » était populaire sur les marchés de Naucratis en Égypte, de Samos en Ionie (Asie Mineure), et en Cyrénaïque (Libye, Afrique du Nord). Ces vases spartiates datent de la première moitié du VIe siècle av. notre ère.
La scène représentée ici montre une nette influence égyptienne : « On a Spartan cup the Greek king of Cyrene supervises the weighing and packing of wool in a scene which is very close to Egyptian representations of an overseer and the weighing and stacking of goods. » (John Boardman, *The Greeks Overseas,* Penguin Books, édit. de 1973, p. 149).
Traduction : « Sur une coupe de Sparte, le roi grec de Cyrène surveille la pesée et l'emballage des laines en une scène qui est très proche des représentations égyptiennes d'un surveillant et de la pesée et mise en meule de produits. »

Figure 153 bis : Scène de pesage de la laine, lécythe à figures noires, Athènes, env. 560 avant notre ère, New York, Metropolitan Museum of Art.
Une femme pesant la laine. La vérification du poids de la laine destinée à un produit était donc confiée aux femmes qui faisaient du tissage. Sur cette scène caractéristique de la vie courante, les pesons ont la forme d'objets allongés irréguliers.

Figure 154 : La pesée des actions. Livre des Morts, Nouvel Empire (1567-1085 av. notre ère). British Museum, Londres. C'est à proprement parler, « le Livre de la Sortie à la Lumière ».

Le plateau de gauche contient le cœur du défunt, et celui de droite la plume d'autruche, symbole de *Maât,* déesse de la Vérité-Justice, de l'Harmonie universelle et de l'Ordre cosmique. Le dieu Anubis (tête de chacal) conduit le mort, manipule la balance, arrête les oscillations, constate que les plateaux se font ou non équilibre. Thot (dieu à tête de l'oiseau ibis) enregistre le résultat. Le dieu Horus conduit le défunt devant Osiris assisté de 42 autres divinités. Si le candidat est déclaré *maâ kherou,* « juste de voix », il connaîtra les béatitudes du paradis solaire des dieux et des bienheureux. Si le candidat connaît un sort autre, le Dévoreur (qui se dresse du côté du plateau où se trouve la plume symbolique) en fait son affaire.

La première confession (le chapitre 125 du Livre des Morts) se compose de 36 phrases. La seconde confession est plus longue et comporte 42 phrases. Il y a 36 décans. Le défunt doit confesser qu'il n'avait commis aucun péché d'un bout à l'autre de l'année. Il y a 42 nomes (à une époque tardive), mais le défunt interpelle successivement en 42 phrases 42 génies (divinités).

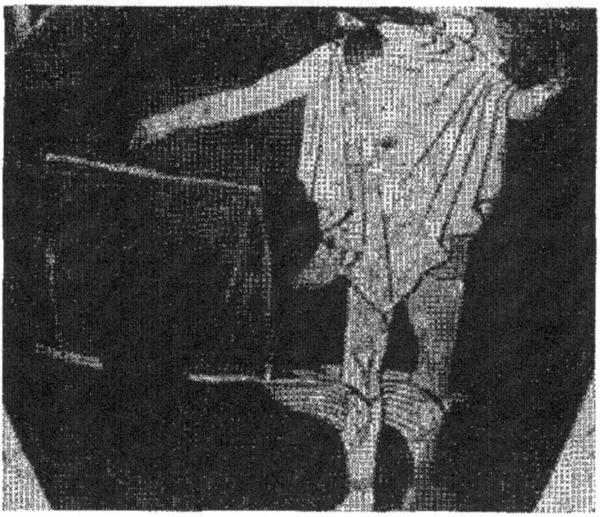

Figure 155 : Hermès, le Thoth des Grecs, pesant les âmes des morts. Peinture de vase. (Musée du Louvre. H. d. Rel., Quillet, v. II, fig. p. 193).
Hermès pesant les âmes des morts.

La balance de la Justice (ὁ ζυγὸς τῆς Δικαιοσύνης) en Grèce a sa source directe dans la balance du Jugement de l'Égypte pharaonique : c'est le rite osirien fondamental, exigé par la Maât, pour pouvoir accéder aux béatitudes célestes, au royaume solaire des dieux et des esprits lumineux.

Hérodote a écrit : « Presque tous les personnages divins *(tà ounómata tōn theōn)* sont venus en Grèce de l'Égypte *(eks Aigúptou elēluthe es tēn Helláda.)* » (Hérodote, II, 50).

Écoutons encore le Père de l'Histoire : « Les Égyptiens sont aussi les premiers *(prōtoi)* à avoir énoncé cette doctrine *(tòn lógon),* que l'âme de l'homme est immortelle *(hōs anthrōpou psuchē athánatós ésti)* (...). Il est des Grecs qui, ceux-ci plus tôt, ceux-là plus tard, ont professé cette doctrine comme si elle leur appartenait en propre. » (Hérodote, II, 123). Hérodote fait allusion aux Orphiques, à Phérécyde, Pythagore, Empédocle, qui ont tous séjourné en Égypte, aux dires des Grecs eux-mêmes, et notamment de Diodore de Sicile, après Isocrate et Hérodote lui-même.

Figure 156 : Chadouf mis en usage au Nouvel Empire (1567-1085 av. notre ère). C'est un appareil à bascule, employé pour tirer l'eau des puits. C'est l'application même du levier à bras inégaux. Sur un poteau vertical ou un arbre ébranché (qui est le support), on pose une longue perche munie au gros bout d'un contrepoids, pierre ou motte de terre, au petit bout un récipient pour puiser l'eau. En agissant sur la perche ou le mât on abaisse le récipient au niveau de l'eau et quand il est plein il remonte de lui-même au niveau de l'opérateur, d'où l'eau s'écoule librement dans le jardin ou dans les canaux d'irrigation. Les cultures maraîchères, beaucoup de plantes annuelles ou bisannuelles, alimentaires, tinctoriales, pharmaceutiques exigeaient des arrosages abondants.
Tombe du sculpteur Ipouy (Api, Ipy). Thèbes, tombe n° 217. Il vécut sous le règne de Ramsès II (1301-1235 av. notre ère).

L'écrivain français André Gide (1869-1951), Prix Nobel (1947), a visité le Tchad et le Nord-Cameroun. Il a noté avec attention l'existence de *norias,* sorte de machines qui servaient à puiser l'eau en vue de l'irrigation des champs.

Ces *norias* sont en fait des *chadoufs* égyptiens, appareils à bascule. En effet, une *noria* est une machine hydraulique formée de godets attachés à une chaîne sans fin, plongeant renversés et remontant pleins. C'est toujours l'application du levier à bras inégaux.

Voici la description de Gide : « Sur les bords du fleuve (côté Tchad), bords assez abrupts. Des norias nous attirent – ou quel autre nom donner à ces appareils élévateurs, simple fléau, porteur à l'une de ses extrémités d'un récipient à l'autre d'un contrepoids, qui balance le poids de l'eau qu'on prend au fleuve et l'élève sans peine à hauteur du champ qu'il faut irriguer. Rien de plus primitif et de plus ingénieux que cette élémentaire machine d'une élégance virgilienne. Une grande calebasse sert de récipient.

« Un indigène s'occupe à faire monter l'eau ; un autre à la répartir, ouvrant et fermant tour à tour, d'un coup de houe, de petites écluses de terre. L'eau, d'abord, est précipitée de la calebasse, sur une claie, de manière que la terre ne soit pas creusée par la chute de l'eau, mais garde sa pente. Le champ tout entier est en pente légère. Ce sont des aubergines qu'on y cultive. Il y a pour ce seul champ, pas très grand, six norias à une vingtaine de mètres l'une de l'autre. Je note longuement ceci, car je n'ai vu parler de ces machines dans aucune relation de voyage au Tchad. » (A. Gide, *Le Retour du Tchad,* Paris, Gallimard, 1928, pp. 11-12).

Figure 157 : La saqia nubienne (d'après S. Cherubini, 1847).
Le *chadouf* (shadouf), un récipient fixé à un levier à contrepoids, servait à l'irrigation de champs situés trop hauts, assez éloignés des infiltrations souterraines du Nil. (Nouvel Empire : 1567-1085 av. notre ère).
La *saqia* fut introduite seulement à l'époque ptoléméaïque (304-30 av. notre ère) : c'est une roue à godets mise en mouvement par des animaux pour l'approvisionnement en eau.
Le *chadouf* et la *saqia* servaient donc comme auxiliaires de l'irrigation en Égypte, exploitant ainsi des lois de la mécanique.
S. Cherubini, compagnon de voyage de J.-F. Champollion, décrit ainsi la *saqia :* « Ce mécanisme consiste en une roue à chapelets, combinée avec des engrenages et mue par des bœufs, des vaches, ou souvent même des chameaux. A l'époque du voyage de Burckhardt, on en évaluait le nombre de six à sept cents entre Assouan et Ouadi-Halfah seulement. » (S. Cherubini, *Nubie* dans *L'Univers, ou Histoire et description de tous les peuples,* Paris, F. Didot, 1847, p. 53).

Figure 158 : Système du balancier (Ancien Empire)
Scène de la vie rurale : porteurs d'eau pour l'arrosage du jardin ou du champ à l'aide du système de *balancier*.
Le jardin ou le champ à arroser est divisé en lots carrés, régulièrement tracés. Saqqara, Ancien Empire (2780-2280 av. notre ère).
Source : Gaston Migeon, *Le Caire. Le Nil et Memphis,* Paris, Renouard, H. Laurens, 1928, p. 92. Collection : « Les Villes d'Art célèbres ».

Figure 159 : Balancier égyptien.
Balancier dans la Vallée du Nil. Relief de l'époque d'Amarna (vers 1370 av. notre ère). Brooklyn Museum 65.16.

Figure 160 : Balancier au Niger : le balancier est un long bâton qui sert aux porteurs et porteuses d'eau dans des récipients assez lourds à tenir l'équilibre. C'est un organe stabilisateur : de chaque côté du long bâton les récipients ont à peu près le même poids, mais le porteur est obligé de rétablir l'équilibre en tenant le bâton. D'autre part, les récipients sont attachés aux deux extrémités du bâton à peu près à égale distance à partir du point d'appui du porteur. Verticalement les récipients ont la même hauteur.
Photo : cliché de la Société Africaine de Groupement d'Achats à Niamey. Voir Dr Jean Boulnois et Boubou Hama, *Empire de Gao. Histoire, coutumes et magie des Sonraï*, Paris, Adrien-Maisonneuve, 1954. Entre les pages 126 et 127 se trouve cette photo.

XXXVI

La trame géométrique du monde en Égypte et dans le reste de l'Afrique noire

1. *L'ordre géométrique de la nature.* Il existe une géométrie du sensible, c'est-à-dire que la nature est géométriquement ordonnée. La nature présente une structure fondamentalement géométrique.

Ainsi, Platon, dans le *Timée,* après le chaos initial, établit que l'Univers est constitué par l'arrangement des corps, et les éléments primordiaux ont chacun une figure géométrique particulière : le *cube* est attribué à la *terre,* le *feu* a pour germe la *pyramide* ou le *tétraèdre* régulier, l'*air* est représenté dans la nature par l'*octaèdre,* enfin l'*eau* a pour figure géométrique l'*icosaèdre.*

Ces différentes figures forment cependant un seul bloc. Il existe une ressemblance globale entre elles. Par exemple, les 20 faces de l'*icosaèdre* peuvent se regrouper pour former 2 *octaèdres* et 1 *tétraèdre.* La ressemblance peut être directe ou indirecte. Le tout est de pouvoir dégager un rapport commun entre les figures ressemblantes.

2. *La géométrie du sensible.* Du fait de la *trame géométrique de la nature,* la complexité phénoménale des choses et des êtres permet de dire qu'il existe une géométrie des données sensibles (Jean Nicod, *La Géométrie dans le monde sensible,* Paris, P.U.F., 1962, préface de Bertrand Russell, 160 pages).

Cette géométrie particulière n'est plus *la science de l'espace* qui est la géométrie du *volume,* de la *surface,* de la *ligne* et du *point,* mais une géométrie qui est directement appliquée aux *êtres réels* et qui pose des termes faciles à interpréter *dans la nature.*

L'élégance, la simplicité et la beauté caractérisent ainsi cette géométrie particulière, la rapprochant alors de l'*Esthétique.*

3. *Le rythme des formes.* Les formes produites sont infinies dans leur variété ainsi que dans leurs cadences et leurs rythmes.

C'est la sensibilité plus ou moins affinée de nos sens et de notre psychologie qui nous permettront alors de découvrir les *harmonies subtiles* et les rapports cachés ou non qui constituent les formes de cette géométrie du monde sensible.

Une certaine *symbolique* est donc à la base d'une telle géométrie qui s'exhibe mieux, sans doute, dans les *motifs géométriques de décoration.*

4. *Le sentiment de la grâce.* Un tel sentiment, profond, tient à la fois de la géométrie et de l'esthétique.

Bergson l'a expliqué : « Si la *grâce* préfère les *courbes* aux *lignes brisées,* c'est que la ligne courbe change de direction à tout moment, mais que chaque direction nouvelle était indiquée dans celle qui la précédait. » (Henri Bergson, *Essai sur les données immédiates de la conscience,* Paris, P.U.F., 1961, p. 9. Souligné par nous).

La figure qui s'impose est donc la *ligne courbe.* Le sentiment de grâce est encore plus grand quand la ligne courbe s'exerce sur une surface courbe, telle *la calebasse.*

En effet, le décor de la calebasse est une invention proprement géométrique qui s'inscrit non dans la *rectilinéarité* (lignes droites ou brisées), mais dans la *circularité* et la *curvilignité* (cercles et courbes).

C'est ce que l'on peut admirer avec l'art décoratif africain, dans la Vallée du Nil et le reste de l'Afrique noire.

5. *Motifs géométriques de la décoration égyptienne*

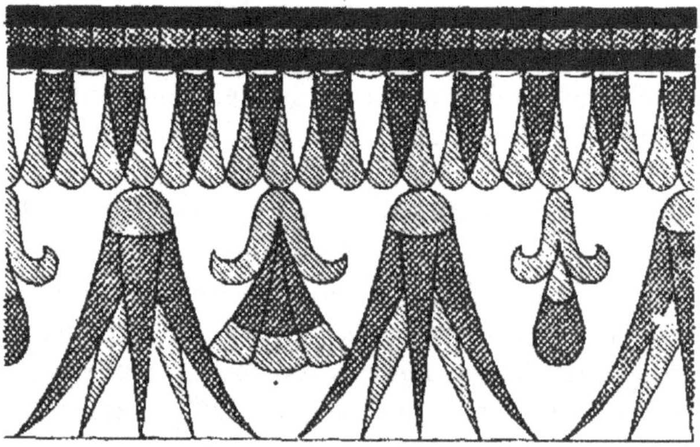

C'est toujours le *lotus bleu* qui orne les frises. Les sépales et les pétales de ce lotus sont longs et pointus. Le motif est naturel, botanique.

Enroulements en C

Enroulements en S

Les *enroulements en C* sont des motifs géométriques dont les boucles se rejoignent en hauteur et en largeur. Les *enroulements en S* forment souvent des *spirales*.

Figure 161 : Motifs géométriques de la décoration égyptienne.

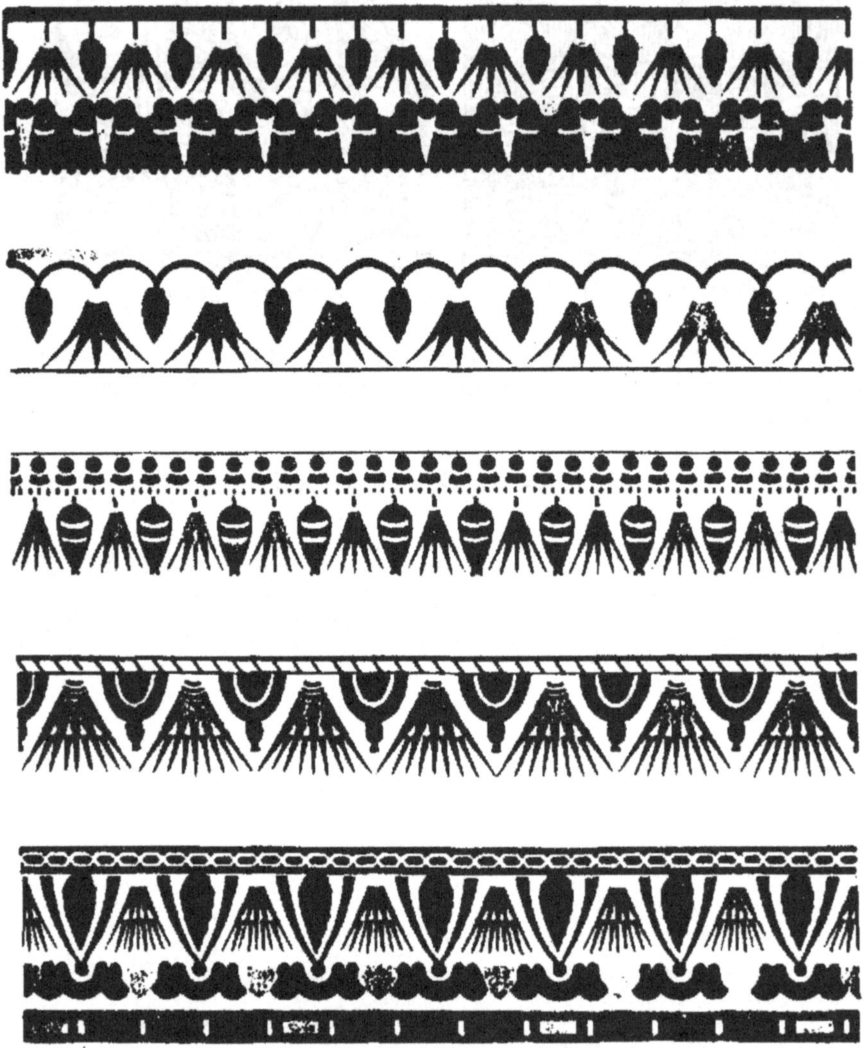

Figure 162 : Frises thébaines.
Guirlandes de fleurs stylisées, parmi lesquelles dominent les lotus.
(D'après G. Jéquier).

Figure 163 : Décor de plafond de Meir.
(D'après A.-M. Blackman)

Peinture décorative encadrant une niche à statue dans un tombeau de Meir datant du Moyen Empire (2052-1778 av. notre ère). Le motif, assez simple, consiste dans l'emploi des *spirales*.

Figure 164 : Décor de plafond.
(D'après Prisse d'Avennes) (D'après Prisse d'Avennes)

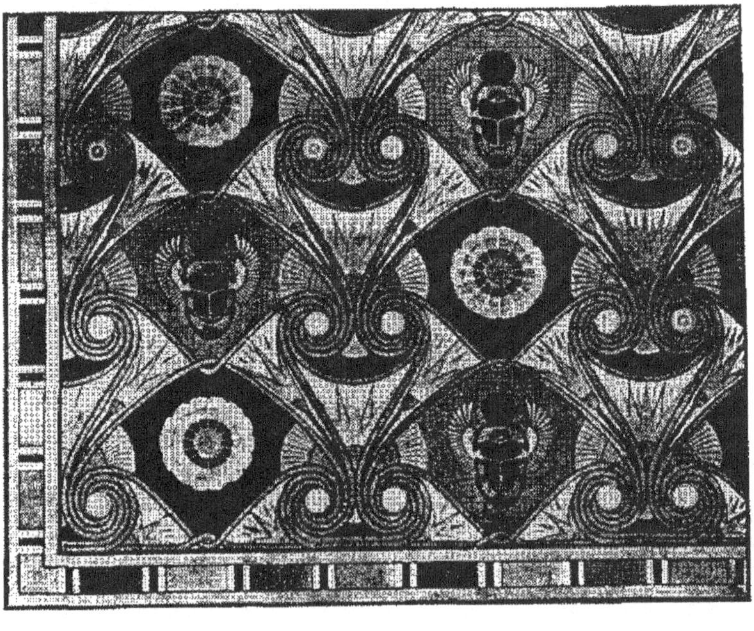

Figure 165 : Plafond du tombeau de Ramsès II (1301-1235 av. notre ère). D'après Prisse d'Avennes : *L'Art égyptien.*

Ces deux motifs géométriques (figure 164) qui datent du Nouvel Empire (1567-1085 av. notre ère) sont assez compliqués : les *spirales* sont plus développées, et s'enlacent en un dessin continu, de manière à encadrer des têtes de taureaux portant une *rosace* entre les cornes.

Des siècles plus tard, les Grecs emploieront ce genre de motifs dans les formes de la colonne ionique.

Le motif géométrique (figure 165) montre l'alliance des enroulements en C et des enroulements en S. La bordure d'encadrement est composée de petits rectangles, alternativement bleus, verts, rouges et jaunes, entre deux baguettes noires : les enroulements jaunes avec centre bleu sont ainsi magnifiquement mis en mouvement. Les *rosaces* ont ces couleurs : centre jaune, cercles rouge, bleu et vert. Les scarabées, comme les rosaces ou rosettes, ornent les compartiments : ils sont noirs avec des ailes vertes sur fond bleu.

Figure 166 : Décoration du palais d'Assurbanipal.
Seuil du palais d'Assourbanapal. Musée du Louvre.
Encadrement de palmettes alternant avec des fleurs de lotus.

Les ornements de la décoration intérieure assyrienne sont le plus souvent empruntés à l'*art égyptien* : c'est ici le cas, avec ce seuil du palais d'Assourbanapal ou Assurbanipal, roi d'Assyrie de 668 à 626 av. notre ère.

Certains hiéroglyphes sont déjà présents (figure 167) :

– collines triangulaires = signe N_{25} de la liste de Gardiner (*ḫ3st* « pays montagneux », « collines ») ;

– bélier = signe E_{11} qui date de l'Ancien Empire (*b3, ba,* « bélier », « mouton » : *Ovis longipes paleoaegyptiaca,* justement la race de moutons la plus ancienne dans la Vallée du Nil, en Égypte). Un bélier est momifié dès la Ire dynastie (vers 3300 av. notre ère) ; près du bélier, le signe de Haute-Égypte (M_{26} *Šmʿw*) ;

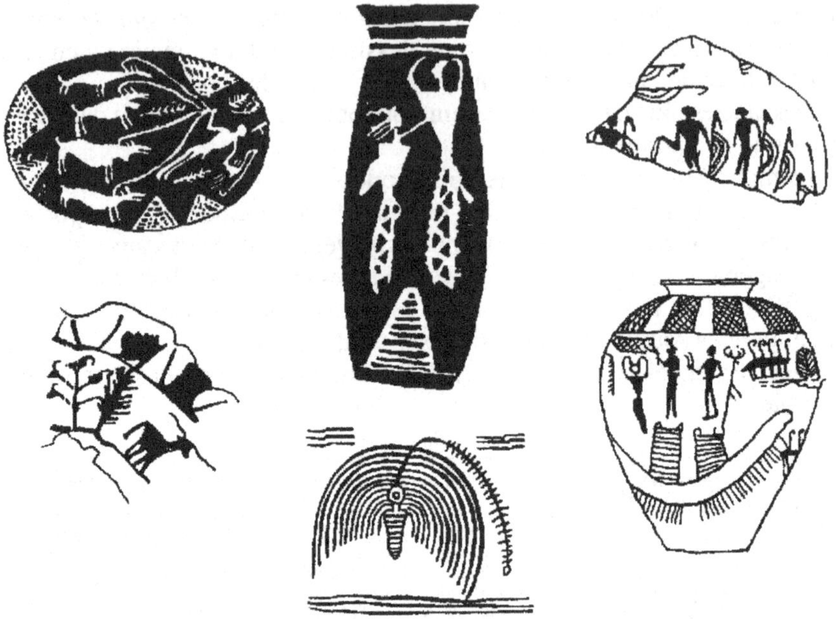

Figure 167 : Motifs ornant des vases amratiens et gerzéens ou nagadiens, en Haute Égypte (vers 4000 ans av. notre ère).

– épeautre, blé = signe M_{34} (*bdt, bty,* « épeautre ») ;

– barque sacrée avec cabine = signe P_2 (*wi3,* « barque solaire »). La barque fut inventée dès la préhistoire en Égypte ;

– sycomore = signe M_1 (*nht,* « sycomore ») ;

– flamant = signe G_{27} (*d̲šr,* « flamant »).

6. *Motifs géométriques de la décoration chez les Laka, Ngambaye et Mboum du Haut Logone (Tchad).*

La décoration des calebasses africaines. La décoration des calebasses, qui sont des *demi-sphères,* existe dans toute l'Afrique noire, avec une variété infinie de motifs d'ordre végétal, animal, surtout d'ordre strictement géométrique. Les Africanistes ont été, dans l'ensemble, fort peu sensibles à *la géométrie des calebasses africaines.*

Le style géométrique de l'art décoratif africain. La calebasse est de forme ordinairement hémisphérique. Les femmes appliquent l'extrémité d'un fer taillé en biseau (burin) sur la surface extérieure, ligneuse, brillante et lisse de la courge. Les tracés géométriques au burin chauffé au rouge sont d'un noir profond.

Les motifs géométriques sont distribués sur une demi-sphère. Le *champ décoratif* des Laka, Ngambaye et Mboum du Haut Logone, au

Tchad, est impressionnant. Les motifs obéissent à *des règles établies,* à une tradition.

Une ressemblance globale peut être entrevue, mais les calebasses ainsi géométrisées diffèrent les unes des autres. L'effort d'*attention* et d'*abstraction* de l'artiste-géomètre est réel. Le tracé des lignes forme toutes sortes de figures bien ordonnées.

L'impression d'ensemble est qu'il s'agit comme d'un *déplacement des figures.* On aurait ainsi une géométrie fondée non plus sur la ligne droite et la distance, mais sur le déplacement. Les figures se transforment les unes dans les autres, et pourtant elles restent elles-mêmes, dans une espèce de congruence et de solidarité formelle.

Le potentiel géométrique de l'art décoratif du Tchad (et du reste de toute l'Afrique noire) constitue une géométrie particulière dans le monde sensible.

Figure 168 : Calebasses et motifs géométriques (Haut Logone, Tchad).

Les calebasses géométrisées du Haut Logone ont été collectionnées et étudiées par Denis-Pierre de Pedrals qui écrit : « Il ne s'agit ni d'ébauche, ni de pré-art, mais d'une possession complète et étendue. Il ne me restait plus qu'à situer ces œuvres, à les définir, si possible, en considération des *éléments psychologiques et culturels* qui sont nécessairement à leur origine. » (D.-P. de Pedrals, *Antilopes et Calebasses*, Paris, Durel Éditeur, 1948, p. 104. Souligné par nous).

Ce qui suit est donc tiré de l'ouvrage de Pedrals qui, le premier, a exposé l'art décoratif et géométrique des peuples du Haut Logone.

Ces objets géométriques ne sont pas des sous-produits marqués au signe du travail en série, ou du plagiat d'une forme consacrée par la mode : ces objets portent manifestement la marque d'un sentiment créateur original.

Épanouissement des styles géométriques des calebasses tchadiennes

Calebasse ou figure A 1 : une ligne passe par le milieu de la demi-sphère, d'un bord à l'autre. Des *lignes parallèles* sont tracées de chaque côté. Puis entre ces lignes, de nouvelles lignes, ondulées cette fois, et dont la *spirale* est soulignée de points.

Calebasse ou figure A 2 : des lignes se combinent pour ouvrir des figures latérales dont certaines contiennent un *polygone*.

Calebasse ou figure A 3 : la substitution à des traits droits de *cercles* soit concentriques à la ligne du bord externe, soit *tangents* les uns des autres.

Calebasse ou figure A 4 : les cercles concentriques cèdent la place à des *polygones*. Le polygone central contient un *rectangle curviligne*.

Calebasse ou figure A 5 : ce sont trois cercles contenant trois triangles, soit des *triangles inscrits dans des cercles* (3 x 3 x 3).

Calebasse ou figure A 6 : le *cercle* est le motif central. Les branches d'une croix dépassent le cercle central et partagent le champ circulaire en *quatre parties égales,* contenant chacune un élargissement des motifs secondaires visibles dans le cercle central.

Calebasse ou figure A 7 : le *cercle* central recouvre le *point d'intersection* des quatre branches d'une croix identique à la calebasse A 6 et porte un damier. Le motif géométrique s'enrichit au surplus des intersections de quatre autres *cercles latéraux* et d'un cinquième concentrique du central.

Calebasse ou figure A 8 : un *cercle* central à partir duquel se détachent cinq ou six branches.

Calebasse ou figure A 9 : parallèles coupant des lignes courbes donnant ainsi une figure comprenant neuf parties, tantôt d'allure triangulaire, tantôt des couronnes circulaires.

Calebasse ou figure A 10 : élargissement considérable des motifs, et la *Calebasse A 11* abandonne la disposition symétrique. *La Calebasse A 12 :* « Expression, dynamisme et psyché de la ligne » (Paul Klee).

Épanouissement des styles géométriques des calebasses tchadiennes (figures 169 et 170) d'après D.-P. de Pedrals (*op. cit.*, pp. 102-103).

Figure 169 : Styles géométriques des calebasses du Tchad.

Figure 170 : Styles géométriques des calebasses du Tchad.

Noms des calebasses tchadiennes (D.-P. de Pedrals, *op .cit.*, pp. 106-107).

Les motifs géométriques des calebasses tchadiennes sont donc aussi étendus que complexes. Ils tiennent d'un enseignement transmis de génération en génération. C'est l'évidence même.

Les calebasses ont des noms correspondant à telle ou telle variété du dessin géométrique qu'elles portent.

Calebasse ou figure B 1 : ce sont les ailes de la chauve-souris.

Calebasse ou figure B 2 : c'est la calebasse *Falapol* qui porte les écailles de la tortue.

Calebasse ou figure B 3 : c'est la calebasse *Porndoui* qui porte, elle, les ailes de l'épervier.

Calebasse ou figure B 4 : le nom de cette calebasse est *Tongorné* ; elle représente la queue d'un poisson.

Calebasse ou figure B 5 : le motif géométrique est fait de cercles concentriques et tout le champ porte des cauris : c'est la calebasse *Douladji* qui servait précisément à mettre les cauris.

Calebasse ou figure B 6 : surnommée *Digoueye,* cette calebasse était destinée au ramassage des haricots. Ovales incurvés.

Calebasse ou figure B 7 : cette calebasse au dessin remarquable (des losanges divisés en leur milieu par des lignes droites verticales) s'appelle *Dolang* et ceci signifie : « petit rat ».

Calebasse ou figure B 8 : c'est la calebasse *Kamourou* dans laquelle étaient servis les gâteaux.

Calebasse ou figure B 9 : le nom de cette calebasse est *Ingoué.* On conservait du kaolin dans cette calebasse. Cette terre rouge servait pour peindre certaines parties des poteries, des objets de bois, piliers de sépultures et les murs des maisons.

Calebasse ou figure B 10 : cette calebasse porte le nom de : *Gu al dingu da mal,* c'est-à-dire « les femmes disent que les hommes ne marchent pas droit ». On y mettait la bière de miel.

Les calebasses ont des noms (D.-P. de Pedrals, *op. cit.*, p. 106).

Figure 171 : Noms des calebasses tchadiennes.

Les calebasses ont des noms (D.-P. de Pedrals, *op. cit.*, p. 107).

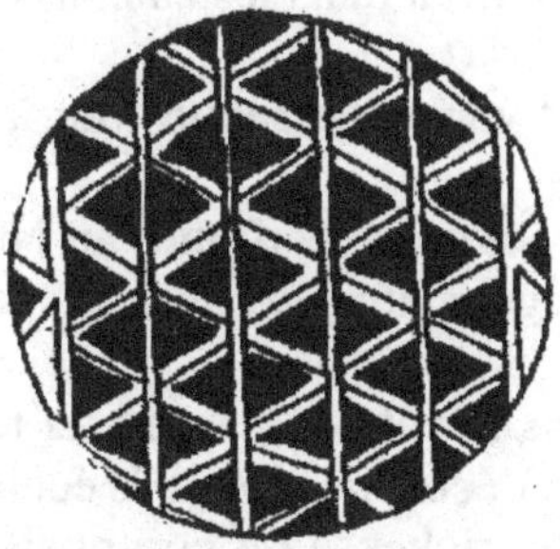

B7 Dolang

B8 Kamourou

B8

B8

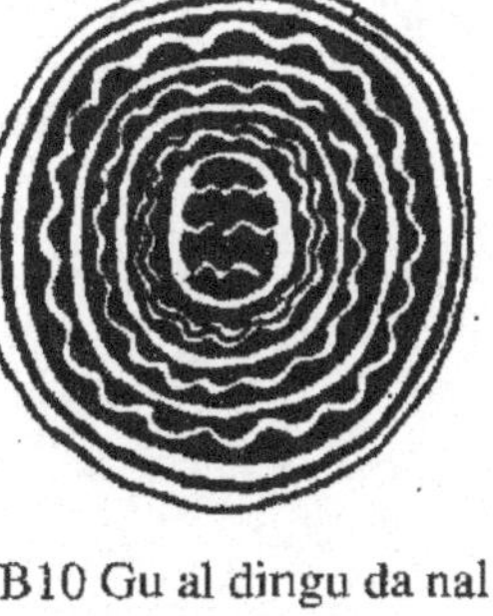

B10 Gu al dingu da nal

B9 Ingoué

Figure 172 : Noms des calebasses tchadiennes.

7. *Vocabulaire ornemental et motifs géométriques des calebasses et poteries du Niger.*

L'art décoratif du Sahel nigérien excelle surtout dans les calebasses et la poterie.

Les motifs géométriques sont riches et variés de façon tout à fait remarquable.

On reconnaît des « aires à décor » ou « écoles » spécifiques au Niger. Ce qui suppose des traditions stylistiques et géométriques avec des techniques caractéristiques.

Frises de damiers obliques dominent dans l'école de l'Ader. La technique du décor enlevé en blanchi appartient à l'école de Konni. L'école du Damergou-Dagnagaram montre une grande richesse de composition.

Yves Urvoy a laissé des notes extrêmement précieuses sur cette question : Y. Urvoy, *L'Art dans le territoire du Niger,* I.F.A.N., Centre du Niger, 1955, 68 p., 77 fig.

Le vocabulaire décoratif a été étudié par cet auteur dans l'architecture en terre, le bois décoré au fer rouge, les calebasses, la poterie, la vannerie, les arts textiles (tissage et broderie), le cuir, les armes et les bijoux.

La *géométrie du sensible* est étendue presque à tous les objets fabriqués par l'être humain. Ce qui dénoterait un sens géométrique très poussé dans la recherche du beau. Les motifs géométriques de décoration donnent toujours et nécessairement de nets effets de beauté.

L'immense champ géométrique de l'art nègre (architecture, sculpture, calebasses, poterie, cuir, vannerie, textiles, etc.) est encore insuffisamment exploré, étudié, apprécié. Or un sens aigu de la géométrie (lignes droites, disposition méthodique, courbes, figures de toutes sortes) a donné naissance à cet art nègre qui influencera les formes du cubisme. Cet art nègre a ainsi des idées : une certaine géométrisation de la nature.

Figure 173 : Calebasses gravées du Niger : école de Konni : une moitié de la calebasse est gravée et teinte, l'autre restant bien lisse.
La technique est celle du décor enlevé en blanchi.
Source : Y. Urvoy, *L'art dans le territoire du Niger,* I.F.A.N., Centre du Niger, 1955, p. 46. Collection : « Études Nigériennes » II.

Figure 174 : Calebasses gravées du Niger : école de Damergou-Dagnagaram. L'attache de la queue et l'autre pôle de la calebasse donnent *un axe* qui est toujours suivi. La *ligne courbe* est fréquente.
Source : Y. Urvoy, *op. cit.*, p. 48.

Figure 175 : Calebasses gravées du Niger : école de Damergou-Dagnagaram. La *ligne courbe* domine. Les motifs géométriques sont riches et variés.
Source : Y. Urvoy, *op. cit.*, p. 49.

Figure 176 : Pot à henné.

Ce *pot à henné* est remarquablement décoré. Les feuilles de l'arbuste henné fournissent une teinture rouge pour les cheveux, les mains, les talons, etc.
Le henné est donc un produit de beauté. Or, en écriture hiéroglyphique, le mot « beauté » s'écrit : 𓄤𓄤𓄤, *nfrw, neferou.* Ce mot semble être écrit sur ce pot à henné !
Source : Y. Urvoy, *op. cit.*, p. 51.

Figure 177 : Décoration géométrique des poteries : école de Keita, Niger. Col étroit, registres horizontaux avec ligne zigzag, large bandeau divisé en carrés, jeu des diagonales, tracé généralement quadruple des traits, variations : le tout donne un grand effet géométrique.
Source : Y. Urvoy, *op. cit.*, p. 56.

8. *Le système géométrique de l'art décoratif kuba.*

Sans conteste, l'art des Kuba du Zaïre (Sankuru/Kasai) est l'un des plus beaux de l'Afrique noire. Sa réputation est vraiment universelle. Le raffinement des tissus est pratiquement sans égal.

Le système géométrique de cet art kuba (statues royales, tambours, tissus-velours, etc.) révèle les figures suivantes : carrés et rectangles, triangles, parallélogrammes, losanges et hexagones, triangles rectangles dont les angles droits sont adjacents deux par deux, modules angulés, courbes avec entrelacs, cercles et demi-cercles, formes ondulées, polygones concentriques, etc.

On peut consulter les deux grands auteurs ci-après :

– E. Torday, *Notes ethnographiques sur les peuples communément appelés Bakuba, ainsi que sur les peuplades apparentées : les Bushongo,* Tervuren, Annales du Musée du Congo Belge, 1910.

– J. Cornet, *Art royal kuba,* Milan, Edizioni Sipiel, 1982.

Figure 178 : Tissu kuba (Zaïre) en fibres végétales brodées sur un grand morceau de raphia uni. Ces tissus sont appelés « velours du Kasai » ou « velours des Kuba » en raison de la douceur des petits balais de fibres, obtenue grâce à une technique longue et difficile.
Les *motifs géométriques,* exécutés de mémoire, portent chacun un nom.
Source : Arts connus et Arts méconnus de l'Afrique noire. Collection Paul Tishman, Musée de l'Homme, Paris, 1966, Exposition, n° 114.

Joseph Cornet a étudié l'art kuba en détail : J. Cornet, *Art royal kuba,* Milan, Edizioni Sipiel, 1982, 343 p., 353 illustrations. Voir en particulier « Le système décoratif », pp. 157-179.

XXXVII

Géométrie, topographie et cartographie : inventions égyptiennes

1. *Topographie*. La *topographie* est la technique qui consiste à représenter sur un *plan* des formes d'un terrain avec les détails naturels ou artificiels qu'il porte.

Il s'agit donc de la description et de la représentation *graphique*, c'est-à-dire *géométrique* en un certain sens, d'un lieu.

2. *Cartographie*. La *cartographie* est l'*art* de dresser les cartes et les plans de géographie. Cet art a des procédés scientifiques.

Les *cartes topographiques* donnent la configuration détaillée du terrain pour une zone réduite.

Quant aux *cartes géologiques*, elles indiquent la nature du sol et du sous-sol.

3. *Cadastre*. Le *cadastre* est un plan des biens-fonds qui sert à fixer l'impôt foncier.

4. Menna fut un haut responsable du *cadastre* au Nouvel Empire (1567-1085 av. notre ère). Sa tombe à Thèbes porte le n° 69. C'est à Menna que revenait le contrôle des limites de chaque parcelle de terrain et la vérification des bornes que l'inondation déplaçait assez souvent. Les subordonnés, nombreux, comptabilisaient les grains et faisaient des *calculs d'arpentage*.

L'Égypte a établi des *cartes du Ciel*. Le plafond astronomique de la tombe de Senmout à Deir el-Bahari est une carte précise du Ciel, l'an 1463 av. notre ère. Douze cercles représentent les douze mois de l'année égyptienne. Au centre, séparant les cercles en deux groupes inégaux (groupe de 4 et groupe de 8), un triangle long et étroit symbolise le *méridien* sur la pointe duquel se trouve un petit cercle relié à la *Grande Ourse* (image d'un taureau). Les Égyptiens connaissaient les sept étoiles principales de cette constellation. Le dieu hiéracocéphale Anu est figuré sous la *Grande Ourse*, tenant une lance. Si l'on prolonge cette lance et le méridien, les deux lignes se rencontrent au pôle nord (déclinaison 90°), le méridien se trouvant lui-même sur l'équateur (déclinaison 0°). Quant à l'étoile *Ursae majoris,* elle occupe précisément sa place (à 68,2°), qui est la déclinaison de l'époque de Senmout (1463 av. notre ère).

Les hiéroglyphes permettent de reconnaître Jupiter, Saturne, Vénus et Mercure. Il manque Mars. C'est que Mars qui suit dans une barque Jupiter et Saturne n'était pas visible durant la nuit représentée dans la tombe de Senmout.

5. Les Égyptiens ont inventé la *topographie* et la *cartographie* vers 1100 av. notre ère, avec la carte dite « des Mines d'or et des carrières ». C'est un papyrus long de 2,82 m et d'une hauteur de 41 cm qui se trouve actuellement au musée égyptien de Turin, en Italie.

6. La technique géométrique utilisée est celle de *rabattement,* et la méthode topographique celle des *Itinéraires.*

Le *rabattement* est précisément le mouvement de rotation opéré sur une figure plane pour l'amener dans un des plans de projection.

Sur la carte des Mines et des Carrières, la région représentée est *le Wadi Hammamat,* région des montagnes de la chaîne arabique qui sépare le Nil de la mer Rouge, et où existent de nombreuses mines de quartz aurifère. Le relief et les édifices de cette région minière sont justement représentés avec un *profil rabattu* sur la surface. Des légendes et des commentaires complètent le dessin. La *description géologique* est faite au moyen des couleurs : le rouge indique le granit ; le noir, le basalte ; le marron, la terre ; le blanc, les édifices.

Les Égyptiens ont donc employé, les premiers, la *méthode de rabattement.*

Jusqu'au XVIIe siècle de notre ère, les cartographes ont utilisé la *méthode de rabattement* avant d'adopter la *projection orthogonale* (pied de la perpendiculaire abaissée d'un point sur une droite, sur un plan, sur une surface).

7. La *description topographique,* c'est-à-dire la description des éléments de la carte est faite selon la *méthode des Itinéraires.* Ce qui veut dire que les éléments les plus importants du paysage sont présentés en haut.

Ce type de description topographique sera très répandu à Rome puis au Moyen Age.

Les Égyptiens ont donc inventé la méthode cartographique de *rabattement* ou de *projection* (représentation d'un corps, d'un relief sur un plan dit plan de projection, suivant certaines règles géométriques : cela ne se fait pas au hasard, par « empirisme »).

8. L'*histoire de la cartographie,* écrite objectivement et sans préjugés culturels, serait donc celle-ci :

– *vers 2400 av. notre ère :* des cartes primitives, sans méthode, sont dressées par les Babyloniens en Mésopotamie ;

– *1463 av. notre ère :* cartes du Ciel précises par les Égyptiens ;

– *vers 1100 av. notre ère :* invention de la méthode cartographique de « rabattement » et des « Itinéraires » par les Égyptiens ; emploi de couleurs en cartographie ;

– *au IIIe siècle av. notre ère :* le Grec Eratosthène, un Alexandrin, crée la cartographie qui porte sur les cartes méridiens et parallèles, mesure la circonférence terrestre, exprime la distance Syène (Assouan)-Alexandrie en stades théoriques en faisant en réalité une opération géodésique avec des procédés égyptiens d'arpentage ;

– *vers 828 de notre ère :* mesure d'un degré de méridien par les savants arabes de la *Bayt al-hikma* (« Maison de la Sagesse ») sur l'ordre du khalife Al-Ma'mûn. Christophe Colomb connut la valeur de cette mesure à travers Farghânî ;

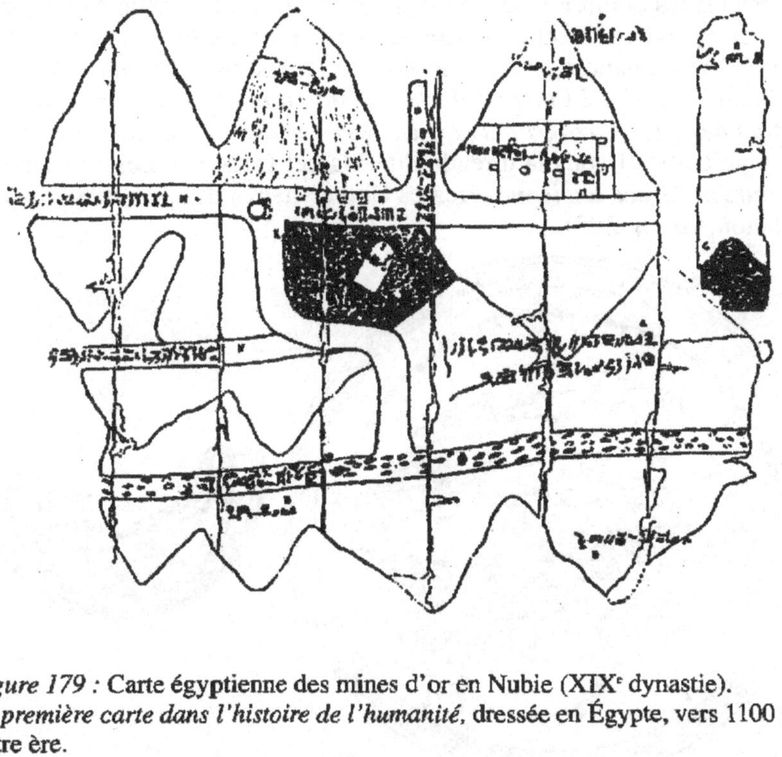

Figure 179 : Carte égyptienne des mines d'or en Nubie (XIXe dynastie).
La première carte dans l'histoire de l'humanité, dressée en Égypte, vers 1100 av. notre ère.
Il s'agit de la cartographie de la région du Wadi Hammamat, région aurifère entre le Nil et la mer Rouge.
La topographie et la cartographie sont nées avec cette carte égyptienne : la technique de *rabattement* et la méthode des *Itinéraires* sont employées pour la première fois. Les faits sont les faits.

– *dès le XIVᵉ siècle de notre ère :* des cartes marines de la Méditerranée sont dressées. Ce sont les portulans qui indiquent la position des ports et le contour des côtes (voir Predrag Matvejevitch, *Bréviaire méditerranéen,* Paris, Fayard, 1992, trad. du croate ; édition originale, Zagreb, 1987) ;

– *au XVIᵉ siècle de notre ère :* le Flamand Gerhard Kremer Mercator invente plusieurs systèmes de projection où les longitudes sont représentées par des droites parallèles équidistantes, et les degrés de latitude par des droites parallèles perpendiculaires ;

– *de nos jours :* la cartographie topographique utilise la photographie en couleurs, les prises de vue aériennes, l'informatique et la télédétection par satellites (Landsat, par exemple), la photogrammétrie, etc.

La première carte grecque attribuée à Anaximandre (610-547 av. notre ère), disciple de Thalès, tiendrait à la fois de la géométrie et de la spéculation sur l'ordre du monde : la terre aurait été cartographiée par le philosophe pareille à un tronçon de colonne (de forme cylindrique), avec deux surfaces planes et circulaires aux deux extrémités. Mais cette carte inaugurale du cylindre terrestre n'existe pas dans la matérialité des faits : « De la carte d'Anaximandre, nous ne savons finalement presque rien. » (Christian Jacob, *Inscrire la terre habitée sur une tablette. Réflexions sur la fonction des cartes géographiques en Grèce ancienne,* pp. 273-304 dans l'ouvrage collectif sous la direction de Marcel Detienne, *Les savoirs de l'écriture en Grèce ancienne,* Presses Universitaires de Lille, 1988 ; pour la citation, voir p. 283).

Figure 180 : Géographie d'Homère. Carte d'Afrique dans le *Monde d'Homère.* Le *Planisphère homérique,* dont le fleuve Océan déterminait le contour, représentait la Terre comme un disque. Le Nil est tracé jusqu'à une grande chaîne de montagnes au-delà de laquelle sont logés les « Pygmées ».

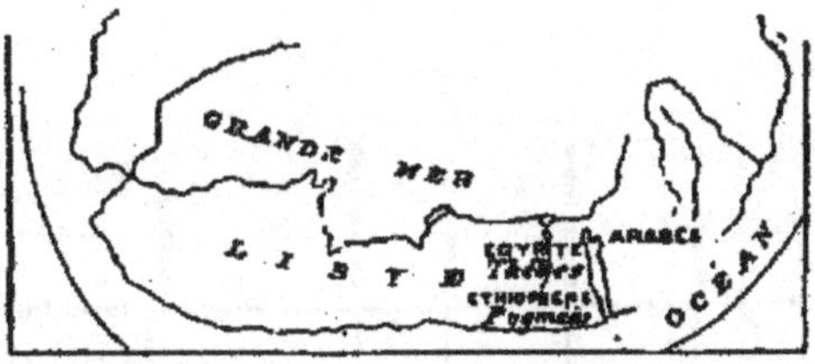

Carte d'Hékatée, 500 av. J.-C.

Le célèbre voyageur, historien et géographe grec du VIe siècle, Hécatée de Milet, avait visité l'Égypte. D'après lui, le grand fleuve égyptien prend sa source à l'extrémité méridionale de l'Afrique, au pays des « Pygmées ».

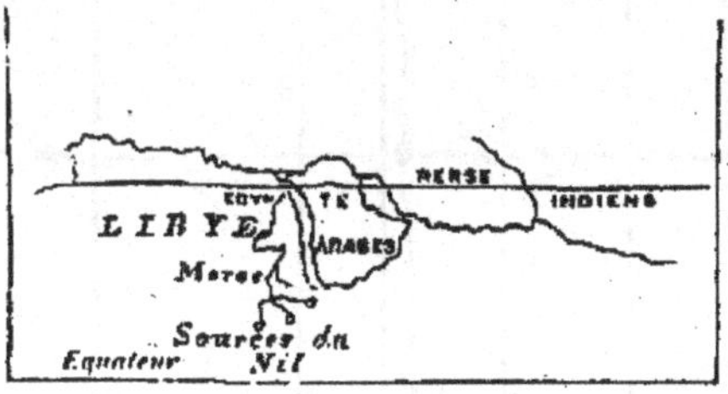

Le Nil et ses fontaines, par Hipparque, 100 av. J.-C.

Hipparque est sans conteste le plus grand astronome de l'Antiquité grecque. Il naquit à Nicée en Bithynie (IIe s. av. notre ère). Hipparque indique trois lacs distincts qui constituent les sources du Nil, au nord de l'Équateur.

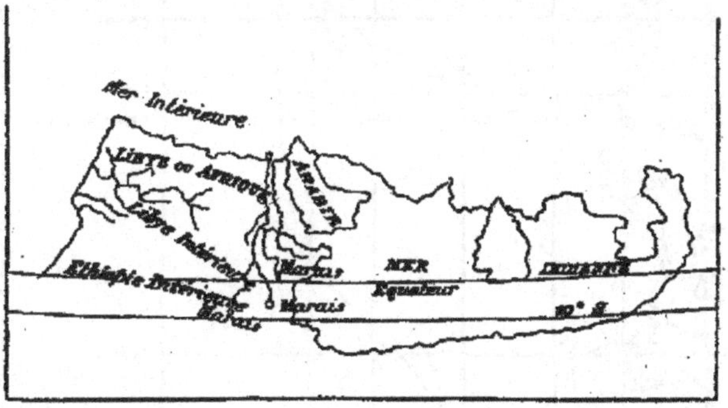

Carte de Ptolémée, 150 ans ap. J.-C.

Claude Ptolémée, astronome grec, naquit à Ptolémaïs, en Haute-Égypte, au IIe s. de notre ère. Une intuition scientifique lui a fait reculer les sources du Nil au sud de l'Équateur. Sa *Géographie* a fait autorité pendant tout le Moyen Age européen.

Figure 181 : Cartes *d'Hécatée, d'Hipparque et de Ptolémée.*

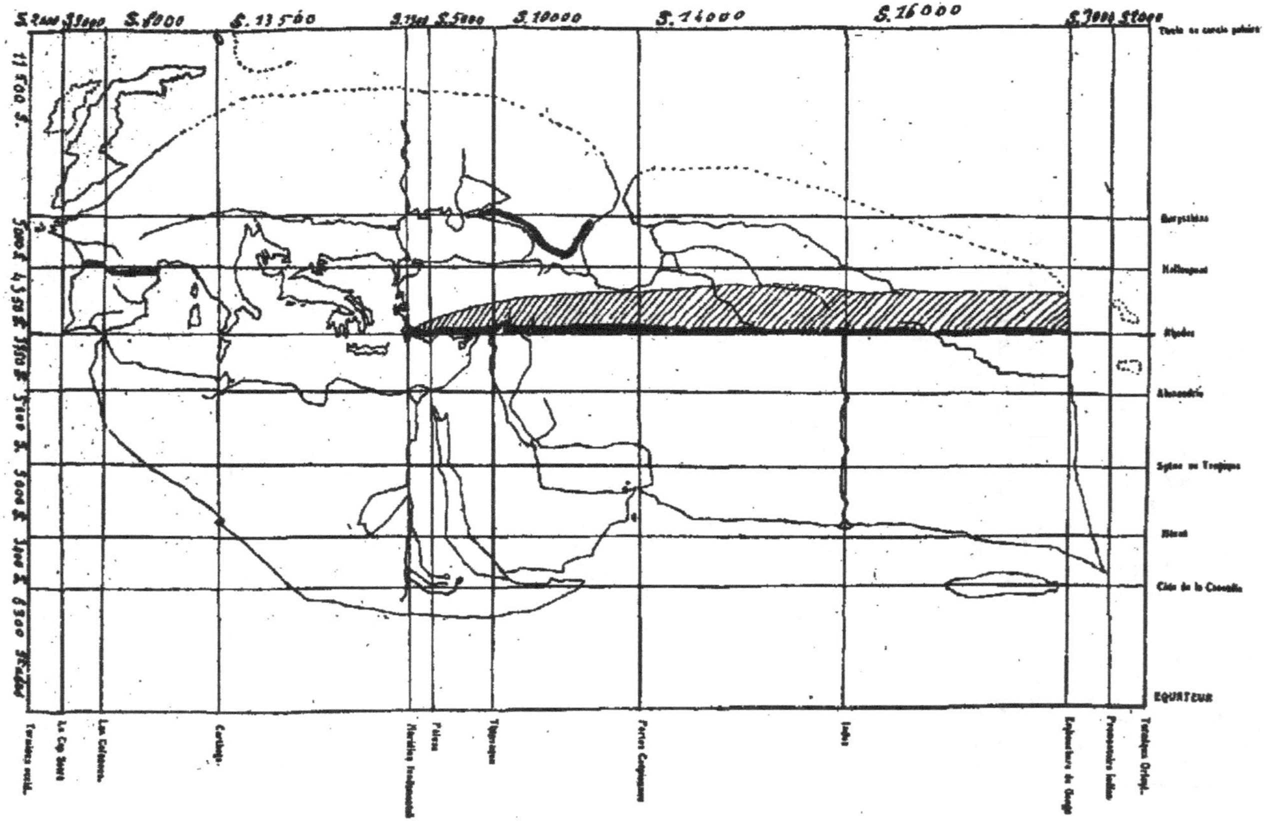

Figure 182 : La restitution traditionnelle de la carte d'Eratosthène (d'après Ch. Muller).
Eratosthène, mathématicien, astronome et philosophe grec de l'école d'Alexandrie, naquit à Cyrène (Libye) vers 284 et mourut vers 192 av. notre ère. Les déterminations scientifiques de longitude étaient impossibles au temps d'Eratosthène. Voir A. Thalamas, *La Géographie d'Eratosthène,* Versailles, Ch. Barbier, 1921.

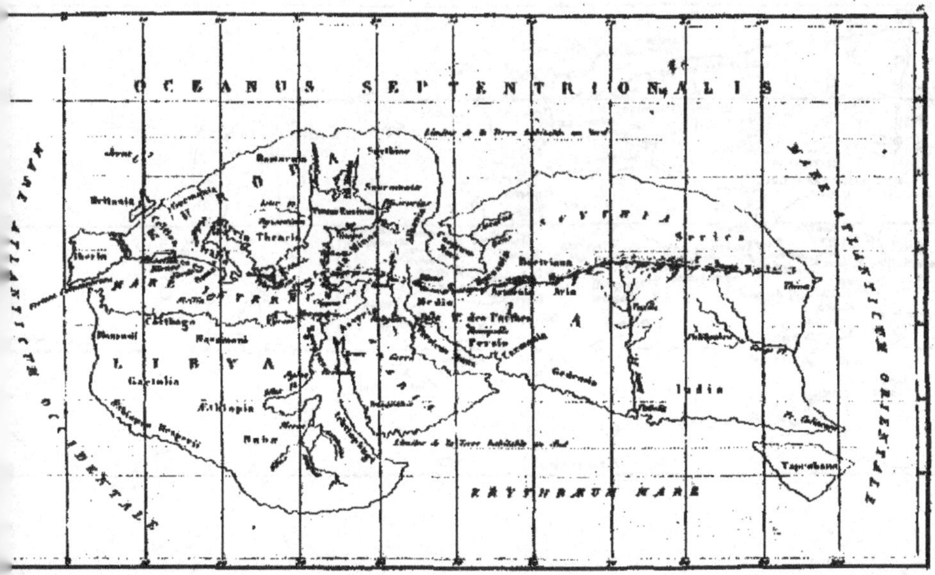

Figure 183 : Géographie de Strabon.

Strabon, géographe grec, naquit à Amasée, en Cappadoce (vers 58 av. notre ère - vers 25 de notre ère). Eratosthène affirmait que, si la grandeur de l'Atlantique n'y faisait obstacle, on pourrait naviguer à l'ouest depuis l'Espagne jusqu'à l'Inde. Strabon objectait : une ou plusieurs terres habitables pouvaient occuper la zone tempérée à travers laquelle eût dû s'accomplir cette navigation. Christophe Colomb, à dix-sept siècles de distance, partit d'Espagne pour naviguer à l'Occident jusqu'à l'Inde, comme le voulait Eratosthène ; il rencontra sur sa route l'Œcuménée nouvelle prévue par Strabon : les Nouvelles Indes.

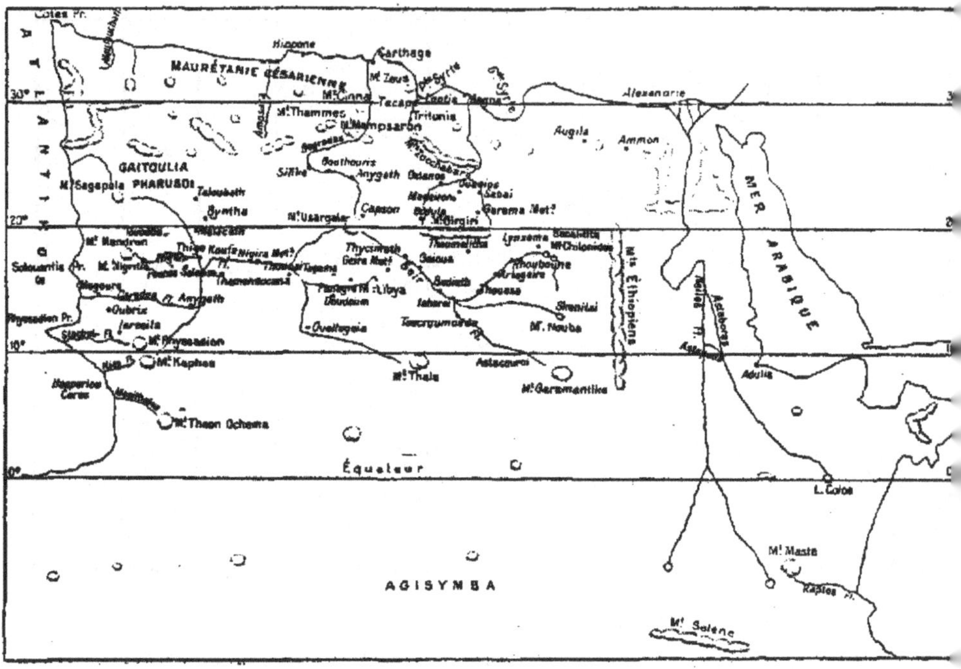

Figure 184 : L'Afrique, d'après Ptolémée.

L'*Afrique Intérieure* décrite par Ptolémée : voir Gustave de Sagazan, *L'Afrique Intérieure d'après Ptolémée,* in « Annales de Géographie » (Paris), n° 319, LXe année, mars-avril 1951, pp. 110-126. Itinéraires du Fezzan, Itinéraires transsahariens, Itinéraires du Sénégal et du Soudan (Sénégal-Niger). Renseignements précieux pour l'histoire du Sahara.

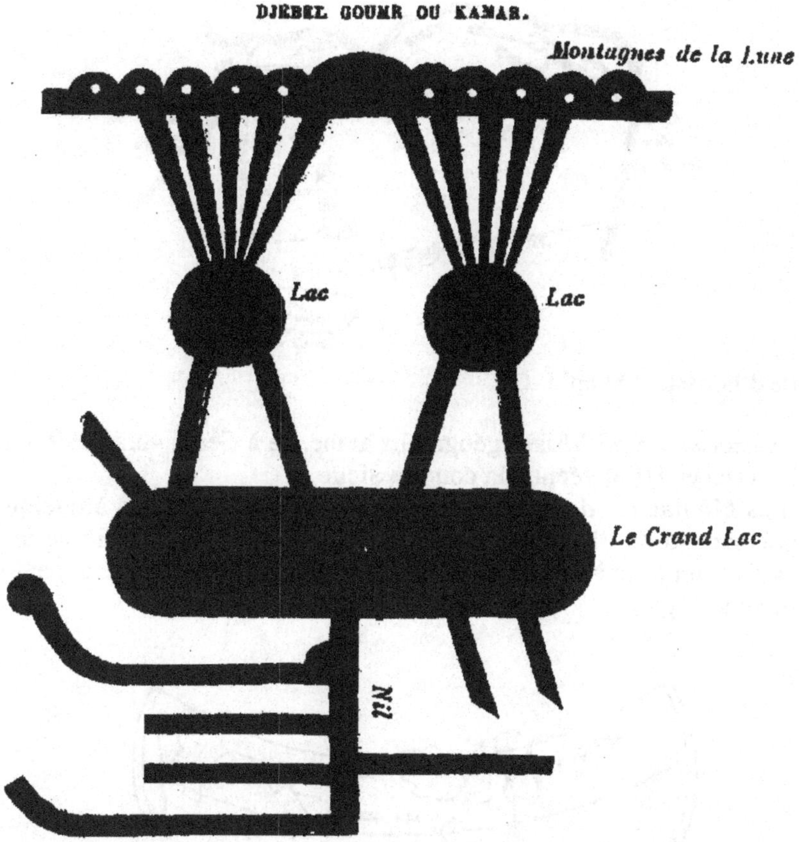

Figure 185 : Montagnes de la Lune. Massoudi, XIe siècle.
El Mas'ûdi (Abûl H'asan 'Ali ben H'osaîn), né à Baghdad, mort en Égypte en 956 de notre ère, est un grand historien arabe. Il a parcouru, lors de ses nombreux voyages, la Perse, l'Inde, l'île de Sri Lanka (Ceylan), Madagascar, l'Arabie, la mer Caspienne, la Syrie, la Palestine, l'Égypte, le Soudan. Il a composé 23 ouvrages environ dont deux comprenaient 20 à 30 volumes. Il est surtout connu par son ouvrage *Les Prairies d'Or*.
A propos des sources du Nil, El Mas'ûdi écrit : « J'ai vu dans un livre de géographie une carte où le Nil sort de la Montagne de la Lune (Djebel Koumr). Les eaux jaillissent de 10 fontaines et coulent dans deux lacs, qui ressemblent aux étangs de Bassora. Après les avoir quittés, elles se réunissent pour descendre à travers un pays sablonneux et montagneux qui est cette partie du Soudan voisine du pays de Zendj (le Zanzibar). »

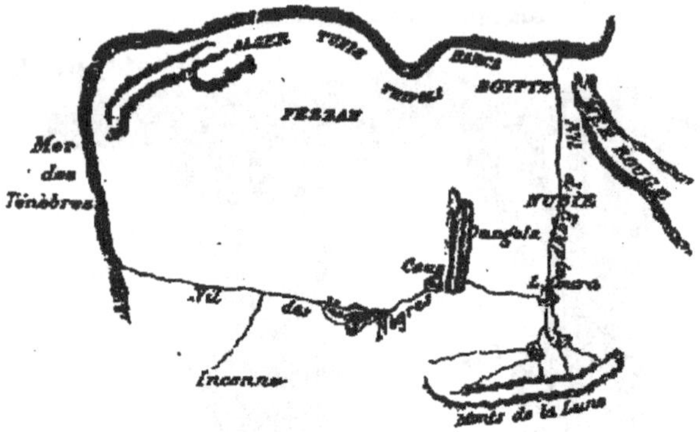

Carte d'Edrissi, 1154 ap. J.-C.

Al-Edrisi (ou Al-Idrisi), géographe arabe, né à Ceuta vers 1099, mort entre 1165 et 1196, vécut à la cour de Sicile.

Les Montagnes de la Lune font leur apparition, placées à quelques degrés au sud de l'Équateur. Deux lacs déversent le trop-plein de leurs eaux dans un troisième, d'où le Nil s'échappe en coulant directement au nord vers l'Égypte.

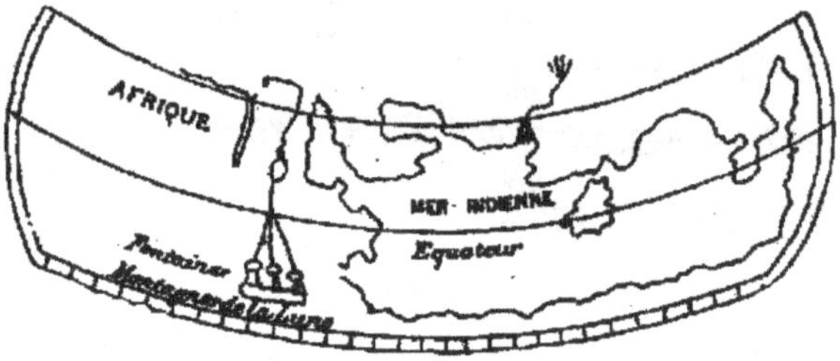

Carte de la *Margarita Philosophica,* 1503 ap. J.-C.

Le Nil sort de trois fontaines au nord des Montagnes de la Lune.

Figure 186 : Cartes de l'Afrique (Idrisi et la « Margarita Philosophica »).

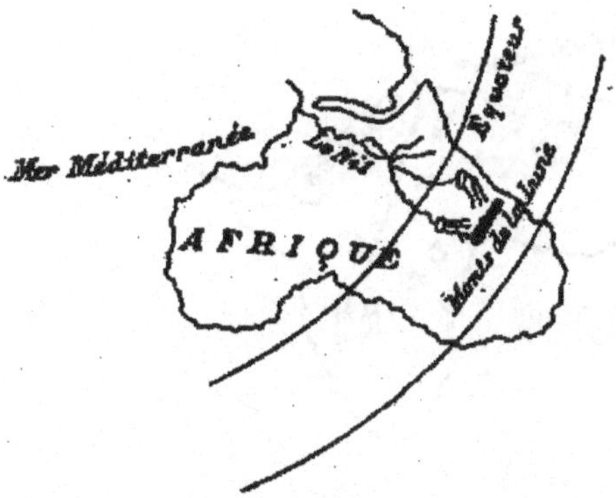

Carte de John Ruysch, 1508 ap. J.-C.

Les Monts de la Lune sont reportés bien plus au midi. Il ne reste plus que deux lacs au sud de l'Équateur. Le Nil sort du troisième lac au nord de l'Équateur.

Carte de Sylvannus, 1511 ap. J.-C.

Le contour de l'Afrique est modifié. Les trois lacs africains (« Les Grands Lacs Africains ») se sont rapprochés l'un de l'autre. Entre deux de ces lacs, les Montagnes de la Lune commencent à prendre hauteur et étendue.

Figure 187 : Cartes de l'Afrique de Ruysch et de Sylvannus.

Carte de Verrazono 529 ap. J.-C.

La forme du continent africain est remarquable. Deux lacs au nord des Montagnes de la Lune, un troisième lac plus au nord. Le Nil a ses sources dans tous ces trois lacs.

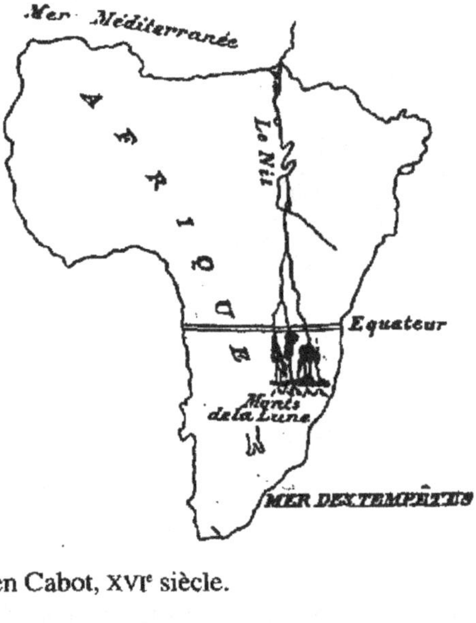

Carte de Sébastien Cabot, XVIe siècle.

Sébastien Cabot (1476-1557) participa aux voyages de son père, Jean Cabot (1450-1498), navigateur vénitien d'origine génoise. En 1526, S. Cabot, passé au service de l'Espagne, reconnut le rio de la Plata. Les trois lacs africains se sont remis en ligne et les Montagnes de la Lune se groupent, au sud de l'Équateur, à la source de chaque cours d'eau pour donner le Nil.

Figure 188 : Cartes de Verrazono et Cabot.

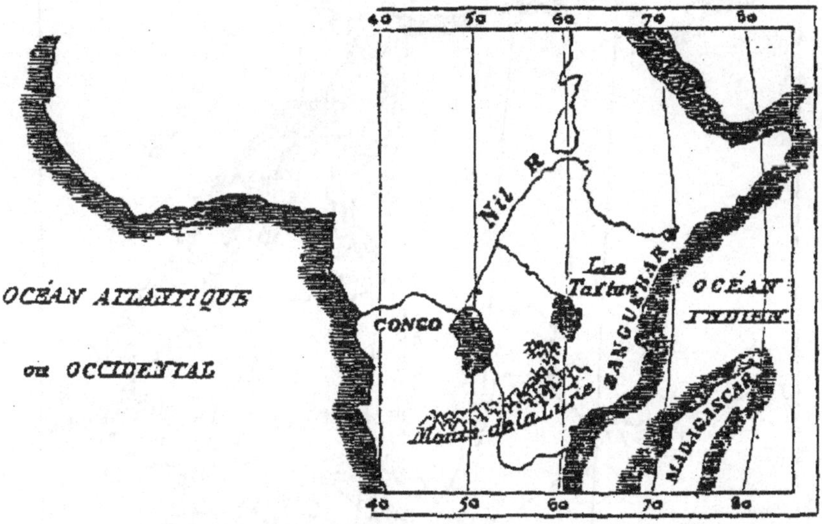

Figure 189 : Carte de l'Afrique (d'après les géographes des XVIe et XVIIe siècles). Le Congo, le Zambèze et le Nil sortent de lacs situés au cœur du continent, au nord des Monts de la Lune.

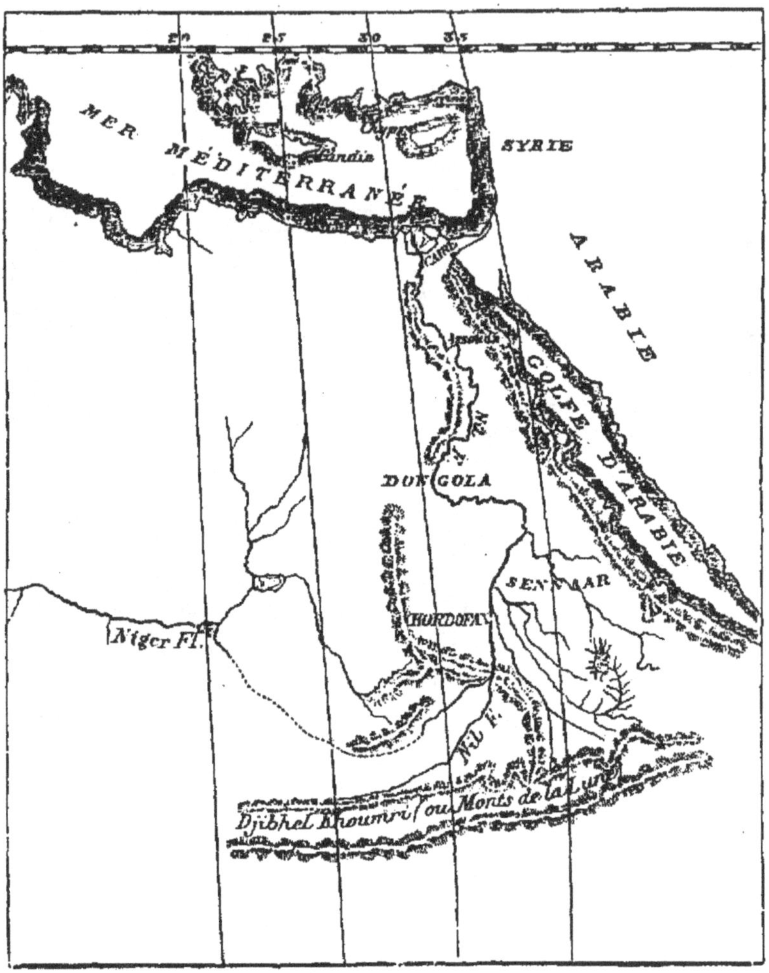

Figure 190 : Carte de Constable, Edimburg, 1819.
Cette *carte de Constable* (à ne pas confondre avec le plus grand paysagiste anglais, John Constable) dénote un recul des connaissances : tout, y compris les lacs, a été balayé. Les Montagnes de la Lune courent du 5ᵉ au 10ᵉ degré au nord de l'Équateur et s'étendent du 20ᵉ degré de longitude au golfe d'Aden. Cette carte ne tient donc pas compte des connaissances acquises sur l'Afrique depuis Homère jusqu'au XVIIᵉ siècle.

Appendices

Appendice I. Étymologie du terme « mathématique ». Idéal mathématique de l'Égypte pharaonique.

Appendice II. Thalès et la science égyptienne : témoignages anciens.

Appendice III. Numération égyptienne d'après les papyrus mathématiques. Principales sources des mathématiques égyptiennes.

Appendice IV. Géométrie particulière du crâne chez les anciens Égyptiens et les Mangbetu du Zaïre. Géométrie et Anthropologie physique du crâne (craniométrie).

Appendice V. Inventions en géométrie de l'Égypte antique.

Appendice I

Étymologie du terme « mathématique » Idéal mathématique de l'Égypte pharaonique

1. *Le verbe* μανθάνω. Le verbe grec μανθάνω *mantháno*, signifie : « apprendre ».

Les nuances dans les textes les plus anciens donnent ces autres sens : « apprendre pratiquement, apprendre par expérience, apprendre à connaître, apprendre à faire ».

Le sens proche de « comprendre » existe également.

2. *Le nom d'action* μαθημα, *máthēma*, signifie : « ce qui est enseigné ». Toutes connaissances apprises par instruction, par enseignement, par éducation, sont τὰ μαθηματα, *tà mathēmata*, les *mathēmata*, les « mathématiques ».

D'où *le nom d'agent* μαθητης, mathētēs, qui signifie : « disciple », dit surtout des disciples des philosophes.

3. Les *mathēmata*, « les mathématiques », c'est-à-dire toutes sortes de connaissances acquises par instruction ou par expérience pratique auprès d'un maître, s'opposent par conséquent à la *Rhétorique* et à la *Poésie* choses que l'on peut savoir sans aller *nécessairement* auprès d'un maître.

Les *mathēmata*, « les mathématiques », ne peuvent pas être appris sans avoir reçu au préalable un enseignement approprié.

Il faut entendre par « mathématiques », dans le cadre de l'éducation grecque, l'ensemble des sciences que l'on étudie à l'école pour devenir un homme libre, un citoyen beau et bon.

Précisément, Platon, ainsi qu'on le sait, parle de τρία μαθήματα, *triá mathēmata*, trois sujets d'étude qui conviennent aux hommes nés libres, à savoir : l'arithmétique, la science des mesures (la géométrie) et l'astronomie.

Le texte de Platon se lit ainsi dans la traduction de la Pléiade : « Il reste maintenant, précisément pour les hommes libres, trois objets d'étude encore : un de ces objets d'étude, c'est le calcul et ce qui a rapport aux nombres ; la mesure des longueurs, des surfaces, des volumes en constituerait à son tour un second ; quant au troisième, c'est l'étude des révolutions des astres les uns par rapport aux autres, en relation avec la vitesse naturelle de leur marche. » (Platon, *Les Lois*, VII, 817e).

L'arithmétique, la géométrie et l'astronomie, voilà les trois études de base qui constituent « les mathématiques ». Le *quadrivium* des Pythagoriciens ajoutera explicitement la musique. On aura alors, comme sciences mathématiques à apprendre auprès de maîtres, les disciplines suivantes : la géométrie, l'arithmétique, l'astronomie et la musique.

Le *Larousse* donne cette définition du mot *mathématique* : « science qui a pour objet l'étude des grandeurs, de leur comparaison, de leur mesure ».

Ce sens n'existe nulle part chez les Grecs. Pour eux, la mathématique ou les mathématiques, ce sont tous les sujets de connaissance pouvant faire objet d'études particulières auprès de maîtres compétents. La théologie est un savoir mathématique chez Platon.

Pour s'en convaincre, il suffit de relire *La République* (VI, 505 a) : il n'y a pas de plus important objet d'étude que la nature du bien, c'est-à-dire que l'objet le plus important des mathématiques est l'étude même de l'Idée de Bien. C'est que les mathématiques sont de nécessité divine.

En réalité, nos dictionnaires modernes ne font que *désigner* (indiquer) ce que sont les mathématiques sans pouvoir en donner une véritable *définition*, parce que les Grecs eux-mêmes n'en avaient pas du fait que tous sujets, autres que la Rhétorique et la Poésie, relevaient des mathématiques.

4. *Définition égyptienne des mathématiques.* De tous les peuples de l'Antiquité mésopotamienne, hittite, crétoise, égéenne, phénicienne, perse, grecque, scythe, etc., seul le peuple égyptien a établi une définition écrite, claire et précise, des mathématiques.

Définir, c'est donner de manière précise et concise les caractéristiques, les qualités propres et essentielles d'un objet, d'un sujet, d'une chose. La *définition* est l'énonciation de telles qualités. Une bonne définition doit être rigoureuse, c'est-à-dire qu'elle ne doit s'appliquer qu'à l'objet défini.

Le texte ci-après, écrit à l'encre rouge, est le titre même du *Papyrus Rhind* (vers 1650 av. notre ère). Ce titre renferme la définition, la conception égyptienne des mathématiques. Il convient donc de le lire strictement. Des esprits naïfs et mal intentionnés n'ont pas toujours su noter la grande clarté et l'extrême rigueur de ce texte d'une exigence scientifique certaine.

Au demeurant, placer un titre en tête d'un livre est une preuve de méthode, de rigueur, de vision intellectuelle de ce que l'on entreprend de faire. Titrer un ouvrage est un acte de raison, d'attention, d'évaluation critique.

Voici donc le titre même du *Papyrus Rhind* (fig. 191). Ce titre contient ou, mieux, expose l'idée égyptienne de la *mathésis,* c'est-à-dire du champ réflexif non-équivoque qui va produire des formes de rationalité suffisamment élaborées et pertinentes pour connaître profondément et réellement le monde.

Texte recopié par le scribe Ahmes, vers 1650 av. notre ère, à partir d'un texte datant du Moyen Empire (2040-1785 av. notre ère). Nous sommes à la XIIe dynastie (figure 191).

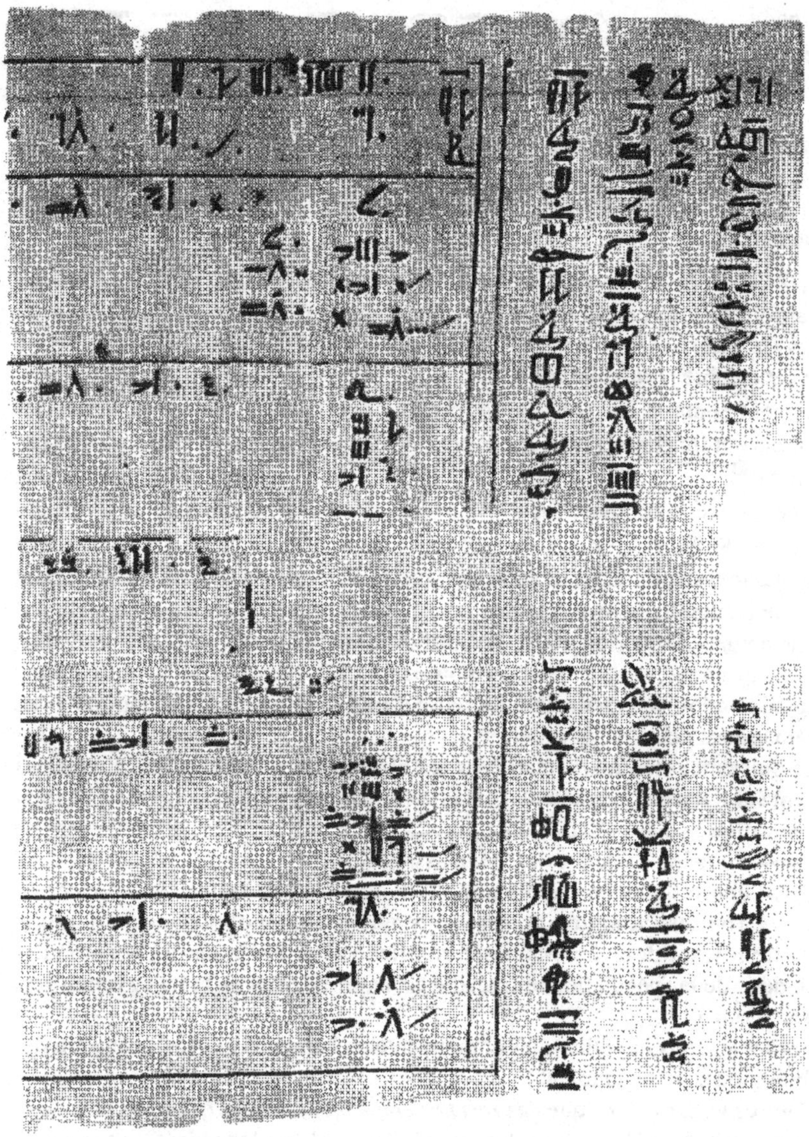

Figure 191 : Titre du Papyrus Rhind (ligne en encre rouge, à droite). British Museum n° 10058, recto.

Ce célèbre texte, écrit originellement en écriture hiératique, se lit comme suit en écriture hiéroglyphique :

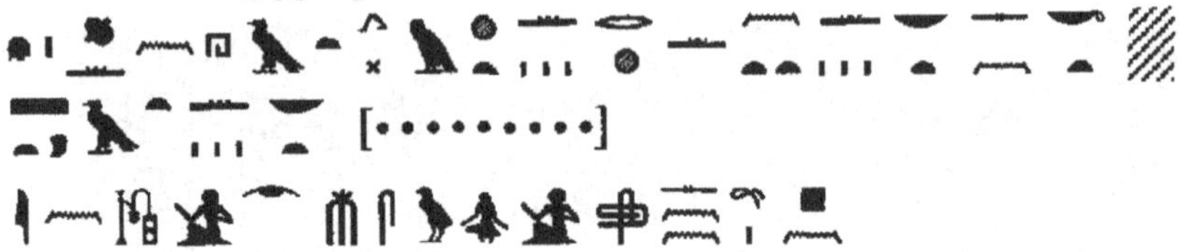

Traduction :

Méthode correcte *(tp-ḥsb)* d'investigation *(n h3t)* dans *(m)* la nature *(ḫt)* pour connaître *(rḫ)* tout ce qui existe *(ntt nbt)*, chaque mystère *(snkt nbt)*, tous les secrets *(št3t nbt)*. [• • • • • • • • •]. Par le scribe *(in sš)* Ahmes *(Iʿḥ-Msw)*, qui a copié cette copie *(spḫr snn pn)*.

Le commentaire est voulu aussi limpide que le texte lui-même. Ainsi, les Égyptiens ont imaginé et créé une espèce de connaissance (*rḫ, rekh*) de la réalité (*ḫt, khet*) totale (*ntt nbt, netet nebet*) grâce à une méthode exacte, rigoureuse (*tp-ḥsb, tep-heseb*) de recherche, d'investigation (*n h3t, en hat*) : telle est la définition, l'énonciation de la mathématique dans l'Égypte ancienne, car le Papyrus Rhind est un document non point de théologie ou d'histoire, mais bien de pédagogie des mathématiques.

Une connaissance rigoureuse, scientifique, de tout le réel visible et invisible, apparent et caché, phénoménal et nouménal, à la lumière de la seule raison humaine, et selon une méthode rigoureuse d'investigation, voilà la définition des mathématiques pour les Égyptiens.

La puissance des mathématiques est clairement reconnue. Les Égyptiens insistent sur l'aspect, fondamental, de la méthodologie dans la connaissance totale de la nature : cette méthodologie purement rationnelle, c'est la mathématique (*rḫ, rekh*, « science », « connaissance »).

Ayant appris la leçon égyptienne, Pythagore se précipitera d'annoncer en Grèce : « Tout est nombre », c'est-à-dire que tout s'explique par le nombre. Connaître revient donc à déterminer et à interpréter des rapports numériques.

Le désir de la spéculation rationnelle est exprimé dans un texte égyptien vers 1650 av. notre ère.

Devant les faits égyptiens, les commentateurs habituels ont ces deux attitudes psychologiques, constamment :

a) les Égyptiens n'ont que des *recettes empiriques*, même quand ils calculent, longtemps avant les Grecs, la surface d'une demi-sphère, le volume d'un tronc de pyramide ;

b) le titre du Papyrus Rhind est *grandiloquent*, nettement au-dessus de l'intelligence rurale égyptienne. Ce texte est pourtant écrit par une intelligence rurale égyptienne !

Le refus des faits et de la vérité n'est jamais qu'une simple décision morale des auteurs, et non l'aboutissement de l'exercice des appareils critiques appris.

Si jamais Thalès était l'auteur du titre du Papyrus Rhind, l'Occident l'aurait sans doute placé le plus près possible du Démiurge divin lui-même.

Restons dans l'histoire humaine : la première définition, claire, précise, stricte, des mathématiques, en tant que méthode scientifique de recherche dans la nature, est authentiquement égyptienne. Que cela plaise ou non aux uns et aux autres. La vérité seule doit être recherchée et proclamée.

Appendice II

Thalès et la science égyptienne : témoignages anciens

Thalès (vers 640 - vers 547 av. notre ère), philosophe et mathématicien grec d'origine milésienne, l'un des Sept Sages et Savants de la Grèce, est le fondateur de l'école ionienne de physique et de philosophie qui est aussi la première école scientifique et philosophique du monde grec, donc de l'Europe. Il ne doit son éducation qu'à la seule Égypte africaine.

1. *Diogène Laërce* (historien grec du IIIᵉ siècle de notre ère).

« Il (Thalès) considéra l'eau comme le principe de toutes choses, et que le monde est animé et rempli de démons. On déclare qu'il découvrit les saisons de l'année et les divisa en trois cent soixante-cinq jours. Il n'eut pas de maître, si ce n'est qu'étant allé en Égypte il y fréquenta les prêtres. Hiéronyme déclare encore qu'il mesura les pyramides en partant de leur ombre, au moment où la longueur de notre ombre est égale à notre taille. » (*Vie*, I, 27).

2. *Platon* (philosophe grec, né en 428, mort en 347 av. notre ère).

« Thalès, fils d'Examyas, de Milet, Phénicien d'après Hérodote. Il porta le premier le nom de Sage. En effet il trouva que l'éclipse du Soleil provient de ce que la Lune lui fait écran ; il fut le premier Grec à découvrir la Petite Ourse, les solstices et la taille ainsi que la nature du Soleil. L'eau est le principe des éléments. Il reçut en Égypte l'éducation des prêtres (*République*, X, 600 a. Scolie).

3. *Proclus* (philosophe néo-platonicien, né en 410, mort en 485).

« De même que la connaissance exacte des nombres prit naissance chez les Phéniciens du fait des échanges commerciaux et des affaires, de même est-ce chez les Égyptiens que fut inventée la géométrie. Thalès fut le premier Grec à rapporter d'Égypte cette matière à spéculation. » (*Commentaire sur le premier livre des Éléments d'Euclide*, 65, 3).

4. *Plutarque* (historien grec, né vers 45, mort vers 125).

« Thalès, à ce qu'on prétend, et Hippocrate de Chios, le mathématicien, ont fait du commerce ; et Platon couvrit ses frais de voyage en vendant de l'huile en Égypte. » (*Solon*, 2).

5. *Plutarque*.

« C'est, pense-t-on, pour l'avoir appris des Égyptiens, qu'Homère et Thalès posaient l'eau comme le principe et l'origine de toutes choses » (*Isis et Osiris*, 34).

Figure 192 : Thalès de Milet (vers 640 - vers 547 av. notre ère), fils d'Examyas, Phénicien d'après Hérodote, a étudié en Égypte : « L'introduction de la géométrie égyptienne en Grèce est universellement attribuée à Thalès, et il est extrêmement probable qu'il visita l'Égypte, car il s'était fait une théorie des inondations du Nil. » (J. Burnet, *L'Aurore de la philosophie grecque*, Paris, Payot, 1952, pp. 43-44).

6. *Flavius Josèphe* (historien juif, né à Jérusalem en 37, mort en 95).

« Tout le monde s'accorde à reconnaître que les premiers chez les Grecs à avoir étudié les choses célestes et divines, comme Phérécyde de Syros, Pythagore et Thalès, furent les élèves des Égyptiens et des Chaldéens et laissèrent peu d'écrits. » (*Contre Apion*, I, 2).

7. *Aétius* (vers 100 de notre ère).

« Il (Thalès) étudia la philosophie en Égypte et revint à Milet déjà fort âgé. » (*Opinions*, I, 3, 1).

8. *Jamblique* (philosophe néo-platonicien qui enseigna à Alexandrie, né vers 250, mort vers 330 de notre ère).

« Thalès conseilla à Pythagore de se rendre en Égypte et de s'entretenir le plus souvent possible avec les prêtres de Memphis et de Diospolis (Thèbes) : c'est d'eux qu'il avait tiré toutes ces connaissances qui le font passer pour sage et savant aux yeux de la foule. » (*Vie de Pythagore*, 12).

9. *Hérodote* (historien grec, né à Halicarnasse vers 484, mort vers 420 av. notre ère).

« C'est en Égypte, à mon avis, que la géométrie fut inventée, et c'est de là qu'elle vint en Grèce. » (*Histoire*, II, 109)

10. *Simplicius* (philosophe néo-platonicien, IIIe siècle).

« Il (Aristote) expose la théorie de Thalès de Milet qui disait que la terre repose sur l'eau à la façon d'un morceau de bois ou de quelque autre chose capable de flotter naturellement sur l'eau. Aristote fait objection à cette opinion, qui a peut-être plus de force du fait qu'elle est professée par les Égyptiens sous la forme d'un mythe et que c'est de là-bas que Thalès avait importé sa doctrine. » (*Commentaire sur le Traité du Ciel d'Aristote*, 522, 14).

11. *Aétius*.

« Thalès estime que les vents étésiens qui soufflent face à l'Égypte, gonflent la masse des eaux du Nil, parce que ses flots se trouvent retenus par le gonflement des eaux de la mer qui s'opposent à son débit. » (*Opinions*, IV, I, I).

Appendice III

Numération égyptienne d'après les papyrus mathématiques Principales sources des mathématiques égyptiennes

Les principales sources écrites des mathématiques égyptiennes sont les suivantes par ordre alphabétique :

1. *Papyrus d'Akhmîm* (Akhmîm Papyrus : *AP*).

C'est un papyrus grec d'époque byzantine.

Musée du Caire, catalogue n° 10758.

J. Baillet, *Le papyrus mathématique d'Akhmim. Mémoires publiés par les membres de la Mission archéologique française au Caire*, IX, fasc. I, Paris, 1892.

Ce papyrus ressemble, vingt-cinq siècles après, à l'original du papyrus Rhind. Volume d'un parallélépipède rectangle.

2. *Deux tablettes de bois découvertes à Akhmîm* et couvertes de calculs.

Musée du Caire, catalogue n°s 25 367 et 25 368.

E. Peet, *Arithmetic in the Middle Kingdom*, in « Journal of Egyptian Archaeology », Londres, IX, 1923, pp. 91 et ss.

3. *Papyrus de Berlin* (Berlin Papyrus : *BP*).

Staatliche Museen zu Berlin.

Catalogue n° 6 619.

Équation du second degré. Racines carrées.

H. Schack-Schackenburg, *Der Berliner Papyrus 6 619*, in « Zeitschrift für ägyptische Sprache » (Berlin), 38, 1900, pp. 135 et ss.

H. Schack-Schackenburg, *Das kleinere Fragment der Berliner Papyrus 6 619*, in « ZÄS », Berlin, 40, 1902, pp. 65-66.

4. *Rouleau de cuir des mathématiques égyptiennes* (The Egyptian Mathematical Leather Roll : *EMLR*).

British Museum (Londres) n° 10 250.

Une collection, en duplicata, de 26 sommes écrites sous formes de fractions unitaires. Tables standard de fractions.

S.R.K. Glanville, *The Mathematical Leather Roll in the British Museum,* in « Journal of Egyptian Archaeology », Londres, vol. 13, 1927, pp. 232-238.

5. *Papyrus de Kahun* (Kahun Papyrus : *KP*).

British Museum : Kahun Papyri IV.2, IV.3, XLV.1, LV.3, et LV.4.

Trouvé par W.M. Flinders Petrie à Kahun, en 1889.

Calcul du volume d'un cylindre. Arithmétique. Équation du second degré. Racines carrées.

F.Ll. Griffith, *The Petrie Papyri : Hieractic Papyri from Kahun and Gurob (Principally of the Middle Kingdom),* Londres, University College, 1898.

6. *Papyrus de Michigan* (Michigan Papyrus : *Mich. P*).

University of Michigan Collection, Ann Arbor, vol. III, Papyrus n°s 146 et 621.

7. *Papyrus de Moscou* (Moscou Mathematical Papyrus : *MMP*).

Musée des Beaux-Arts de Moscou (Musée Puskhine) n° 4676.

Acheté à Thèbes en 1893 par Wladimir Golenischeff.

Longueur totale à l'origine : 544 cm.

Il contient 25 problèmes : calculs du travail d'un homme à la confection de pains d'offrande, calculs traitant de la composition de la bière, équations du premier degré, problèmes de géométrie, dont le calcul du volume de la pyramide tronquée (n° 14) et de la surface d'une demi-sphère (n° 10). Ce papyrus a été écrit vers 1850 av. notre ère.

W.W. Struve, *Mathematischer Papyrus des Staatlichen Museums der schönen Künste in Moskau,* in « Quellen und Studien zur Geschichte der Mathematik », Série A, vol. 1, Berlin, 1930, XII - 197 p., 10 pl.

8. *Papyrus de Reisner* (Reisner Papyrus : *RP*).

Musée des Beaux-Arts, Boston, Mass. Museum n° 38 2062.

A été réparti en 17 sections. Date du règne de Sésostris Ier (1971-1928 av. notre ère), XIIe dynastie.

Fut trouvé par le Pr George Reisner en 1904 à Nag'ed Deir, en Haute Égypte.

Calculs relatifs au creusement de la fondation d'un temple, au volume des blocs de pierre, aux plans des plafonds, murs, tranchées et corridors, etc. Ce papyrus contient des nombres élevés, tels que : 40 566, 39 548.

W.K. Simpson, *The Papyrus Reisner* I (1963), II (1965), III (1969), Boston, Musée des Beaux-Arts.

9. *Papyrus Rhind* (Rhind Mathematical Papyrus : *RMP*).

British Museum, n° 10 057 et 10 058.

Acheté en 1858 à Louxor (Louqsor, Louksor) par un jeune avocat écossais du nom de Henry A. Rhind (1833-1863). D'où le nom de ce papyrus recopié par Ahmes vers 1650 av. notre ère d'un texte plus ancien remontant au Moyen Empire (règne de Amenemhat III, deuxième moitié du XIXe siècle av. notre ère).

Quelques fragments de ce papyrus sont conservés à l'« Historical Society of New York », n° 265.

Longueur totale initiale de ce papyrus : 543 cm.

Contient : table de résolution de fractions à numérateur 2, problèmes d'arithmétique et d'algèbre, de progression arithmétique et géométrique, de volumes et de capacités (cylindres, parallélépipèdes rectangles, cubes), de surfaces (carré, cercle, rectangle, trapèze, triangle, etc.), de trigonométrie (angles de pente d'une pyramide, angle de pente d'un cône), de quadrature du cercle, de valeurs proportionnelles de métaux précieux, de division d'un nombre en parties inégales, de proportion arithmétique dont sont donnés le nombre de termes, la raison et la somme, etc.

T.E. Peet, *The Rhind Mathematical Papyrus, British Museum 10057 and 10058,* Liverpool, et Londres, Hodder & Stoughton, 1923, 1 vol. in-folio, 135 p., 25 planches (fac-similé du papyrus).

C'est le papyrus mathématique pharaonique le plus célèbre, le plus complet aussi. C'est A. Eisenlohr qui donna en 1877 la désignation numérique des *87 problèmes du Papyrus Rhind,* de 1 à 87 : c'est cette désignation qui est suivie depuis la fin du XIXe siècle.

Grammaire égyptienne, chap. IX
Notation des nombres fractionnaires

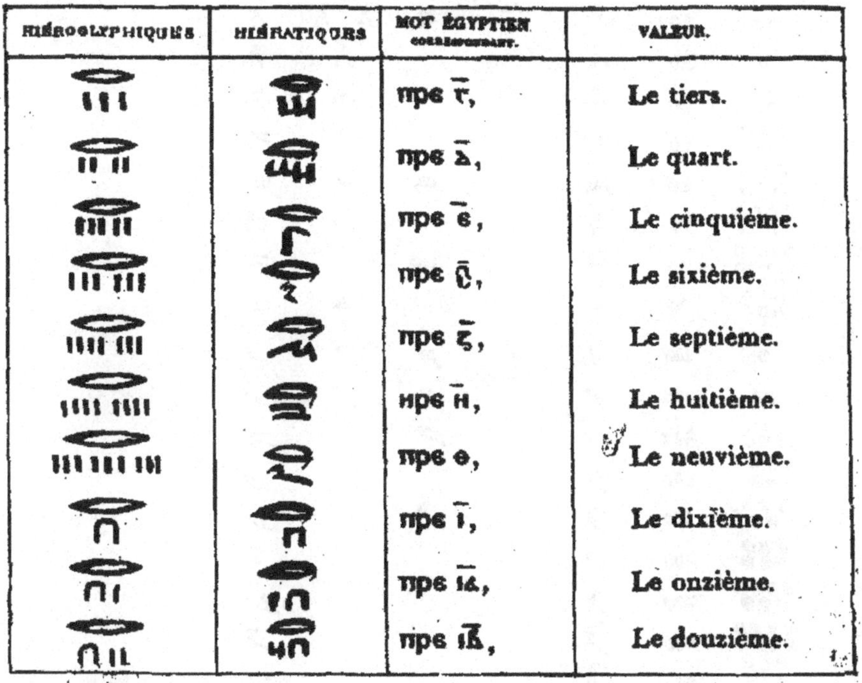

HIÉROGLYPHIQUES	HIÉRATIQUES	MOT ÉGYPTIEN CORRESPONDANT.	VALEUR.
		ⲡⲣⲉ ⲅ̄,	Le tiers.
		ⲡⲣⲉ ⲇ̄,	Le quart.
		ⲡⲣⲉ ⲉ̄,	Le cinquième.
		ⲡⲣⲉ ⲋ̄,	Le sixième.
		ⲡⲣⲉ ⲍ̄,	Le septième.
		ⲡⲣⲉ ⲏ̄,	Le huitième.
		ⲡⲣⲉ ⲑ,	Le neuvième.
		ⲡⲣⲉ ⲓ̄,	Le dixième.
		ⲡⲣⲉ ⲓⲁ̄,	Le onzième.
		ⲡⲣⲉ ⲓⲃ̄,	Le douzième.

et ainsi de suite.

Figure 193 : Page extraite de la *Grammaire égyptienne* de Champollion (Paris, 1836) qui est aussi la première grammaire de la langue égyptienne dans les Temps modernes et contemporains. Le premier cours d'égyptologie fut ouvert publiquement par Champollion le 10 mai 1831 au Collège de France.

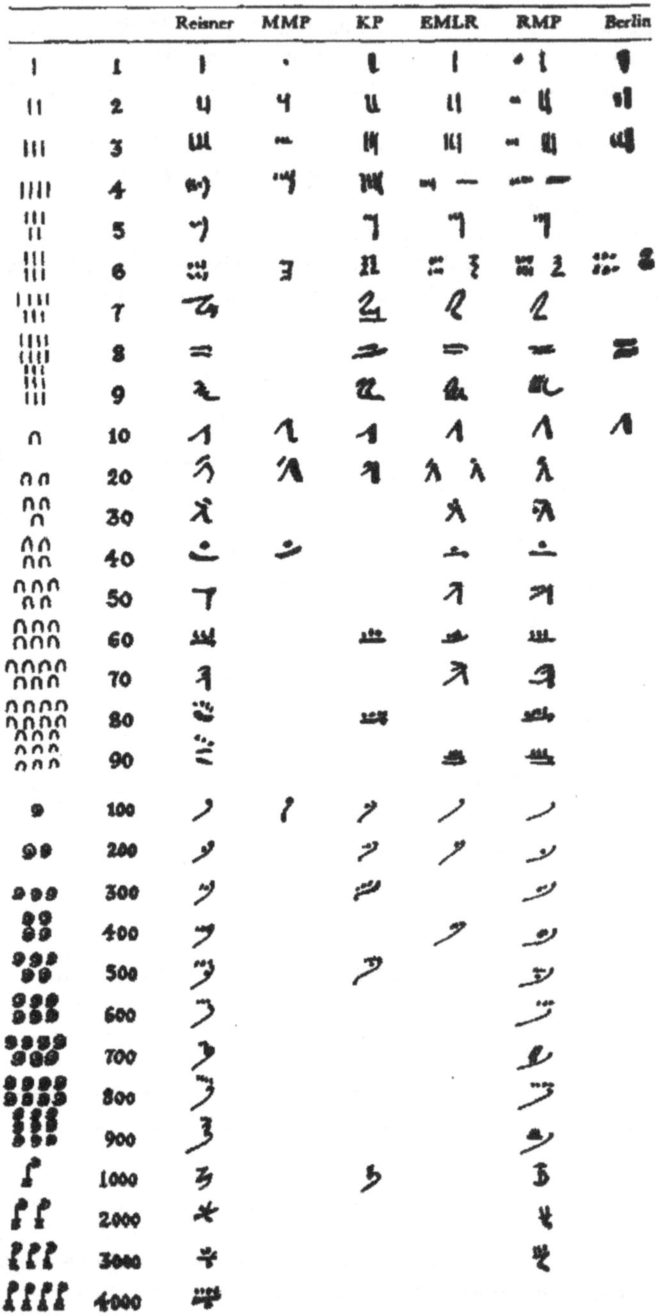

Figure 194 : Numération égyptienne d'après les papyrus mathématiques (Richard J. Gillings, *Mathematics in the time of the Pharaohs,* New York, Dover Publications, 1982, pp. 255-256).

Appendice IV

Géométrie et anthropologie physique du crâne (craniométrie) Géométrie particulière du crâne chez les anciens Égyptiens et les Mangbetu du Zaïre

1. *L'art de l'époque amarnienne*. La pensée de l'époque amarnienne codifiée par Akhnaton (1372-1354 av. notre ère) pose la croissance, la fécondité, la dynamique de la vie comme manifestation première du Divin. C'est ainsi que l'art de cette époque sera à la fois « réaliste » et « impressionniste ». L'intensité impalpable de l'instant vécu voudrait être signifié par les artistes.

Le langage plastique de cette époque se caractérise par un graphisme nerveux, rapide, l'utilisation presque constante du relief dans le creux, le jaillissement lyrique des courbes, le jeu vivant de la lumière sur la profondeur du trait.

2. *Le corps humain* subira un traitement artistique et géométrique particulier :

– exagération des traits humains ;

– souplesse des membres (les doigts sont plus déliés) ;

– *allongement démesuré des crânes* pour leur donner un aspect ovoïde ; *coiffe* empesée et collée aux crânes *pour leur donner cette même forme ovoïde ou cylindrique* ;

– saillie des clavicules ;

– percement des oreilles, celles des courtisans comme celles des souverains amarniens eux-mêmes ;

– deux plis au cou sont souvent marqués.

3. *L'esthétique amarnienne* se retrouve, telle quelle, chez les Mangbetu de l'Est du Zaïre.

Voici le témoignage du Dr G. Schweinfurth (1875) :

« Chez les Mombouttous (Mangbetu), l'arrangement de la chevelure est le même pour les deux sexes. Les cheveux du sommet et du derrière de la tête forment un chignon cylindrique qui s'élève obliquement et en arrière. (...). Les hommes couronnent leur chignon d'un bonnet de paille, également cylindrique, mais à fond carré. Ce bonnet est orné d'un panache de plumes d'aigle ou de faucon. (...). Ces bonnets suivent la diagonale du chignon. (...). Si j'ajoute à ces détails que la conque de l'oreille est percée de manière à recevoir un bâtonnet de la dimension d'un cigare, j'aurai décrit tout ce que la mode permet aux Mombouttous, mode impérieuse à laquelle nul individu n'est libre d'apporter de modification réelle. » (Dr George Schweinfurth, *Au cœur de l'Afrique 1868-1871. Voyages et découvertes dans les régions inexplorées de l'Afrique centrale,* trad. par H. Loreau, Paris, Hachette, tome II, 1875, pp. 92-93).

On a les mêmes détails que dans l'Égypte amarnienne : coiffe pour donner à la tête une forme ovoïde ou cylindrique, percement des lobes de l'oreille.

4. Mais il y a aussi le *traitement du crâne* lui-même pour lui donner cette forme ovoïde ou cylindrique.

L'anthropologie physique range les Mangbetu parmi « le groupe mésocéphale » : un indice céphalique de 77 et une stature qui atteint facilement 1,75 m (C.G. Seligman, *Les races de l'Afrique,* Paris, Payot, 1935).

Deniker donne ces quelques précisions : « Les *Niam-Niam* (Azande) et les *Mangbetou* (Mangbetu) rappellent au physique les Éthiopiens ; cependant l'infiltration du sang nègre-nilotique se manifeste chez eux également. Ils ont une civilisation bien caractéristique par plusieurs traits de la vie matérielle : bracelets en spirales, armes spéciales empruntées en partie aux Égyptiens, comme l'ont peut-être été leur harpe, leur chevet et tant d'autres objets. Ce sont des agriculteurs à la houe. » (J. Deniker, *Les races et les peuples de la terre,* Paris, Masson & C°, 1926, p. 540).

Il ne s'agit pas d'emprunt, mais bien de *parenté profonde,* dégagée aussi par Elisabeth Laffont, *Des cordophones congolais. Survie des harpes de l'antique Égypte dans les cordophones zande et mangbetu,* in « Arts d'Afrique noire » (Villiers-le-Bel, France), n° 6, 1973, pp. 16-23, nombr. illustr.

5. *Des faits de langue* d'ordre lexicologique confirment la profonde parenté culturelle et biologique existant entre les peuples égyptien et mangbetu :

ancien égyptien (Vallée du Nil)		*mangbetu* (Nord-Est du Zaïre)
	*wpi͗,* « ouvrir »	*apu,* « ouvrir », « être ouvert, béant »
	*i͗b3, iba, yiba,* « danser »	*obe,* « danser », wolof : *yiba,* « danser »
	*3d, ad,* « gâter », « pourrir »	*âda,* « abîmer », « gâter »
	*m,* « comme », copte *m̀mo*	*mu,* « comme »
	*db,* « hippopotame »	*dupa,* « hippopotame » *(d-b/d-p)*
	hiéroglyphe *b,* valeur « pied »	*bé,* « coup de pied sur le sol » (*b/b,* « pied »)
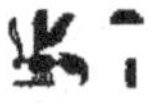	*bi͗t,* « abeille », « miel » copte *èbio̅*	*bo,* « miel »

	*nw,* « voir », « regarder » copte *nau, nèu, nō, èno*	*ania,* « voir », « regarder »
	*mri,* « aimer », « désirer » copte *mèrè, mè, mèi, mi*	*omu,* « aimer » *mu,* « ami »
	*k3, ka,* « ainsi, alors, aussi » copte *kè-*	*ka,* « donc »

Femme monbouttoue.

Nord-Est du Zaïre (d'après G. Schweinfurt, *op. cit.*, p. 92).

Égypte (Vallée du Nil).

Figure 195 : Géométrie et Anthropologie physique du crâne, Égypte et pays mangbetu (Nord-Est du Zaïre).

Entre cette statuette de Nefertiti par le chef des sculpteurs Touthmosis actuellement au Musée égyptologique de Berlin et la femme *mangbetu*, la forme de la coiffure est exactement la même : les Mangbetu disent obéir à une vieille tradition ancestrale en se coiffant de cette manière bien particulière (la tête projetée dans l'espace lumineux).

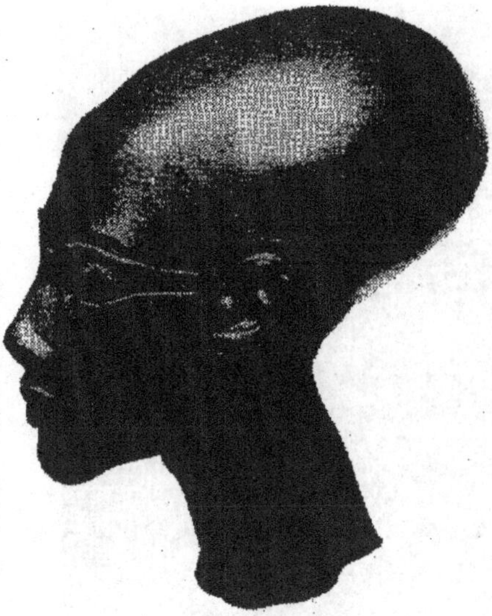

Égypte (Vallée du Nil).
Sculpture. Tête de princesse.
Musée égyptologique de Berlin.

Mangbétou.
(Bassin du Haut-Ouellé, Nord-Est du Congo belge)
Les Mangbétou allongent extraordinairement le crâne par constriction circulaire. Profil rappelant certaines statues égyptiennes.
Photographie du Colonel Zagourski, Léopoldville
Nord-Est du Zaïre (d'après C.G. Seligman, *op. cit.*, pl. 6, entre p. 80 et p. 81).

Figure 196 : L'identité entre les deux femmes, la tête d'une princesse amarnienne et celle d'une dame mangbetu, est vraiment frappante : crâne très large et très allongé, lobe de l'oreille percé dans les deux cas, même traitement de l'occiput, etc. La parenté est là : la raison suit, mais les habitudes persistent faussement dans la négation d'une telle parenté, unique au monde.

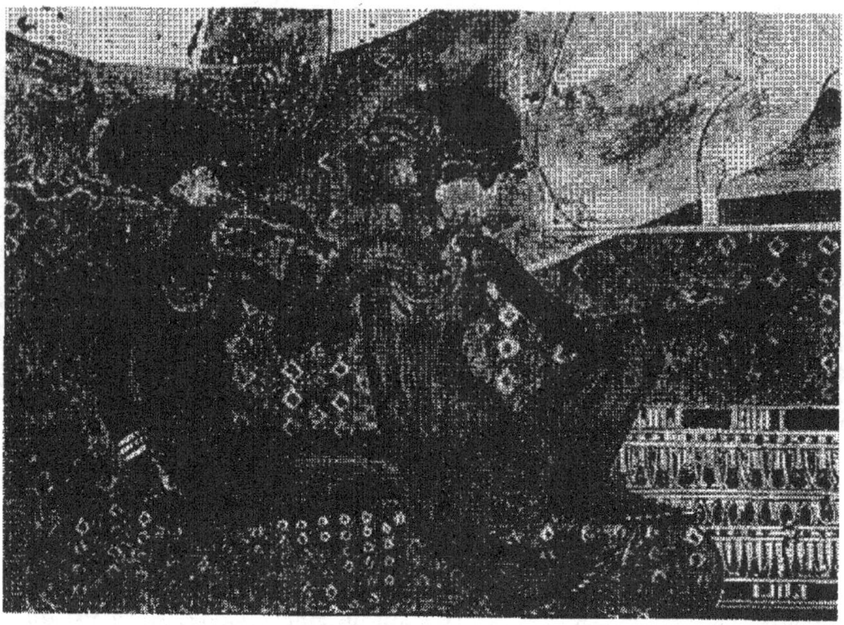

Figure 197 : Princesses amarniennes Neferneferuaten-Tasherit et Neferneferure. Scène affectueuse. Remarquez la géométrie des crânes. Oxford, Ashmolean Museum.

Nétolou et Bounza.
Le prince Bounza des Mangbetu et sa fiancée. Scène affectueuse. Remarquez la géométrie des crânes (d'après G. Schweinfurt, *op. cit.*, p. 53).

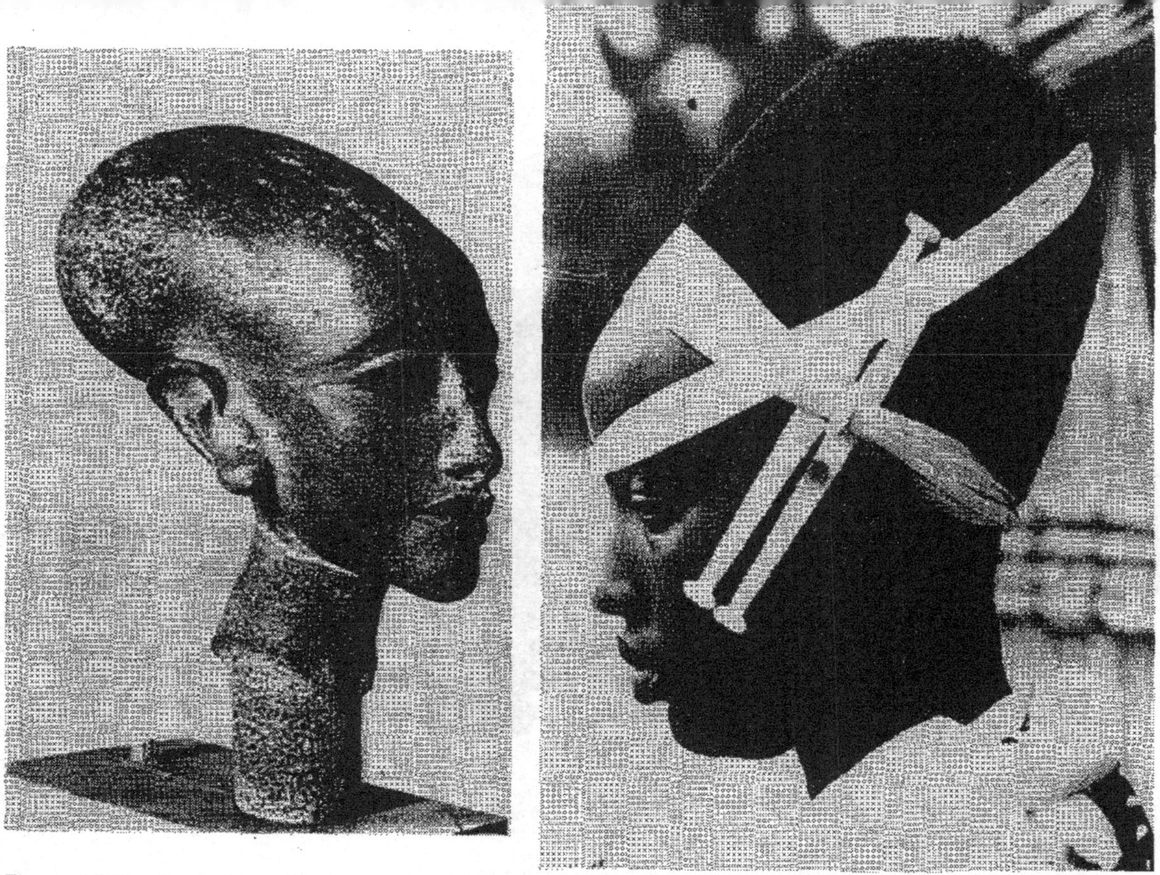

Figure 198. – *A gauche :* tête d'une princesse amarnienne par le Chef Sculpteur Touthmosis. Musée du Caire JE 44870. – *A droite :* une princesse du Rwanda, réalité africaine vivante, pouvant supporter la comparaison avec l'art amarnien. La parenté, à partir des faits aussi singuliers, est aveuglante. (Photo : J. Hiernaux).

Figure 199 : Tête de la statue colossale en granit de Thoutmosis III (1504-1450 av. notre ère). British Museum (Northern Egyptian Gallery, Bay 2, n° 360). Le royaume d'Égypte atteignit sa plus grande expansion sous son règne, de la IVe cataracte du Nil jusqu'à l'Euphrate. Princes syriens, palestiniens, mitanniens, hittites, etc., payaient tribut à Pharaon africain.

Appendice V

Quelques inventions en géométrie de l'Égypte antique

– La *numération à base décimale* ;

– la *géométrie*, née de l'arpentage et de la spéculation des scribes ;

– le *cadastre* ;

– la méthode de *quadrillage* dite *méthode des carreaux* (homothétie et similitude) ;

– le calcul exact de la *surface du carré, du rectangle, du triangle, du cercle* ;

– la *pyramide* dans les mathématiques et dans l'architecture ;

– la *symétrie* (harmonie résultant de certaines combinaisons et proportions régulières) ;

– le calcul exact du *volume d'un tronc de pyramide* ;

– le *Nombre d'Or* dans l'architecture ;

– le calcul exact du *volume d'un cylindre* ;

– la *colonne* ;

– l'*obélisque* ;

– un *labyrinthe* (Hérodote, II, 148) : supérieur à toutes les constructions, à tous les ouvrages d'art produits par les Grecs ;

– la *quadrature du cercle* ;

– la *trigonométrie* : calcul de l'angle de pente ou d'inclinaison de la pyramide (la *seked*) ;

– le calcul exact de la *surface d'une demi-sphère* ;

– la connaissance de la *section plane de la sphère* (*âdj* en égyptien même) ;

– la *clepsydre* ou horloge à eau qui est un vase *tronconique* : la plus vieille horloge de l'humanité ;

– le calcul exact de la *surface du trapèze* ;

– *plans précis* d'édifices faits à l'échelle, avec indications des mesures ;

– le tracé géométrique du *cercle* en utilisant un compas ou une corde ;

– la division du *cercle en triangles infinitésimaux* ayant le centre du cercle comme leur sommet commun ;

– la compréhension de la *constance* de l'égalité des surfaces des cercles et des carrés dont les diamètres et côtés sont dans le rapport 8/9 : cette constance est un rapport géométrique comparable à la constance de *Pi*, qui est le rapport géométrique entre la surface et le rayon du cercle ;

– l'*équerre* pour bien déterminer l'horizontalité d'une surface ;

– le *fil à plomb* pour s'assurer la verticalité d'une paroi ;

– la *balance* qui est une application du principe du levier : maîtrise de la théorie du levier ;

– le *chadouf* (application du levier à bras inégaux) ;

– l'*échelle roulant* avec roues fixes (Ancien Empire) ;

– la *coudée royale graduée* en sous-unités fractionnaires de mesure ;

– la *cartographie* (méthode de rabattement et des Itinéraires) ;

– les Égyptiens se sont posés le problème du calcul de la *surface d'une ellipse* (d'après L. Borchardt, 1896) ;

– le *calcul d'une courbe* ;

– l'effort pour l'acquisition d'*une vision intellectuelle rigoureuse et exacte de l'univers* (titre du Papyrus Rhind) ;

– les géomètres et géographes égyptiens avaient établi *la surface de chaque nome* ou district du pays (Pierre Montet, 1964) ;

– les Égyptiens avaient estimé mathématiquement *la superficie de leur nation*, de leur territoire : on savait communément que la Haute Égypte était longue de 86 *atours*, la Basse Égypte de 20 *atours* : les mesures de surface étaient la *setat* de 100 coudées carrées, le mille de terre de 1 000 coudées carrées et l'*atour*, un carré ayant un atour-longueur de côté (Pierre Montet, 1964) ;

– les métaux étaient pesés, et les grains mesurés au boisseau : les *mesures de capacité* et les *mesures de poids* étaient inventées ;

– le *système graphique*, merveilleux, rendait faciles les opérations (les multiplications ou les divisions) ;

– les résultats exacts étaient néanmoins prouvés : *la notion de preuve*, au sens mathématique, existe dans la terminologie scientifique égyptienne (*sity* ou *sšmt*, « preuve ») ;

– les propriétés des nombres et les relations entre les nombres étaient connues (*nkt*, « relation entre nombres ») ;

– les géomètres, architectes et ingénieurs qui ont construit les grandes pyramides ont déterminé leurs dimensions à l'aide du *triangle sacré aux côtés 3, 4 et 5* (le triangle égyptien) : les rapports de la hauteur au demi-périmètre de la base donne *un chiffre voisin de Pi* (pour la première fois dans l'histoire) ;

– les Égyptiens ont été aussi *les créateurs du calendrier de 365 jours*, avec 5 jours supplémentaires ;

– les *pyramides sont orientées vers le nord*, avec une exactitude remarquable : une pareille exactitude n'a pu être donnée que par l'*observation astronomique* ;

– le *rituel de fondation* des temples et autres édifices sacrés (la cérémonie de la pose de la première pierre) est une invention égyptienne, strictement : le fondateur se mettait en face de la Grande Ourse qui était la constellation caractéristique du ciel septentrional ; il fallait ensuite viser une étoile polaire qui, pendant l'Ancien Empire, devait être l'*alpha* du Dragon ; le fondateur traçait sur le sol *la direction sud-nord* une fois trouvée cette étoile *alpha* ;

– la recherche d'une étoile associée à une divinité dans la construction du temple permettait ensuite de marquer sur le terrain élu *les quatre angles (droits) de l'édifice* ;

– les Égyptiens ont connu *la rotondité et les mouvements de la Planète-Terre* (les étoiles circumpolaires tournaient autour du pôle céleste) ;

– un hiéroglyphe, V_9 de la liste de Gardiner, donne une *représentation schématique du monde* : « Il consiste en une circonférence assez épaisse, qui est la limite de ce qu'éclaire le soleil, solidement liée à une barre légèrement renflée au milieu qui est la terre. » (Pierre Montet, *L'Égypte éternelle*, Paris, Fayard, 1970, p. 233 ; 1re édit. anglaise, 1964) ;

– à l'époque saïte, et sans doute avant, les Égyptiens savaient que la pluie sur la montagne de Pount (Abyssinie, Éthiopie) produisait une *montée des eaux du Nil*, même si Hérodote tient cette explication pour peu scientifique (Hérodote, II, 22) ;

– le *périple* ordonné par Nechao *autour de l'Afrique* dura trois ans.

Vocabulaire géométrique (technique) égyptien

 *3w, aou,* « longueur » (espace, plan, figure).

 *3ḥt, ahet,* « plan » (portion de) ; « surface, aire, superficie ».

 *ỉwn, ioun,*« cône » ; « colonne », « pilier ».

 *ỉwn n ḫnt,* « fût » (de colonne, d'obélisque).

 *ỉwsw, iousou,* « balance » à main.

 *ỉfd, ifed,* « rectangle », « quadrilatère », « carré », « losange », « parallélogramme », selon les cas.

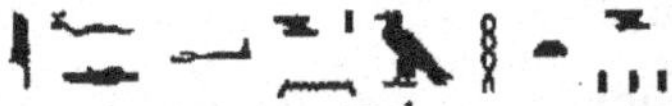 *ỉfd n 3ḥt,* « une figure plane quadrilatère ».

 *ỉmḏr, imedjer,* « rampart »,« rampe ».

 *ỉnb, ineb,* « mur ».

 *ỉnr, iner,* « sphère ».

 *ꜥ3, âa,* « colonne », « pilier » (pas un cône qui se dit *ỉwn*).

 *ꜥḳ3, âqa,* « une corde, un cordeau » (arpentage).

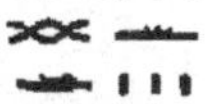 *ꜥḏ, âdj,* « section plane d'une sphère », le grand cercle de la sphère.

 *w3t, ouat,* « corde » (arpentage).

 *w3ḏ, ouadj,* « colonne papyriforme ».

 *wḫ3, oukha,* « colonne ».

 *wḫ3 ṯbwt,* « base » (de la pyramide).

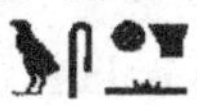 *wsḫ, ousekh,* « largeur ».

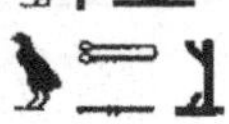 *wṯs, outches,* « peser » (des biens, des produits).

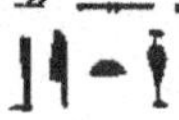 *bỉt,* « vase » de forme ovale.

bʿḥ, bâh, « bassin » à irriguer.

bnbnt, benbent, « pyramidion ».

p3ḏ, padj, « cône » à encens, à onguent.

pr-ḥry, le « haut d'un édifice ».

prỉ m ws, peri em ous, « hauteur » (pyramide).

pẖ3, pekha, « pavement », « pavé ».

pḏ, pedj, « tendre une corde » (arpentage).

m3ḳt, maqet, maket, « échelle ».

mwt, « poids ».

mr, mer, « pyramide ».

ḥkt nt mr, heket net mer, « portion de pyramide », « pyramide tronquée ».

mryt, meryt, « hauteur » (triangle).

mrrt, mereret, « rue » ; « avenue » de statues. Le déterminatif ┐ , pour « angle », est caractéristique.

mẖ3t, mekhat, « balance » à pivot.

nwḥ, nouh, « corde » (arpentage).

ẖt n nwḥ, « portion de corde » entre deux nœuds équivalant à 100 coudées, « cordeau tendu ».

var. *nbt, nebet,* « demi-sphère ».

nb3, neba, « jalon », « piquet ».

r, er, « part » (fractions).

r, er, « fractions ».

r-st3, er-seta, « rampe ».

rmny, remeny, « les deux bras » de la balance ; « les montants » d'une échelle.

rmnỉ, remeni, « équilibrer », « égaliser » (balance).

rẖt, rekhet, « nombre » (mathématique).

rḳw, rekou, « balancement », « inclinaison » de la balance à la recherche de l'équilibre.

h33t r.f, « volume » (contenu).

 *ḥnkw, henekou,* « plateau » de la balance.

 *ḥr-ỉb,* « milieu » d'une droite, d'un segment, d'une hauteur.

 var. 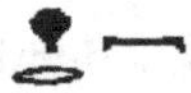 *ḥrw, herou,* « sommet » (cône).

 *ḥry, hery,* « petite base », « base supérieure » (tronc de pyramide).

 *ḥkt, heket,* « portion » (de plan), « section » (par où un plan, une figure plane, un solide a été coupé, sectionné).

 *ḫt, khet,* « le réel », « le monde sensible », « la nature ».

 *ḫ3i, khay,* « mesurer ».

 *ḫ3y, khayi,* « fil à plomb ».

 *ẖss, kheses,* « angle ».

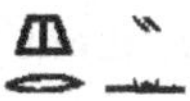 *ẖry, khery,* « grande base » (tronc de pyramide) : la base inférieure opposée à la petite base *ḥry,* soit la base supérieure.

 *spdt, sepedet,* « triangle ».

 *sḫw, sekhou,* « largeur » (la longueur étant *3w, aou*).

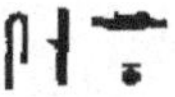 *sḳd, seqed, seked,* « arête », « pente » (pyramide, cône), « angle d'inclinaison, de pente » (cotangente).

 *š3^{c}, shaâ,* « espace » ; « volume ».

 var.  *šnw, shenou,* « circonférence ».

 *š3^{c}t, shaât,* « diamètre ».

 *stwty, setouty,* « apothème » (hauteur du tronc de la pyramide) ; « volume » (capacité, contenance).

 *š3^{c} dbn, shaâ deben,* « cylindre circulaire droit » « cylindre », « solide cylindrique ».

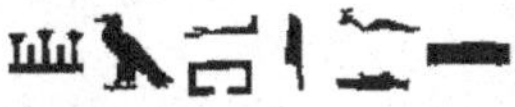 *š3^{c} ỉfd, shaâ ifed,* « prisme droit », « cube parallélépipède rectangle », selon les cas.

 *sntt, senetet,* « base » du cône.

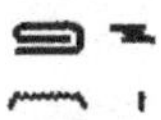 *dbn, deben,* « cercle ».

 *3ḫt dbn, ahet deben,* « aire du cercle ».

 *ḳ3t, kat,* « hauteur ».

 *ḳ3y, kay,* « hauteur » du cône.

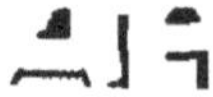 *ḳnbt, kenebet,* « angle droit ».

 *gs, ges,* « côté » ; « moitié », « demi- ».

 *tp, tep,* « problème », « exemple » (mathématique).

 var.  *tp-ḥsb, tep-heseb,* « méthode correcte ».

 *tḫ, tekh,* « peson » de balance.

 *tḫn, tekhen,* « obélisque ».

 var.  *ṯm3, tjema,* « cadastre ».

 *tp-r, tep-er,* « rayon » (cercle) ; parfois « diamètre ».

 *tp-r, tep-er,* « base » d'un triangle.

 *dbḥ, debeh,* « clepsydre », « horloge à eau » : récipient tronconique, tronc de cône.

 var.  *dw, dou,* « jalonner, piqueter, placer ».

 *ḏ3ḏ3, djadja,* « sommet ».

Liste des figures et illustrations

Bibliographie

Actes du 2e Colloque sur l'Enseignement de la Philosophie en Afrique : Philosophie et Sciences, préface de Niamkey Koffi, Yamoussoukro, Côte-d'Ivoire, 13-17 décembre 1988, Abidjan, S.D.E.A.C.P., 1991, 399 p.

AVDIEF V.I., *Geometrical Ornament on Archaic Egyptian Pottery*, in « Ancient Egypt » (Londres), 1935, pp. 37-48, 9 fig.

BECKMANN P., *A history of* π, New York, St. Martin's Press, 1971, 200 p.

BERGGREN J.L., *History of Greek Mathematics : A Survey of Recent Research*, in « Historia Mathematica », II, 1984, pp. 394-410.

BERRIMAN A.E., *Historical Metrology*, Londres, J.M. Dent & Sons LTD, 1953, 224 p. Chap. VI : « Ancient Egyptian Measures and Weights », pp. 69-93.

BORCHARDT L., *Altägyptische Werkzeichnungen*, in « Zeitschrift für Ägyptische Sprache und Altertumskunde » (ZÄS), Vol. XXXIV, 1896, pp. 69-76, 7 fig. Voir C. - « Construction einer Ellipse aus Luqsor » (pp. 75-76).
Der Inhalt der Halbkugel nach einen Papyrusfragment des mittleren Reiches, in « ZÄS », Vol. XXXV, 1897, pp. 150-152.
Statuen von Feldmessern, in « ZÄS », Vol. 42, 1905, pp. 70-72, 3 fig.

BOYER C.B., *A History of Mathematics*, Princeton, Princeton University Press, édit. de 1985, XVII-717 p. Chap. II : « Egypt » (pp. 9-25).

BRUINS E.M., *Über die Approximation von* $\pi/4$ *in der ägyptischen Geometrie*, in "Indag. Math.", Vol. 7, 1945, pp. 11-15.

BUNT L.N.H., JONES P.S. et BEDIENT J.D., *The Historical Roots of Elementary Mathematics*, New York, Dover Publications, 1976, XIII-299 p., voir chap. I : « Egyptian Mathematics », pp. 1-41.

CAJORI Fl., *A History of Mathematical Notations*, New York, Dover Publications, 1993 (1re édit. 1928-1929), 2 Vol. ensemble, XVI-451 p., 106 illustr., et XII-367 p., 20 illustr.
A History of Mathematics, New York, Chelsea Publishing C°, 4e édit., 1985 (Ire édit.1919), VIII-524 p. Sur l'Egypte, pp. 9-14.

CAMBIANO G., *La démonstration géométrique*, pp. 251-272 de l'ouvrage collectif édité par Marcel Detienne, *Les Savoirs de l'écriture en Grèce ancienne*, Lille, Presses Universitaires de Lille, 1988. Collection : « Cahiers de Philologie », volume 14. Série « Apparat critique ». Collection dirigée par Jean Bollack.

COLLETTE J.-P., *Histoire des mathématiques*, tome I, Montréal, Éditions du Renouveau Pédagogique, 1973, IX-228 p. Voir chap. III : « La civilisation égyptienne », pp. 29-44.

COMOE KROU B., *Éléments de science de la nature chez les Agni*, Communication au XVIe Congrès d'Histoire de la Science et de la Technique, Bucarest, Roumanie, 26 août - 3 septembre 1981 ; texte dactyl. de 27 p.

COTTERELL B., DICKSON F.P. et KAMMINGA J., *Ancient Egyptian Water-clock : A Reappraisal*, in « Journal of Archaeological Science » (Londres), vol. 13, n° 1, 1986, pp. 31-50, 14 fig.

COUCHOUD S., *Mathématiques égyptiennes. Recherches sur les connaissances mathématiques de l'Égypte pharaonique*, Paris, Éditions Le Léopard d'Or, 1993, 208 p.

CROWE D.W., *The Geometry of African Art. I.- Bakuba Art*, in « Journal of Geometry », Vol. 1, 1971, pp. 169-182, nombr. illustr.

The Geometry of African Art. II.- A catalog of Benin patterns, in « Historia Mathematica », vol. 2, 1975, pp.253-271, nombr. illustr.

DEHN M., *Mathematics, 600 B.C. - 400 B.C.*, in « The American Mathematical Monthly », Vol. 50, n° 6, 1943, pp. 357-360.

Mathematics, 400 B.C. - 300 B.C., in « The American Mathematical Monthly », Vol. 50, n° 7, 1943, pp. 411-414.

Mathematics, 300 B.C. - 200 B.C., in « The American Mathematical Monthly », Vol. 51, n° 1, 1944, pp. 25-31.

Mathematics, 200 B.C. - 600 A.D., in « The American Mathematical Monthly», Vol. 51, n° 3, 1944, pp. 149-157. Ces quatre études comportent des cartes et des figures.

DESANTI J.T., *L'Histoire des mathématiques*, in « Raison Présente » (Paris), n° 31, 1974, pp. 41-49.

DILKE O.A.W., *Mathematics and Measurement*, Londres, British Museum Publications, 2e édit., 1989, 64 p., 58 illustr. Collect. : « Reading the Past ».

DIOP C.A., *L'Afrique noire précoloniale*, Paris, Présence Africaine, 1960, 220 p. Voir notamment chap. VIII et chap. IX sur les niveaux intellectuels et techniques.

DIOP C.A., *Civilisation ou Barbarie*, Paris, Présence Africaine, 1981, 526 p. Voir la 4e partie (pp. 291-482) : « Apport de l'Afrique à l'humanité en sciences et en philosophie ». Fondamental.

ENGELS H., *Quadrature of the circle in Ancient Egypt*, in « Historia Mathematica », Vol. 4, 1977, pp. 137-140, 3 fig.

FARRINGTON B., *La science dans l'Antiquité. Grèce-Rome*, Paris, Payot, 1967, trad. de l'anglais, 317 p. Collection : « Petite Bibliothèque Payot », n° 94.

FINCH C.S., *Africa and the Birth of Science and Technology : A Brief Overview*, Decatur, Georgia, Khenti Publications, 1992, 40 p.

GANDZ S., *The Origin of Angle-Geometry*, in « Isis », Vol. XII, n° 39, 1929, pp. 452-481, 1 fig.

GERDES P., *Three Alternate Methods of Obtaining The Ancient Egyptian Formula for the Area of a Circle*, in « Historia Mathematica », Vol. 12, n° 3, 1985, pp. 261-268, 16 fig.

On the History of Mathematics in Africa south of the Sahara, in « African Mathematical Union », Amuchma-Newsletter-9, Maputo, 1992, pp. 3-32. Importante bibliographie.

L'ethnomathématique comme nouveau domaine de recherche en Afrique, Maputo/Beira, Institut Supérieur de Pédagogie, 1993, 85 p., nombr. illustr.

GERDES P. et FAUVEL J., *African Slave and Calculating Prodigy : Bicentenary of the Death of Thomas Fuller,* in « Historia Mathematica », n° 17, 1990, pp. 141-151.

GERICKE H., *Mathematik in Antike und Orient,* Berlin, Springer-Verlag, 1984, XII-292 p. Sur l'Égypte, pp. 47-65.

GHEVARUGHESE G.J., *Foundations of Eurocentrism in Mathematics,* in « Race & Class », Londres, vol. XXVIII, n° 3, 1987, pp. 13-28.

GILLAIN O., *A propos du Papyrus mathématique de Rhind,* in « Chronique d'Égypte », n° 1, déc. 1925, pp. 98-102.

La Science égyptienne. L'Arithmétique au Moyen Empire, préface de H. Bosmans, Bruxelles, Fondation égyptologique Reine Elisabeth, 1927, XVI-326 p.

GILLE B., *Les mécaniciens grecs. La naissance de la technologie,* Paris, Seuil, 1980, 235 p., illustr.

GILLINGS R.J., *The volume of a truncated pyramid in ancient Egyptian papyri,* in « The Mathematics Teacher » (revue éditée par Howard Eves, University of Maine), vol. 57, décembre 1964, pp. 552-555, 6 fig.

The volume of a cylindrical granary in ancient Egypt, in « The Australian Mathematics Teacher », vol. 22, n° 1, 1966, pp. 18-21, 4 fig.

The Area of the Curved Surface of a Hemisphere in Ancient Egypt, in « Australian Journal of Science », vol. 30, n° 4, oct. 1967, pp. 113-116, illustr.

Mathematics in the time of the Pharaohs, New York, Dover Publications, 1982, XI-286 p. ; la 1re édit. est de 1972, the M.I.T. Press.

GILLINGS R.J. et RIGG W.J.A., *The Area of a Circle in Ancient Egypt,* in « Australian Journal of Science », vol. 32, n° 5, 1969, pp. 197-200, illustr.

GLANVILLE S.R.K., *Working Plan for a Shrine,* in « The Journal of Egyptian Archaeology », Vol. XVI, 1930, pp. 237-239, 2 fig., 1 pl.

GOYON G., *Le papyrus de Turin dit « des Mines d'or » et le Wadi Hammamat,* in « Annales Service des Antiquités Égyptiennes », Le Caire, tome XLIX, 1949, pp. 337-392.

GUITEL G., *Histoire comparée des numérations écrites,* Paris, Flammarion, 1975, 857 p. Voir chap. II (pp. 55-137) sur l'Égypte ancienne.

GUNN B. et PEET T.E., *Four Geometrical Problems from the Moscou Mathematical Papyrus,* in « Journal of Egyptian Archaeology », XV, 1929, pp. 167-185.

HÉRODOTE, *Histoires. Livre II. Euterpe,* texte établi et traduit par Ph. E. Legrand, Paris, Les Belles Lettres, 1948.

HOGBE-NLEND H., *L'Afrique, berceau de la mathématique mondiale ?,* Université des Nations Unies, Session de Nairobi, Kenya, 10-15 novembre 1985, texte dactyl. de 11 p.

HOUGH W., *The Origin and Development of Metrics*, in « American Anthropologist », Vol. 35, n° 3, 1933, pp. 443-450.

HUSSERL, Ed., *L'Origine de la Géométrie,* trad. et introduction par Jacques Derrida, Paris, P.U.F., 1962, 220 p.

KAMALU C., *Foundations of African Thought. A Worldview Grounded in the African Heritage of Religion, Philosophy, Science and Art,* Londres, Karnak House, 1990, XI-176 p., 14 fig.

KARPINSKI L.C., *Algebraical Developments among the Egyptians and Babylonians*, in « The American Mathematical Monthly », Vol. XXIV, n° 6, 1917, pp. 257-265.

KING R., *African Origin of Biological Psychiatry,* Germantown Seymour-Smith, 1990, XIV-160 p., 11 fig.

LAM LAY-YONG et ANG TIAN-SE, *Circle Measurements in Ancient China*, in « Historia Mathematica », Vol. 13, n° 4, 1986, pp. 325-340.

LANGER R.E., *Alexandria-Shrine of Mathematics*, in « The American Mathematical Monthly », Vol. 48, n° 2, 1941, pp .109-125.

LAUER J. Ph., *La géométrie dans les pyramides*, in « Chronique d'Égypte », n° 37, 1944, pp. 166-176.

Le triangle sacré dans les plans des monuments de l'Ancien Empire, in « Bulletin de l'Institut Français d'Archéologie Orientale » (BIFAO), tome 77, 1977, pp. 55-78, 14 fig.

LUCKEY P., *Was ist ägyptische Geometrie ?*, in « Isis », Vol. XX, n° 58, 1933, pp. 15-52, 6 fig.

LUMPKIN B.,*The Egyptians and Pythagorean Triples*, in « Historia Mathematica », Vol. 7, n° 2, 1980, pp. 186-187.

MAYER-ASTRUC J.P., *A propos du Papyrus mathématique Rhind*, in « Chronique d'Égypte », tome XXXV, n° 69-70, 1960, pp. 120-139.

Trigonométrie pharaonique des murs « à fruit » et des pyramides au IVe millénaire, in « Chronique d'Égypte », tome XXXVI, n° 71, 1961, pp. 321-328, 3 fig.

MICHAELIS Ad.,*The Metrological Relief at Oxford*, in « The Journal of Hellenic Studies », Vol. IV, 1883, pp. 335-350, 1 pl.

MILLER G.A., *A few Theorems relating to the Rhind Mathematical Papyrus*, in « The American Mathematical Monthly », Vol. 38, n° 4,1931, pp. 194-197.

Theorems relating to the Pre-Grecian Mathematics, in « The American Mathematical Monthly », Vol. 38, n° 9, 1931, pp. 496-500.

MOORE D.L., *The African Roots of Mathematics,* Detroit, Professional Educational Services, 1992, texte dactyl. de 106 p.

MUBUMBILA V.M., *Sciences et traditions africaines. Les messages du Grand Zimbabwe,* Paris, L'Harmattan, 1992, 108 p., 29 fig.

NEUGEBAUER O., *Zur ägyptischen Bruchrechnung*, in « ZÄS », 64, 1929, pp. 44-48.

Die Geometrie der ägyptischen mathematischen Texte, in « Quellen und Studien zur Geschichte der Mathematik, Astronomie und Physik », Berlin, Bd. 1, Abb. B, pp. 413-451 nombr. illustr. dans le texte et *in fine*.

Über den Scheffel und seine Teile, in « ZÄS », 65, 1930, pp. 42-48, 3 tableaux.

The Exact Sciences in Antiquity, New York, Dover Publications, 2e édit., 1969, XVI-240 p. Voir chap. IV : « Egyptian Mathematics and Astronomy » (pp. 71-96).

NIANGORAN-BOUAH G., *La mathématique chez les Baoulé,* in « Kokowa. Revue Culturelle Baoulé », Abidjan, juin 1981, n° 2, pp. 32-36.

NUR ANKH AMEN, *The ANKH. African Origin of Electromagnetism,* New York, Jamaica, 1993, IV-70 p., illustr.

OBENGA Th., *Système opératoire négro-africain*, chap. IX, pp. 333-353 de l'ouvrage *L'Afrique dans l'Antiquité*, Paris, Présence Africaine, 1973.

OBENGA Th., *Mathématiques*, chap. XI, pp. 355-427 de l'ouvrage *La Philosophie africaine de la période pharaonique*, Paris, L'Harmattan, 1990.

PARKER R.A., *A Demotic Mathematical Papyrus Fragment*, in « Journal of Near Eastern Studies », Vol. XVIII, n° 4, 1959, pp. 275-279, 1 pl.

Some Demotic Mathematical Papyri, in "Centaurus", Vol. 14, 1969, pp. 136-141.

Calculs du diamètre d'un cercle dont on connaît l'aire ; des côtés d'un rectangle dont on connaît l'aire et une diagonale ; de l'aire d'un cercle inscrit dans un triangle équilatéral dont les côtés sont donnés ; quadrature du cercle.

A Mathematical Exercise-P. Dem. Heidelberg 663, in « The Journal of Egyptian Archaeology », Vol. 61, 1975, pp. 189-196, 4 fig., 1 pl.

PEET T.E., *A Problem in Egyptian Geometry*, in « The Journal of Egyptian Archaeology », Vol. XVII, 1931, pp. 100-106, 1 pl. (problème n° 10, Papyrus de Moscou).

The Rhind Mathematical Papyrus, British Museum 10057 and 10058, Liverpool, et Londres, Hodder & Stoughton, 1923, 1 vol. in-folio, 135 p., avec 25 planches (fac-similé du papyrus). La meilleure édition du papyrus égyptien.

PEREPELKIN J.J., *Die Aufgabe Nr. 62 des mathematischen Papyrus Rhind*, in « Quellen und Studien zur Geschichte der Mathematik », Série 1, Berlin, 1929, pp. 108-112.

PICHOT A., *La naissance de la science. 1. - Mésopotamie, Égypte*, Paris, Gallimard, 1991, 313 p. Collection : « Folio-Essais », n° 154.

POGO A., *Egyptian Water Clocks*, in « Isis », Vol. XXV, 1936, pp. 403-425, 6 fig., 4 pl.

POWELL J. U., *The simile of the Clepsydra in Empedocles*, in « The Classical Quarterly », Vol. XVII, 1923, pp. 172-174.

RAJAGOPAL C.T. et MARAR K.M., *On the Quadrature of the Circle*, in « Journal of the Royal Asiatic Society » (Bombay Branch), Vol. 20, 1944, pp. 65-82.

ROBBINS F.E., *A Greco-Egyptian Mathematical Papyrus*, in « Classical Philology », Vol. XVIII, n° 4, 1923, pp. 328-333.

ROBINS G. et SHUTE C., *The Rhind Mathematical Papyrus. An Ancient Egyptian Text*, Londres, British Museum Publications, 1987, 60 p., avec 24 planches (photo du papyrus).

ROBINS G. et SHUTE C.C.D., *Mathematical Bases of Ancient Egyptian Architecture and Graphic Art*, in « Historia Mathematica », Vol. 12, n° 2, 1985, pp. 107-122, 4 fig.

SARTON G., *On a curious subdivision of the Egyptian cubit*, in « Isis », Vol. XXV, n° 70, 1936, pp. 399-402, 1 fig.

SAUNERON S., *Les Prêtres de l'ancienne Égypte*, Paris, Seuil, 1957, 192 p., illustr. Voir notamment : « La science sacrée » (pp. 111-170). Collection : « Le Temps Qui Court », n° 6.

SCHACK-SCHACKENBURG H., *Die angebliche Berechnung der Halbkugel*, in « ZÄS », 37, 1899, pp. 78-79.

Das kleinere Fragment des Berliner Papyrus 6619 in « ZÄS », XL, 1902, pp. 65-66.

Nr. 60 des Mathematischen Handbuchs, in « ZÄS », 41, 1904, pp. 77-78.
Der Berliner Papyrus 6619, in « ZÄS », 38, 1900, pp. 135-140, pl.

SCHWALLER de LUBICZ, *De la mathématique pharaonique*, in « Chronique d'Égypte », tome XXXVII, n° 73, 1962, pp. 77-106, 11 fig.

SCOTT R.B.Y., *The Hebrew cubit*, in « Journal of Biblical Literature », Vol. LXXVII, part III, 1958, pp .205-214.

SEIDENBERG A., On the Area of a Semi-Circle, in « Archive for History of Exact Sciences », vol. 9, n° 3, 1972, pp. 171-211, 7 fig.

SLOLEY R.W., *Ancient Egyptian Mathematics*, in « Ancient Egypt », part IV, 1922, pp. 111-117.
Ancient Clepsydrae, in « Ancient Egypt », Part.II, 1924, pp. 43-50, 6 fig.
Note on Parabolic Cones, in « Ancient Egypt », part.I, 1927, pp. 16-17.

STRUVE W.W., *Mathematischer Papyrus des Staatlichen Museums der schönen Künste in Moskau*, in « Quellen und Studien... », Partie A, vol. I, Berlin, 1930, XII-197 p., 15 figures dans le texte et 10 planches hors texte.

SUMMERS R., *Zimbabwe. Mystère rhodésien*, Paris, Éditions Planète, trad. de l'anglais, 1971, 191 p., nombr. illustr.

THOMAS W.R., *Moscow Mathematical Papyrus, n° 14*, in « Journal of Egyptian Archaeology », XVII, 1931, pp. 50-52.

VAN SERTIMA I., édit., *Blacks in Science : Ancient and Modern*, New Brunswick, Journal of African Civilizations, 1983, 302 p., nombr. illustr. Excellentes études. Les mathématiques sont traitées par Beatrice Lumpkin et Claudia Zaslavsky.

VETTER Q., *Quelques remarques sur le papyrus mathématique n° 621 de la Michigan Collection*, in « Classical Philology », Vol. XX, n° 4, 1925, pp.309-312.
Problem 14 of the Moscow Mathematical Papyrus, in « The Journal of Egyptian Archaeology », Vol. XIX, 1933, pp. 16-18, 2 fig.

VOGEL K., *The Truncated Pyramid in Egyptian Mathematics*, in « The Journal of Egyptian Archaeology », Vol. XVI, 1930, pp. 242-249, 1 fig.

ZASLAVSKY C., *Africa Counts. Number and Pattern in Africa Culture*, Wesport, Lawrence Hill & C°, édit. de 1979, VIII-328 p., nombr. illustr. Excellent ouvrage.

WAGNER D.B., *An Early Chinese Derivation of The Volume of a Pyramid : Liu Hui, Third Century A.D.*, in « Historia Mathematica », Vol. 6, n° 2, 1979, pp. 164-188, 8 fig.

Index des noms propres

D

E

F

G

H

U

V

W

Z

Achevé d'imprimer par Corlet Numérique - 14110 Condé-sur-Noireau
N° d'Imprimeur : 708483 - Mars 2017 - Imprimé en France

Made in the USA
Las Vegas, NV
19 October 2025

32574584R00188